Lattermann
Wasserbau
in Beispielen

D1666131

Werner-Ingenieur-Texte   WIT

Wasserbau in Beispielen

Prof. Dr.-Ing. habil. Eberhard Lattermann

Werner Verlag

1. Auflage 1997

Die Deutsche Bibliothek – CIP-Einheitsaufnahme

Lattermann, Eberhard:
Wasserbau in Beispielen / von Eberhard Lattermann – Düsseldorf : Werner, 1997

ISB N 3-8041-4104-8

Gesamtherstellung: Verlagsdruckerei Schmidt GmbH, 91413 Neustadt an der Aisch
Archiv-Nr.: 1031-12.97
Bestell-Nr.: 3-8041-4104-8

Vorwort

„Wasserbau in Beispielen" entstand auf Anregung des Werner Verlages. Das Buch soll Lücken schließen und Hilfe sein. Vor allem dem Studierenden, der mit Fragen des Wasserbaus in Berührung kommt, kann es eine sichere Stütze auf dem Weg zum Verstehen sein. Was schon immer galt, hat auch heute noch Bestand: verständlich wird der Lehrstoff meist am Beispiel, verstanden hat man ihn erst, wenn man ein ähnliches Beispiel selbst durchgerechnet hat. Hierbei wird das Buch vielen als Anregung dienen.

Als der Werner Verlag mich bat, diese Aufgabe in Angriff zu nehmen, stützte ich mich zuerst auf vorhandene Übungsaufgaben. Erweitern konnte ich die Beispielsammlung recht schnell um Resultate aus eigener Forschungsarbeit und Gutachtertätigkeit. Schließlich rundeten von Fachkollegen erzielte Ergebnisse, publiziert in Veröffentlichungen der letzten Jahre, Inhalt und Umfang des Buches ab.

Vom Abfluß in einem kleinen Fluß bis zur Zufahrt zum Seehafen, die auszubaggern ist, soll das Buch einen möglichst umfangreichen Einblick in die Teilgebiete des Wasserbaus geben, einen Überblick über Fragestellungen vermitteln, denen Baufirmen, Ingenieurbüros, Behörden und Studierende täglich gegenüberstehen können.

Für fast jede Aufgabe gibt es heute mehrere Möglichkeiten, ans Ziel zu kommen. Bei den ausgesuchten Beispielen wird allgemein nur ein Weg aufgezeigt, um beim Leser den Blick fürs Wesentliche nicht zu verstellen. Beim Bearbeiten vieler Beispiele war zu spüren, wie schnell heute der Berg der Erkenntnis wächst. Das soll aber vor allem junge Leser nicht entmutigen – ganz im Gegenteil: auf solider Grundlage kann viel aufgebaut werden, und als eine solche Grundlage ist dieses Buch gedacht.

Zu besonderem Dank bin ich Frau Dipl.-Ing. (FH) Waltraud Ermisch verpflichtet, die in bewährter Weise mit viel Engagement die Zeichnungen anfertigte und auf spezielle Wünsche stets verständnisvoll einging. Der Verlag stattete auch dieses Buch solide aus, ohne den Preis zu hoch setzen zu müssen. Für die gute Zusammenarbeit bei der Herstellung bin ich dem Werner Verlag sehr dankbar. Anregungen und Hinweise, auch aus dem Kreis derer, die erst anfangen, mit dem Wasserbau sich zu beschäftigen, nehme ich gern entgegen.

Dresden, im Oktober 1997

Eberhard Lattermann

Inhaltsverzeichnis

1 Landschaft und Fließgewässer

1.0 Überblick

Fließgewässer sind Wasserläufe mit freier Oberfläche und geneigtem Wasserspiegel. Charakteristisch ist die in Gefällerichtung verlaufende Bewegung aller Wasserteilchen. Zu den Fließgewässern gehören Bäche und Flüsse, die in der Natur vorhanden sind, ebenso wie Gräben und Kanäle, die künstlich angelegt wurden und Wasser zu- oder ableiten. Die Hydromechanik des Fließgewässers - oft wenig schön als Gerinnehydraulik bezeichnet - befaßt sich mit den Zusammenhängen zwischen Gefälle, Profilformen und -rauheiten, Wasserspiegellagen sowie Abflußmengen im Fließgewässer ebenso wie mit den Einflüssen, die menschliche Aktivitäten auf das Fließgewässer haben.

Die Aufgaben des Wasserbauers im und am Fließgewässer sind vielseitig, können u.a. sein:
- Verlegung eines Fließgewässers z. B. zum Tagebauaufschluß oder zur Rekultivierung einer Landschaft
- Begradigung verzweigter Bäche, um Felder für Großraumwirtschaft zu vergrößern oder um Sümpfe trockenzulegen (früher)
- Renaturierung, also Zurückversetzen begradigter Bäche in einen ursprünglichen bzw. einen diesem nahekommenden Zustand (heute)
- Hochwasserschutz, vor allem an großen Flußläufen
- Beurteilung geplanter Einbauten (Brückenpfeiler, Ufermauern, Wasserentnahmen, Schiffsanlegestellen) auf das Abflußverhalten und die Wasserspiegel im Fließgewässer
- Bau von Kreuzungsbauwerken von Fließgewässern mit geplanten Verkehrswegen
- Errichtung oder Entfernung von Staustufen
- Bewertung von Geschiebebewegungen
- Verbesserung der Schiffahrtsbedingungen, wenn das Fließgewässer eine Wasserstraße ist.

Fließgewässer sind die "Wasserbauten", die von der Natur am meisten beeinflußt, am schnellsten verändert werden. Ein Grundsatz beim Bau am und im Fließgewässer sollte stets sein, weitgehend mit der Natur des Flusses zu arbeiten, nicht gegen sie. Das ist trotz heutiger Rechentechnik und möglicher Modellversuche oft nur schwer zu verwirklichen. Nicht nur Kraft und Dynamik des fließenden Wassers, auch die sehr unterschiedlichen Abflußmengen und das Eis beeinflussen die Wasserbauten am und im Fließgewässser nachhaltig, mitunter auch zerstörend.

Jeder Eingriff in ein Fließgewässer hat natürlich Folgen, aber keinesfalls nur negative, die heute allzuoft überbetont werden. Vergleichen Sie nur einmal die wasserbaulichen Maßnahmen am Oberrhein mit denen im Spreewald. Beide liegen über hundert Jahre zurück und hatten unterschiedliche Auswirkungen zur Folge. Es ist am Fließgewässer immer möglich, daß eine heute gut gelöste Aufgabe, z. B. ein Bauwerk, schon nach wenigen Jahren oder Jahrzehnten Korrekturen erfordert oder neue Aufgaben hervorbringt.

Ganz besonders beim Fließgewässer ist es unwahrscheinlich, daß Sie "Ihr" Problem als Beispiel hier vorfinden werden. Das erste Kapitel hat auch die Aufgabe, Studierenden und Fachleuten anderer Gebiete und auch Entscheidungsträgern vor Ort, die nicht den Wasserbau studiert haben, Gedanken und Probleme des Wasserbauers nahezubringen und hier und da auch Verständnis für das Machbare und seine Grenzen zu wecken.

1.1 Niederschlag und Abfluß in einem Einzugsgebiet

Ein A_E = 47,8 km² großes Einzugsgebiet eines Flusses, dargestellt in Abb. 1.1, im Hügelland Sachsens besteht zu 45 % aus Wald (mitteldicht), 40 % aus Weiden und hat 15 % versiegelte Flächen (Häuser, Straßen usw.). Es soll vergleichsweise von zwei unterschiedlichen Wettersituationen beeinflußt werden, deren Einflüsse auf das Abflußgeschehen am Kontrollpunkt K zu untersuchen sind:

a. Der Basisabfluß am Punkt K beträgt Q_B = 4,12 m³/s, als ein Starkregen der Dauer T_c mit der zugehörigen Niederschlagshöhe h_N = 60 mm einsetzt. Der Boden vom Typ B (mittleres Versickerungsvermögen) nimmt Wasser auf, der Rest fließt im Fluß ab bzw. verdunstet.

b. Der Basisabfluß beträgt im Winter nur noch Q_B = 3,60 m³/s, als die Schneeschmelze beginnt. Die gesamte Fläche ist mit 35 cm Altschnee bedeckt, darunter ist der Boden gefroren. Auslöser der Schneeschmelze ist ein Blockregen von T_N = 12 h Dauer mit einer Intensität von i_N = 5,0 mm/h. Als Altschnee soll hier Schnee mit einer "Lagerungsdichte" von 40 % angesetzt werden, was der kritischen Lagerungsdichte entspricht, bei der die Wasserabgabe aus der Schneedecke einsetzt. Beim sog. Blockregen werden die Ungleichmäßigkeiten eines natürlichen Regens ausgeglichen, d. h. er wird gleichmäßig über den Zeitraum T_N angenommen.

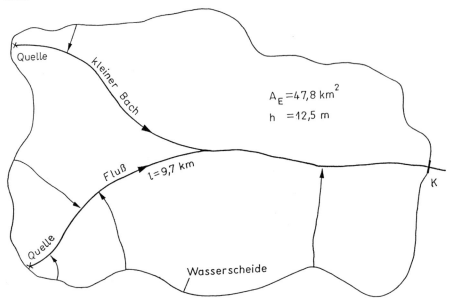

Abb. 1.1: Einzugsgebiet mit Fluß und Kontrollpunkt

Lösungen

a. Ziel der Aufgabe ist es, einen Starkregen statistisch einzuordnen und seinen Einfluß auf das Abflußgeschehen im Fluß zu ermitteln. Liegen zum Einzugsgebiet keine analysierbaren Messungen zu anderen Regen und Abflußveränderungen vor, dann kann der gesuchte Zusammenhang mit Hilfe einer synthetischen Übertragungsfunktion gewonnen werden, die wichtige Kennwerte des Einzugsgebietes berücksichtigt [1].

Zunächst ist für das Einzugsgebiet die Größe von T_c, der Konzentrationszeit, nach der empirischen Gleichung (1.1) zu bestimmen.

$$T_c = \left(0,868 \cdot \frac{l^3}{h} \right)^{0,385} \tag{1.1}$$

mit l ... größte Länge der Fließstrecke im Einzugsgebiet in km,
   h ... Höhenunterschied zwischen Wasserscheide und Kontrollpunkt K in m.

Mit l = 9,7 km und h = 12,5 m ergibt sich:

$$T_c = \left(0,868 \cdot \frac{9,7^3}{12,5} \right)^{0,385} \approx 5 \text{ h}$$

Nach [1] entspricht dieser Niederschlag im angegebenen Einzugsgebiet etwa einer Häufigkeit von n = 0,04, d. h. in 100 Jahren wäre ein solcher Starkregen 25 mal zu erwarten. Danach muß der CN-Wert des Einzugsgebietes, der Bodentyp und Nutzungsart berücksichtigt, bestimmt werden. Das kann nach Tabelle 1.1 erfolgen.

Für den angenommenen Bodentyp ergibt sich CN zu:

CN = 0,45 · 60 + 0,40 · 69 + 0,15 · 100 = 69,6

Aus dem Niederschlag wird nur ein kleiner Teil abflußwirksam, der größere Teil versickert, verdunstet und wird gespeichert. Der abflußwirksame Niederschlag h_{Ne} kann nach Gl. (1.2) bestimmt werden.

$$h_{Ne} = \frac{\left[\left(\frac{h_N}{25,4} \right) - \left(\frac{200}{CN} \right) + 2 \right]^2 \cdot 25,4}{\left(\frac{h_N}{25,4} \right) + \left(\frac{800}{CN} \right) - 8} \tag{1.2}$$

Für h_N = 60 mm wird

$$h_{Ne} = \frac{\left[\frac{60}{25,4} - \frac{200}{69,6} + 2 \right]^2 \cdot 25,4}{\frac{60}{25,4} + \frac{800}{69,6} - 8} = 9,6 \text{ mm}$$

Tabelle 1.1: CN-Werte für die Bodenfeuchteklasse II nach [1]

Bodentyp A:	Boden mit großem Versickerungsvermögen auch nach starker Vorbefeuchtung. z. B. tiefe Sand- und Kiesböden
Bodentyp B:	Böden mit mittlerem Versickerungsvermögen. Tiefe bis mäßig tiefe Böden mit mäßig feiner bis grober Textur, z. B. mitteltiefe Sandböden, Löß, (schwach) lehmiger Sand
Bodentyp C:	Böden mit geringem Versickerungsvermögen. Böden mit feiner bis mäßig feiner Textur oder mit wasserstauender Schicht, z. B. flache Sandböden, sandiger Lehm
Bodentyp D:	Böden mit sehr geringem Versickerungsvermögen. Tonböden, sehr flache Böden über nahezu undurchlässigem Material, Böden mit dauernd sehr hohem Grundwasserspiegel

Bodennutzung	C_N in % für Bodentyp			
	A	B	C	D
Ödland (ohne nennenswerten Bewuchs)	77	86	91	94
Hackfrüchte, Wein	70	80	87	90
Wein (Terrassen)	64	73	79	82
Getreide, Futterpflanzen	64	76	84	88
Weide (normal)	49	69	79	84
(karg)	68	79	86	89
Dauerwiese	30	58	71	78
Wald (stark aufgelockert)	45	66	77	83
(mittel)	36	60	73	79
(dicht)	25	55	70	77
Undurchlässige Flächen (versiegelter Anteil von Ortschaften, Straßen usw.)	100	100	100	100

Der abflußwirksame Niederschlag kann auch einfach aus Abb. 1.2 abgelesen werden.

In der Natur ist der Niederschlagsverlauf nicht gleichmäßig über T_N verteilt. Diesem Umstand kann durch Vergrößerung von T_c oder mit Hilfe des vom DVWK empfohlenen Niederschlagsverlaufs Rechnung getragen werden. Dieser geht aus Abb. 1.3 hervor und soll hier verwendet werden.

Mit den Teilzeiten Δt, die höchstens 1,5 Stunden betragen sollen, werden aus Abb. 1.3 die Beiwerte β_i abgelesen. Für die hier gewählten vier Teilzeiten zu je 1,25 Stunden erhält man

$$\beta_1 = 0,16 \qquad h_{Ne,1} = 0,16 \cdot 9,6 = 1,54 \, mm$$

$$\beta_2 = 0,54 \qquad h_{Ne,2} = 0,54 \cdot 9,6 = 5,18 \, mm$$

$$\beta_3 = 0,15 \qquad h_{Ne,3} = 0,15 \cdot 9,6 = 1,44 \, mm$$

$$\beta_4 = 0,15 \qquad h_{Ne,4} = 0,15 \cdot 9,6 = 1,44 \, mm$$

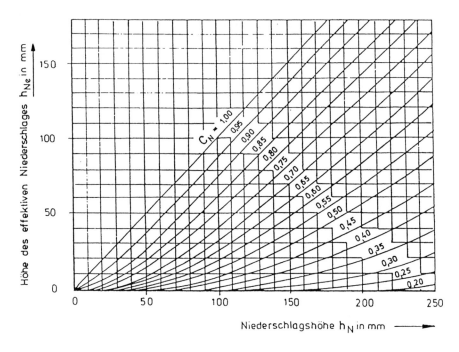

Abb. 1.2: Effektiver (abflußwirksamer) Niederschlag h_{Ne} abhängig von CN und der Niederschlagshöhe h_N aus [1]

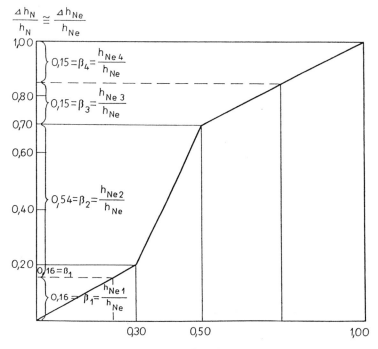

Abb. 1.3: Empfohlener Niederschlagsverlauf aus [2]

Diese abflußwirksamen Niederschlagshöhen ($h_{Ne,1bis4}$) verursachen je eine Direktabfluß-welle Q_D, die nach den Gleichungen (1.3) bis (1.7) bestimmt werden kann. Das erfolgt in Tabelle 1.2. Dort wird auch die Gesamtabflußlinie $Q\,(t)$ nach Gl. (1.8) ermittelt.

$$Q_{D,i}(t) = u(t) \cdot h_{Ne,i} \tag{1.3}$$

$$u(t) = \left[\alpha \cdot \frac{t}{k_1^{\,2}} \cdot e^{\left(\frac{-t}{k_1}\right)} + (1-\alpha) \cdot \frac{t}{k_2^{\,2}} \cdot e^{\left(\frac{-t}{k_2}\right)} \right] \cdot \frac{A_{Eo}}{3,6} \tag{1.4}$$

$$k_1 = 0,731 \cdot \left(\frac{1}{\sqrt{I}} \right)^{0,218} \tag{1.5}$$

$$k_2 = 3,04 \cdot k_1^{\,1,29} \tag{1.6}$$

$$\alpha = 2,41 \cdot \left(\frac{1}{\sqrt{I}} \right)^{-0,574} \tag{1.7}$$

Mit $I = \dfrac{12,5}{9700} = 0,0013$ wird

$$k_1 = 0,731 \cdot \left(\frac{1}{\sqrt{0,0013}} \right)^{0,218} = 1,51$$

$$k_2 = 3,04 \cdot 1,51^{1,29} = 5,17$$

$$\alpha = 2,41 \left(\frac{1}{\sqrt{0,0013}} \right)^{-0,574} = 0,36$$

und die Einheitsganglinie

$$u(t) = \left[0,36 \cdot \frac{t}{1,51^2} \cdot e^{\left(\frac{-t}{1,51}\right)} + (1-0,36) \cdot \frac{t}{5,17^2} \cdot e^{\left(\frac{-t}{5,17}\right)} \right] \cdot \frac{47,8}{3,6}$$

$$u(t) = 2,096 \cdot t \cdot e^{\left(\frac{-t}{1,51}\right)} + 0,318 \cdot t \cdot e^{\left(\frac{-t}{5,17}\right)}$$

$$Q(t) = \sum Q_{D,i}(t) + Q_B(t) \tag{1.8}$$

Mit dem konstant angenommenen Basisabfluß $Q_B = 4,12$ m³/s entstehen die Gesamtab-flüsse Q der Tabelle 1.2.

Tabelle 1.2: Schrittweise Ermittlung der Abflüsse Q im Fluß am Kontrollpunkt K für den angenommenen Regen und Basisabfluß

t	u	Q_{D1}	Q_{D2}	Q_{D3}	Q_{D4}	Q
h	m³/s,mm	m³/s	m³/s	m³/s	m³/s	m³/s
		1,54 mm	5,18 mm	1,44 mm	1,44 mm	(4,12)
1,25	1,457	2,24	-	-	-	6,36
2,50	1,491	2,30	7,72	-	-	14,14
3,75	1,233	1,90	6,39	1,78	-	**14,19**
5,00	0,986	1,52	5,11	1,42	1,42	13,59
6,25	0,881	1,36	4,56	1,25	1,25	8,42

Mit Q = 14,2 m³/s tritt nach 3,75 Stunden der Größtabfluß Q_{max} ein.

b. Zunächst gilt es, die gesamte Wasserabgabe aus der Schneedecke und dem Regen zu bestimmen. Die Berechnung der Wasserabgabe aus Schnee kann nach [3] erfolgen. Dort ist das Schmelzsetzungsverfahren erläutert, das hier verwendet werden soll. Die Auswertung erfolgt in Tabelle 1.3.

In der Zeile 1 erfolgt die Einteilung des Tages wie in [3]. Der Blockregen soll von 7⁰⁰ Uhr bis 19⁰⁰ Uhr fallen, was Zeile 2 erklärt. Zu diesen Tageszeiten sollen die in Zeile 3 angegebenen mittleren Temperaturen auftreten. Sollten vergleichbare Meßwerte vorhanden sein, sind diese einzusetzen. Die potentielle Schneeschmelzrate kann nach Gl. (1.9) ermittelt werden.

$$Mp = a_d \cdot \bar{t}_L \qquad \text{in mm/d} \tag{1.9}$$

mit a_d ... Gradtag-Faktor in mm/d,K

t_L ... Tagesmittel der positiven Lufttemperaturen (= Gradtage in °C)

Der Gradtagfaktor a_d wurde zu 5 mm/d,K angenommen und nach [3] auf die Zeitintervalle wie folgt verteilt:

$$21^{00} \text{ bis } 7^{00} \text{ Uhr } a = 1,25 \text{ mm/K}$$
$$7^{00} \text{ bis } 14^{00} \text{ Uhr } a = 1,50 \text{ mm/K}$$
$$14^{00} \text{ bis } 21^{00} \text{ Uhr } a = 2,25 \text{ mm/K}$$

Aus der Schneeschmelzrate kann die Schneehöhenänderung ΔHs bestimmt werden (Zeile 5), Gl. (1.10).

$$\Delta Hs = \frac{Mp}{P_{t,max}} \cdot 100 \tag{1.10}$$

Der Höchstwert für die Trockenschneedichte in der neuen Schneedecke $P_{t,max}$ wird hier mit 24 % angenommen. Er liegt allgemein in dieser Größenordnung, kann auch nach [3] ermittelt werden. Durch Subtraktion der etwas gerundeten Werte für ΔHs entsteht jeweils die neue Schneehöhe H_{neu} (Zeile 6) am Ende des Zeitintervalls. W_{max}, der größte Wassergehalt (Zeile 7) ist 40 % der Schneehöhe. Zu diesem Wassergehalt kommt der

Regen (Zeile 2) hinzu. Das gesamte akkumulierte Wasseräquivalent (Zeile 8) wird abgegeben, bis die Schneedecke geschmolzen ist (oder wieder Frost einsetzt). Die Werte der Zeile 9 entstehen durch Subtraktion der Zeile 7 von der Zeile 8.

Mit der Zeile 9 wurde die Belastung des Einzugsgebietes aus Regen und Schneeschmelze errechnet. Diese Ganglinie des Schneedeckenabflusses kann wie eine Belastungsganglinie aus Regen behandelt werden. Somit können die Überlegungen der Aufgabe 1.a nun wieder verwendet werden.

Da der Boden unter dem Schnee gefroren angenommen wurde und erst nach und nach auftaut, wird CN zunächst mit 100, am zweiten Tag mit 85 und am dritten Tag mit 70 angenommen, Zeile 10. Das ergibt nach Gl. (1.2) und den Niederschlagshöhen der Zeile 9 die Werte für h_{Ne}, Zeile 11.

Der abflußwirksame Niederschlag soll - entsprechend der Tagestemperatur - hier nach Abb.1.4 angenommen werden.

Zu beachten ist, daß der Flächeninhalt der Fläche A_1 gleich 61 mm, der der Fläche A_2 gleich 43 mm sein muß, vgl. Zeile 11 der Tab. 1.3. Mit diesen abflußwirksamen Niederschlagsintensitäten und der in der Aufgabe 1.a ermittelten Einheitsganglinie für das Einzugsgebiet können die Teilabflüsse Q_{D1} bis Q_{D4} sowie unter Beachtung des Basisabflusses von $Q_B = 3,6$ m³/s der Gesamtabfluß Q für den Kontrollpunkt K bestimmt werden. Die Tabelle 1.4 weist aus, daß vier Stunden nach Einsetzen von Regen und Schneeschmelze der größte Abfluß mit Q = 23,7 m³/s auftritt.

Tabelle 1.3: Ermittlung des abflußwirksamen Niederschlages aus Schneeschmelze und Regen

Zeile	Bez.	Beschreibung		1			2			3		
1		Zeit am Intervallende	Uhr	7	14	21	7	14	21	7	14	21
2	N	Niederschlag	mm	-	35	25	-	-	-	-	-	-
3	t_L	mittl. Temperatur	°C	3	10	5	3	10	5	3	10	5
4	Mp	freies Wasser aus Schneeschmelze = potentielle Schneeschmelzrate	mm	3,75	15	11,25	3,75	15	11,25	3,75	15	11,25
5	ΔHs	Schneehöhenänderung durch Mp	mm	15,6	62,5	46,9	15,6	62,5	46,9	15,6	62,5	46,9
6	H_{neu}	Schneehöhe	mm	334	271	224	208	145	98	82	19	0
7	W_{max}	größter Wassergehalt bei 40 %		134	108	90	83	58	39	33	8	0
8	W_{akk}	akkumuliertes Wasseräquivalent	mm	134	169	133	90	83	58	39	33	8
9	W_{ab}	Wasserabgabe aus Schnee und Regen	mm	0	61	43	7	25	19	6	25	8
10	CN				100			85			70	
11	h_{Ne}	abflußwirksamer Niederschlag	mm	0	61	43	0	4,22	1,84	0	0,1	0

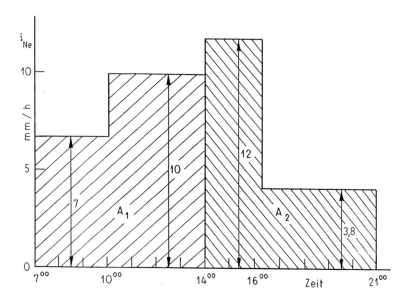

Abb. 1.4: Angenommene Verteilung von i_{Ne}

Tabelle 1.4: Ermittlung des Abflusses aus Regen und Schneeschmelze am Kontrollpunkt K

t	u	Q_{D1}	Q_{D2}	Q_{D3}	Q_{D4}	Q_{ges}
h	m³/s,mm	7 mm/h	10 mm/h	12 mm/h	3,8 mm/h	m³/s
0	0	-	-	-	-	3,6
1	1,343	9,4	-	-	-	13,0
2	1,547	10,8	-	-	-	14,4
3	1,395	9,8	-	-	-	13,4
4	1,180	8,3	11,8	-	-	**23,7**
5	0,986	6,9	9,9	-	-	20,4
6	0,835	5,8	8,4	-	-	17,8
7	0,717	5,0	7,2	-	-	15,8
8	0,625	4,4	6,3	7,5	-	21,8
9	0,551	3,9	5,5	6,6	-	19,6
10	0,488	3,4	4,9	5,9	-	19,7
11	0,432	3,0	4,3	5,2	1,6	17,7
12	0,348	2,7	3,8	4,6	1,5	16,2
13	0,339	2,4	3,4	4,1	1,3	14,8
14	0,300	2,1	3,0	3,6	1,1	13,4

1.2 Aufstellen einer Abflußkurve

Die Abflußkurve (auch als Schlüsselkurve bezeichnet) gibt den Zusammenhang zwischen der Wassertiefe h und dem Abfluß Q an. Sie ist für viele wasserbauliche Maßnahmen am Fließgewässer Voraussetzung für die Berechnungen, soll deshalb hier für einen beliebigen Fließquerschnitt ermittelt werden. Da kaum ein Fließgewässer streng in geometrisch einfach zu definierenden Querschnitten abfließt (Rechteck, Trapez o.ä.), muß für das "normale" Fließgewässer dieser Querschnitt zeichnerisch erst hergestellt werden. Auf diese Weise ist der in der Abb. 1.5 dargestellte Querschnitt entstanden.

Abb. 1.5: Querschnitt des Flusses

Das Gefälle des Flusses beträgt I = 0,06 %. Im Mittelwasserprofil ist ein Material vorhanden, für das der Rauheitsbeiwert k_{St} = 35 gilt (grober Kies). Die Vorländer sind uneben und gering bewachsen, k_{St} = 24. Gesucht ist die Abflußkurve Q = f (h) bis zur Wassertiefe von h = 5,00 m. Vergleichsweise soll die Abflußkurve mit der oft verwendeten Fließformel von *Manning/Strickler* und nach der Fließformel von *Darcy/Weisbach* aufgestellt werden.

Lösung

Bis zur Wassertiefe von 3,00 m ist das Mittelwasserprofil ein Trapez, für das die Querschnittsfläche A und der benetzte Umfang l_U einfach zu bestimmen sind. Mit der Fließformel von *Manning/Strickler* wird:

$$Q = k_{St} \cdot r_{hy}^{\frac{2}{3}} \cdot I^{\frac{1}{2}} \cdot A \tag{1.11}$$

$$\text{mit} \quad r_{hy} = \frac{A}{l_U} \tag{1.12}$$

Die Auswertung erfolgt in Tabelle 1.5, Spalte 1 bis 6. Mit Überschreiten des Wasserstandes von 3,00 m werden auch die Vorländer für den Abfluß genutzt. Der benetzte Umfang wird wesentlich größer, außerdem hat das Vorland eine andere Rauheit.

In so gegliederten Querschnitten treten recht unterschiedliche Fließgeschwindigkeiten in den einzelnen Teilquerschnitten auf. Nach neueren Untersuchungen [4] sollen die Teilquerschnitte getrennt berechnet werden. An den Trennungslinien kommt es zu einer gegenseitigen Beeinflussung der Abflüsse. Empfohlen wird, die Trennungslinien (in Abb. 1.5 gestrichelt gezeichnet) im mittleren Teilprofil zum benetzten Umfang l_U hinzuzuzählen, über den Vorländern aber nicht.

Für die Wassertiefe von 5,00 m ergibt sich z.B.:

$$l_{U,m} = 31,0 + 2 \cdot 2,0 = 35,0 \text{ m}; \quad A_m = 63,0 + 30 \cdot 2 = 123 \text{ m}^2; \quad r_{hy,m} = \frac{123}{35} = 3,51 \text{ m}$$

$$v_m = 0,86 \cdot 3,51^{\frac{2}{3}} = 1,99 \text{ m / s}; \quad Q_m = 245 \text{ m}^3 / \text{s}.$$

$$l_{U,li} = 80 + 4,5 = 84,5 \text{ m}; \quad A_{li} = 2 \cdot 80 + 2 \cdot 2 = 164 \text{ m}^2; \quad r_{hy,li} = 1,94 \text{ m};$$

$$v_{li} = 0,92 \text{ m / s}; \quad Q_{li} = 151 \text{ m}^3 / \text{s}.$$

$$l_{U,re} = 60 + 4,5 = 64,5 \text{ m}; \quad A_{re} = 2 \cdot 60 + 4 = 124 \text{ m}^2; \quad r_{hy,re} = 1,92 \text{ m};$$

$$v_{re} = 0,91 \text{ m / s}; \quad Q_{re} = 113 \text{ m}^3 / \text{s}.$$

$$Q_{ges} = 245 + 151 + 113 = 509 \text{ m}^3 / \text{s}.$$

Weitere Werte gehen aus der Tabelle 1.5 hervor. Für $k_{St} \cdot I^{\frac{1}{2}}$ wurde 0,59 $\text{m}^{\frac{1}{3}}$ / s über den Vorländern ermittelt. Die Werte in den Spalten 2 bis 5 im unteren Teil stehen in der Reihenfolge linkes Vorland, mittleres Profil, rechtes Vorland. Die Spalte 6 zeigt den Gesamtabfluß.

Tabelle 1.5: Werte für Q = f (h) nach *Manning/Strickler*

1	2			3			4			5			6
h	A			l_U			r_{hy}			v			Q
m	m²			m			m			m/s			m³/s
0,25	3,19			13,6			0,23			0,32			1,02
0,50	6,75			15,2			0,44			0,50			3,38
0,75	10,7			16,7			0,64			0,63			6,74
1,00	15,0			18,3			0,82			0,75			11,25
1,50	24,8			21,5			1,15			0,94			23,3
2,00	36,0			24,6			1,46			1,11			40,0
2,50	48,8			27,8			1,76			1,25			61,0
3,00	63,0			31,0			2,03			1,37			86,3
3,25	20,1	70,5	15,1	80,6	31,5	60,6	0,25	2,24	0,25	0,23	1,47	0,23	111,7
3,50	40,5	78,0	30,5	81,1	32,0	61,1	0,50	2,44	0,50	0,37	1,56	0,37	148
3,75	61,1	85,5	46,1	81,7	32,5	61,7	0,75	2,63	0,75	0,49	1,64	0,49	193
4,00	82,0	93,0	62,0	82,2	33,0	62,2	1,00	2,82	1,00	0,59	1,72	0,59	245
4,50	124,5	108	94,5	83,4	34,0	63,4	1,49	3,18	1,49	0,77	1,86	0,77	370
5,00	164,0	123	124	84,5	35,0	64,5	1,94	3,51	1,92	0,92	1,99	0,91	509

In der Tabelle 1.6 wird der Abfluß nach der Fließformel von *Darcy* und *Weisbach* bestimmt:

$$v = \sqrt{\frac{1}{\lambda}} \cdot \sqrt{8 \cdot g \cdot r_{hy} \cdot I} \qquad (1.13)$$

$$\sqrt{\frac{1}{\lambda}} = 2 \cdot \lg\left(\frac{14,84 \cdot r_{hy}}{k}\right) \qquad (1.13a)$$

Für k ist hier die absolute Rauheit in m einzusetzen. Sie kann durch Messung in der Natur gewonnen werden. Hier wird nach [5] für das Mittelwasserprofil angenommen, daß k = 0,16 m beträgt. Das berücksichtigt, daß die Sohle aus Grobkies besteht und etwas unregelmäßig ist und daß die Böschungen mit Steinen befestigt sind. Auf dem mit Rasen bewachsenen, unregelmäßigen Vorland soll k = 0,4 m sein. Damit ergeben sich die in der Tabelle 1.6 ermittelten Abflüsse.

Tabelle 1.6: Werte für Q = f (h) nach *Darcy* und *Weisbach*

1	2			3			4		5
h	r_{hy}			$\sqrt{\frac{1}{\lambda}}$			v		Q
m	m			-			m/s		m³/s
0,25	0,23				2,66		0,28		0,9
0,50	0,44				3,22		0,46		3,1
0,75	0,64				3,55		0,62		6,6
1,00	0,82				3,76		0,74		11,1
1,50	1,15				4,06		0,94		23,3
2,00	1,46				4,26		1,12		40,3
2,50	1,76				4,43		1,28		62,5
3,00	2,03				4,55		1,41		88,8
3,25	0,25	2,24	0,25	1,93	4,64	1,93	0,21	1,51	0,21	113,8
3,50	0,50	2,44	0,50	2,54	4,71	2,54	0,39	1,60	0,39	152,5
3,75	0,75	2,63	0,75	2,89	4,77	2,89	0,54	1,68	0,54	202
4,00	1,00	2,82	1,00	3,14	4,84	3,14	0,68	1,76	0,68	262
4,50	1,49	3,18	1,49	3,49	4,94	3,49	0,92	1,91	0,92	408
5,00	1,94	3,51	1,92	3,71	5,03	3,71	1,12	2,04	1,12	573

Die Abb. 1.6 zeigt die Kurven. Sie weichen nur gering voneinander ab.

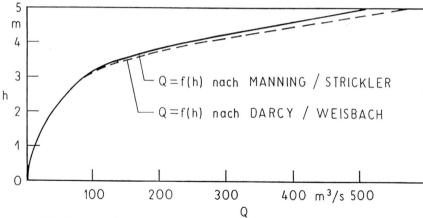

Abb. 1.6: Abflußkurven

Zusammenfassend kann festgestellt werden:

- Beim Aufstellen einer Abflußkurve kommt man nicht ohne Annahmen und Näherungen aus.
- Je genauer der k_{St}-Wert bzw. der k-Wert ermittelt werden kann, desto zuverlässiger sind die Ergebnisse.
- Von geringerer Bedeutung ist, welche Fließformel verwendet wird und welche Genauigkeit die Rechentechnik hergibt.

1.3 Flußverlegung - Bemessung eines Doppelprofils

Wegen eines heranrückenden Braunkohletagebaus muß ein Fluß auf größerer Länge verlegt werden. Der Abzweig, die Wiedereinmündung des verlegten Abschnittes in den alten Flußlauf und das Gelände ergeben ein Gefälle für die neue Strecke von I = 0,035 %. Da der Fluß nur eine begrenzte Zeit die Verlegungsstrecke benutzen soll, wird ein rein technischer Ausbau, also kein naturnaher Ausbau wie in den Aufgaben 1.12 und 1.13, zugelassen.

Die statistischen Werte für den Abfluß sind bekannt:
NNQ = 1,2 m³/s;   MNQ = 4,4 m³/s;   MQ = 11,6 m³/s;   MHQ = 42,5 m³/s   und
HHQ = 90 m³/s.
Für diese Abflüsse ist ein geeignetes Profil zu entwerfen. Voraussetzungen und Bedingungen sind:

a. Die Sohle des MW-Profils liegt 2,20 m unter dem Gelände, beim MQ-Abfluß soll der Wasserspiegel 1,00 m unter dem Gelände liegen.
b. Der Rauheitsbeiwert nach *Manning/Strickler* beträgt für die Vorländer k_{St} = 30 (Rasen); im Mittelwasserprofil ist k_{St} = 40 (z. B. natürliches Flußbett mit fester Sohle oder Fein- bis Mittelkies).
c. Die zulässige Schleppspannung des anstehenden Sohlenmaterials beträgt 10 N/m²; auch bei Hochwasser soll möglichst kein Geschiebetrieb entstehen.

Lösung

Aus den Bedingungen a und b wird zunächst die Sohlbreite bemessen. Bekannt sind:
MQ = 11,6 m³/s; h = 1,20 m; I = 0,035 %; k_{St} = 40. Die Böschungsneigung des zu wählenden Trapezprofils soll 1 : m = 1 : 3 betragen. Die Sohlbreite b_S kann mit Hilfe einer kleinen Schlüsselkurve bestimmt werden, Tabelle 1.7.

Tabelle 1.7: Ermittlung der Sohlbreite

b_S	A	l_U	r_{hy}	$k_{St} \cdot I^{0,5}$	v	Q
m	m²	m	m	m$^{1/3}$/s	m/s	m³/s
5	10,32	12,59	0,82	0,75	0,66	6,8
12	18,72	19,59	0,97	0,75	0,73	13,6
20	28,32	27,59	1,03	0,75	0,76	21,6

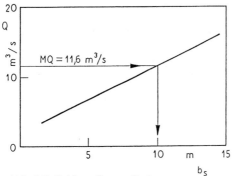

Aus der Schlüsselkurve für b_S, Abb. 1.7, geht die gesuchte Sohlbreite zu b_S = 10,0 m hervor.

Abb. 1.7: Schlüsselkurve für b_S

Für das 2,20 m tiefe Mittelwasserprofil wird die Abflußkurve Q = f (h) gezeichnet.

Tabelle 1.8: Werte für Q = f (h) nach der *Manning-Strickler*-Formel

h	A	l_U	r_{hy}	v	Q
m	m²	m	m	m/s	m³/s
0,2	2,12	11,26	0,19	0,25	0,52
0,4	4,48	12,53	0,36	0,38	1,69
0,6	7,08	13,80	0,51	0,48	3,40
0,8	9,92	15,06	0,66	0,57	5,63
1,0	13,00	16,32	0,80	0,64	8,38
1,2	16,32	17,6	0,93	0,71	11,6
1,4	19,88	18,9	1,05	0,78	15,4
1,6	23,7	20,1	1,18	0,84	19,8
1,8	27,7	21,4	1,29	0,89	24,7
2,0	32,0	22,6	1,41	0,94	30,2
2,2	36,5	23,9	1,53	0,99	36,3

Fortsetzung der Tabelle 1.8

2,4	41,1	24,3	1,69	1,07	44,0
2,6	45,8	24,7	1,85	1,13	51,8
2,8	50,4	25,1	2,01	1,19	60

Für das mittlere Profil kann die Abflußkurve fortgesetzt werden, vgl. auch die Aufgabe 1.2. Eine Grenze ergibt sich aus der Bedingung c dieser Aufgabe mit

$$\tau = 10000 \cdot h \cdot I \rightarrow h_{zul.} = \frac{10}{10000 \cdot 0,00035} = 2,8 \text{ m} \tag{1.14}$$

Die restliche Wassermenge von 90,0 - 60 = 30 m³/s muß über die Vorländer abfließen. Mit h = 0,6 m; I = 0,035 % und k_{St} = 30 kann die Bemessung der Vorlandbreite auf gleiche Weise erfolgen wie die Bemessung der Sohlbreite des Mittelwasserprofils, auch hier wird die wasserseitige Neigung der Deiche mit m = 3 festgelegt.

Tabelle 1.9: Breite der Vorländer

$b_l + b_r$	$A_l + A_r$	l_U	r_{hy}	v	Q
m	m²	m	m	m/s	m³/s
80	49,1	83,8	0,59	0,39	19,2
120	73,1	123,8	0,59	0,39	28,7

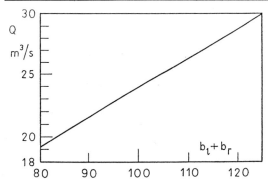

Aus der Schlüsselkurve für die Vorlandbreite (Abb. 1.8) ergibt sich für $b_l + b_r \cong$ 125 m, unabhängig davon, ob diese Breite gleichmäßig zu beiden Seiten verteilt wird oder nicht. Für die Verlegungsstrecke kann somit ein Profil nach Abb. 1.9 festgelegt werden.

Abb. 1.8: Festlegung der Vorlandbreite

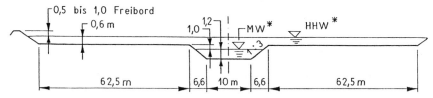

* Näherungsweise kann der Wasserstand bei MQ gleich MW, der bei HHQ gleich HHW gesetzt werden.

Abb. 1.9: Profil der Verlegungsstrecke

1.4 Retention durch einen Speicher

Schneeschmelze und Regen nach Aufgabe 1.1 riefen - zusammen mit dem Basisabfluß - einen Gesamtabfluß hervor, der in der Tabelle 1.4 (letzte Spalte) errechnet wurde. Es soll die Aufgabe gestellt sein, vor dem Kontrollpunkt K in der Abb. 1.1 einen Speicher zu errichten, der das Hochwasser zurückhält. Die Unterlieger fordern, daß der Abfluß den doppelten Basisabfluß nicht überschreitet, d. h. Q_A = 7,2 m³/s. Dieser Abfluß wird abgegeben, sobald der Zufluß diese Größe überschreitet, was durch Verschlußorgane geregelt werden kann. Es soll die Größe des notwendigen Speichervolumens S bestimmt werden. Die Abb. 1.10 zeigt die Zuflußkurve nach Tab. 1.4, den gleichmäßigen Abfluß Q_A und als schraffierte Fläche bereits das Ergebnis, die Größe des erforderlichen Speichers.

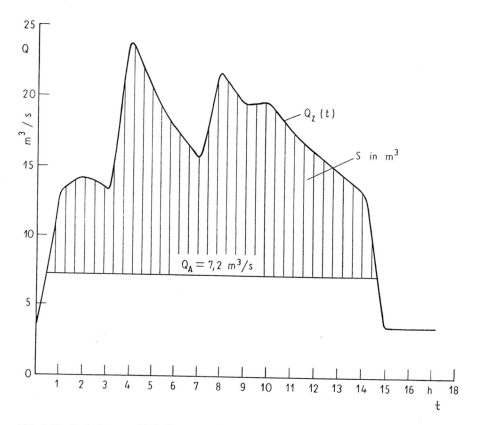

Abb. 1.10: Zuflußkurve, Abflußkurve und Speicherraum

Lösung

Der Speicher nimmt Wasser auf, sobald $Q_Z > Q_A$ = 7,2 m³/s wird. Nach Tab. 1.10 bzw. Abb. 1.10 ist das nach 0,38 Stunden der Fall, einen linearen Anstieg des Zuflusses im jeweiligen Intervall vorausgesetzt. Mit dem konstanten Abfluß kann der Speicherinhalt nach den Gleichungen (1.15) und (1.16) ermittelt werden.

$$S_{i+1} = S_i + \Delta S_{i,i+1} \tag{1.15}$$

$$\Delta S_{i,i+1} = \left(\frac{Q_{Z,i} + Q_{Z,i+1}}{2} - Q_A \right) \cdot \Delta t_{i,i+1} \tag{1.16}$$

Die Größe des Speicherraumes muß 497 000 m³ betragen, wenn die errechnete Hochwasserwelle aufgehalten werden soll.

Komplizierter wird die Berechnung, wenn der Abfluß nicht konstant gehalten werden kann. Das ist der Fall, wenn er ungesteuert durch ein Grundablaßrohr fließt und somit vom Wasserspiegel im Becken abhängt oder/und wenn der Hochwasserüberlauf des Speichers anspringt. Dann gilt statt der Gl. (1.16) die Gl. (1.17).

$$\Delta S_{i,i+1} = \left(\frac{Q_{Z,i} + Q_{Z,i+1}}{2} - \frac{Q_{A,i} + Q_{A,i+1}}{2} \right) \cdot \Delta t_{i,i+1} \tag{1.17}$$

Im Normalfall ist das Speichervolumen vom Gelände und der Stauhöhe abhängig. Die Speicherinhaltslinie kann für die jeweilige Sperrstelle ermittelt werden. Sind sowohl der Speicherinhalt als auch der Abfluß vom Wasserstand abhängig, dann muß der Inhalt des Speichers schrittweise mit möglichst kleinen Zeitintervallen ermittelt werden.

Tabelle 1.10: Ermittlung des Speicherraumes

i	t_i	Q_Z	Δt	$\Delta S_{i,i+1}$	S
	h	m³/s	h	1000 m³	1000 m³
0	0	3,6			0
1	1	13,0	0,62	6,5	6,5
2	2	14,4	1	23,4	29,9
3	3	13,4	1	24,1	54,0
4	4	23,7	1	40,9	94,9
5	5	20,4	1	53,5	148,4
6	6	17,8	1	42,8	191,2
7	7	15,8	1	34,6	225,8
8	8	21,8	1	41,8	267,6
9	9	19,6	1	48,6	316,2
10	10	19,7	1	44,8	361,0
11	11	17,7	1	41,4	402,4
12	12	16,2	1	35,1	437,5
13	13	14,8	1	29,9	467,4
14	14	13,4	1	24,8	492,2
15	15	3,6	1	4,7	**496,9**
16	16	3,6	1	-13,0	483,9
17	17	3,6	1	-13,0	470,9

1.5 Ermittlung des Geschiebetriebes

Ein Fluß hat angenähert* trapezförmigen Querschnitt mit 60 m breiter Sohle und einem Längsgefälle von I = 0,04 %. Die Böschungen sind 1 : 3 geneigt, mit Faschinen und Schüttsteinen befestigt, so daß sie von den Geschiebeuntersuchungen ausgeklammert werden können. In Kürze soll ein Düker durch den Fluß verlegt werden. Aus diesem Grund ist das Baggern einer 5,0 m breiten Rinne quer durch den Fluß vorgesehen, in die der Düker abgesenkt werden soll. Um die Dükerverlegung technologisch vorzubereiten, muß der Geschiebetrieb bestimmt werden. Untersuchungen des Sohlenmaterials haben ergeben, daß hauptsächlich ein Feinkies mit $d_{50} = d_{Ch} = 2$ mm und $d_{90} = 4$ mm sich an der Sohle befindet.

a.   Wird sich dieses Material bei einer Wassertiefe von h = 1,50 m voraussichtlich bewegen?

b.   Welcher Geschiebetrieb m_G in kg/m,s ist abhängig von den Wasserständen zu erwarten?

c.   Für den Tag des Einbaus wird ein Wasserstand von 1,80 m vorausgesagt. Zwischen dem Abschluß der Baggerarbeiten und dem sicheren Liegen der Rohre auf der Sohle vergehen für das Verholen der Rohre, Einschwimmen, Füllen der Rohre zum Absenken und Vermessungsarbeiten voraussichtlich fünf Stunden. Um wieviel ist die Baggerrinne tiefer auszuheben, damit die Rohre auf die geplante Höhe gebracht werden können?

Lösungen

a. Für die Wassertiefe von 1,50 m werden die Fließgeschwindigkeit nach Gl. (1.11) und die Schleppspannung nach Gl. (1.14) ermittelt. Für Feinkies, der auf der gegenüber den kleinen Böschungsabschnitten sehr breiten Sohle ansteht, kann mit $k_{St} = 44$ gerechnet werden. Aus der Geometrie des Trapezprofils wird

$$r_{hy} = \frac{A}{l_U} = \frac{96,75}{69,5} = 1,39 \ m$$

Somit wird

$$v = 44 \cdot 1,39^{\frac{2}{3}} \cdot 0,0004^{\frac{1}{2}} = 1,1 \ m/s.$$

Die kritische Fließgeschwindigkeit, bei der das Sohlenmaterial beginnt, sich zu bewegen, wird mit $v_{krit} = 0,6...0,8$ m/s angegeben [5].

Die Schleppspannung kann in diesem breiten Fluß vereinfacht berechnet werden zu $\tau = 10000 \cdot 1,5 \cdot 0,0004 = 6 \ N/m^2$. Die kritische Schleppspannung ist in [4] mit Werten von 8 bis 12 N/m^2 angegeben, d. h. größer als die hier errechnete.

(*Ein natürliches unregelmäßiges Flußprofil wird für die Berechnungen häufig zum Trapezprofil umgewandelt.)

Mit diesen Überlegungen kann also die Frage noch nicht eindeutig beantwortet werden, ob bei einer Tiefe von 1,5 m Geschiebe in Bewegung ist. Die unterschiedlichen Aussagen können auch so gedeutet werden, daß in Bewegung befindliches Material der angegebenen Korngröße in Bewegung bleibt, fest abgelagertes aber nicht aus der Sohle herausgespült wird.

b. Es gibt zahlreiche Möglichkeiten, den Geschiebetrieb zu ermitteln [6]. Hier soll die Formel von *Meyer-Peter* und *Müller* verwendet werden, die sich gut bewährt hat. Die pro Breitenmeter eines Fließgewässers sekundlich transportierte Geschiebemasse errechnet sich zu

$$m_G = 8 \cdot \rho_F \cdot v_0{}^* \cdot d_{Ch} \cdot Fr^* \left[\frac{Q_S}{Q} \cdot \left(\frac{k_{St}}{k_r} \right)^{1,5} - \frac{Fr_{Cr}{}^*}{Fr^*} \right]^{1,5} \tag{1.18}$$

Hierin bedeuten:

ρ_F ... Dichte der Feststoffe, für Sande und Kiese 2650 kg/m³;
$v_0{}^*$... Schubspannungsgeschwindigkeit an der Sohle in m/s

$$v_0{}^* = \sqrt{g \cdot h \cdot I} \qquad \text{für breite Gerinne, sonst} \tag{1.19}$$

$$v_0{}^* = \sqrt{g \cdot r_{hy} \cdot I} \qquad (B \le 30 \cdot h) \tag{1.19 a}$$

d_{Ch} ... charakteristischer Korndurchmesser in m, oft mit d_{50} angenommen und mit einem Beiwert (z. B. nach *Yalin* 2,0) multipliziert, bei *Meyer-Peter* und in dieser Aufgabe wird $d_{90} = 0,004$ m verwendet.
Fr^*... Feststoff-*Froude*zahl

$$Fr^* = \frac{v_0{}^{*2}}{\rho' \cdot g \cdot d_{Ch}} \tag{1.20}$$

ρ' ... relative Feststoffdichte

$$\rho' = \frac{\rho_F - \rho_W}{\rho_W} \tag{1.21}$$

$\rho' = 1,65$

Q_S ... Für den Geschiebetrieb in Betracht kommender Abfluß in m³/s (z. B. werden Abflüsse über Vorländern hier abgezogen), hier kann $\frac{Q_S}{Q} = 1$ gesetzt werden.

k_{St} ... *Manning-Strickler*-Beiwert, nach [4] kann für Feinkies 44 m$^{\frac{1}{3}}$ / s angesetzt werden;
k_r... Kornrauheit des Flußbettmaterials

$$k_r = \frac{26}{d_{90}{}^{\frac{1}{6}}} \tag{1.22}$$

Mit $d_{90} = 0,004$ m wird $k_r = 65$.

Fr_{Cr}^* ... kritische Feststoff-*Froude*zahl für den Bewegungsbeginn z. B. nach *Rijn* zu ermitteln mit

$$D^* = \left(\frac{\rho' \cdot g}{\nu^2}\right)^{\frac{1}{3}} \cdot d_{Ch} \qquad \text{als Kriterium.} \tag{1.23}$$

D^*... sedimentologischer Korndurchmesser
ν... kinematische Zähigkeit des Wassers.

Mit $\nu = 1,3 \cdot 10^{-6}$ m^2 / s wird $D^* = 85$. Ist
$D^* \leq 6$, dann wird $Fr_{Cr}^* = 0,109 \cdot D^{*-0,5}$

$6 < D^* \leq 10$, dann wird $Fr_{Cr}^* = 0,14 \cdot D^{*-0,64}$

$10 < D^* \leq 20$, dann wird $Fr_{Cr}^* = 0,04 \cdot D^{*-0,1}$ $\qquad\qquad$ (1.24)

$20 < D^* \leq 150$, dann wird $Fr_{Cr}^* = 0,013 \cdot D^{*0,29}$

$150 < D^*$, dann wird $Fr_{Cr}^* = 0,055$

Für $D^* = 85$ wird $Fr_{Cr}^* = 0,047$.

Mit den gegebenen Werten kann die Gl.(1.18) zunächst vereinfacht werden zu

$$m_G = 8 \cdot 2650 \cdot v_0^* \cdot 0,004 \cdot Fr^* \cdot \left[\left(\frac{44}{65}\right)^{1,5} - \frac{0,047}{Fr^*}\right]^{1,5}$$

$$m_G = 84,8 \cdot v_0^* \cdot Fr^* \cdot \left[0,557 - \frac{0,047}{Fr^*}\right]^{1,5} \tag{1.18a}$$

In der Tabelle 1.11 wird der Geschiebetrieb für verschiedene Wassertiefen und entsprechend Gl. (1.11) auch für verschiedene Abflüsse (Spalte 3) errechnet.

Tabelle 1.11: Geschiebetrieb abhängig von der Wassertiefe bzw. vom Abfluß

1	2	3	4	5	6	7
	h	Q	v_0^*	Fr^*	m_G	Bemerkung
	m	m³/s	m/s	-	kg/m,s	
1	0,50	16,7	0,0443	0,0303	< 0	
2	1,00	53,6	0,0626	0,0607	< 0	
3	1,50	106,2	0,0767	0,0910	0,0049	Beginn der
4	2,00	173	0,0886	0,1212	0,0634	Geschiebe-
5	2,50	253	0,0990	0,1514	0,156	bewegung
6	3,00	346	0,1085	0,1818	0,273	
7	3,50	453	0,1172	0,2121	0,409	
8	4,00	570	0,1253	0,2425	0,564	
9	4,50	702	0,1329	0,2728	0,734	

Die Geschiebebewegung beginnt bei einer Wassertiefe von etwa h = 1,50 m bzw. etwa bei
Q = 106 m³/s.

c. Die Abb. 1.11 zeigt die Funktion m_G = f (h).

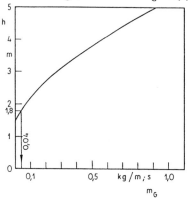

Für die Wassertiefe von h = 1,80 m kann ein Geschiebetrieb m_G = 0,04 kg/m,s abgelesen werden. In 5 Stunden bewegen sich somit $5 \cdot 3600 \cdot 0,04 = 720 kg/m$ Geschiebe über die gebaggerte Rinne hinweg. Im ungünstigsten Fall hält die Rinne das gesamte Geschiebe auf, wirkt wie ein Sandfang. Pro lfd. m Flußbreite sammeln sich in dieser Zeit 0,27 m³ Geschiebe an. Die Verlegerinne für die Rohre wäre folglich 5 bis 6 cm tiefer zu baggern.

Abb. 1.11: Zusammenhang zwischen Wassertiefe h
und Geschiebetrieb m_G

1.6 Sanierungsarbeiten im Stadtgebiet

Ein Fluß mit dem durchschnittlichen Fließgefälle von I = 0,032 % und trapezförmigem Querschnitt (Abb. 1.12, gestrichelte Linie) durchfließt auf 1200 m eine Stadt und ist in diesem Bereich auf ein Rechteckprofil mit 120 m Sohlenbreite eingeengt. In der Mitte dieser Strecke überspannt eine Brücke auf zwei Pfeilern den Fluß, Abb. 1.12, ausgezogene Linien. Die Flußsohle besteht aus Kies mit vorzugsweise 20 bis 30 mm Korndurchmesser, k_{St} = 35. Um die Berechnungen übersichtlich zu gestalten, soll auch für Spundwände und Brückenpfeiler k_{St} = 35 angenommen werden.

Ufermauern und Brückenpfeiler sind zu sanieren. Es muß in trockenen Baugruben gearbeitet werden. Diese sind für die Brückenpfeiler je 12 mal 50 m groß, für die Ausbesserung der Ufermauern werden 200 m lange Abschnitte eingespundet, die 5 m vom Fließquerschnitt einnehmen. Die Abb. 1.13 zeigt die Draufsicht und einen Längsschnitt in einer Phase der Sanierung. Während der Bauarbeiten wird mit einem HQ_{25} von etwa 1035 m³/s gerechnet.

a. Zu ermitteln ist der Wasserspiegelverlauf beim Abfluß des angenommenen Hochwassers,   um die für die Spundwandbemessung maßgebende Wassertiefe zu erhalten.

b. Kommt es, falls das Bemessungshochwasser während der Bauzeit eintrifft, zu unzulässigen Beanspruchungen der Flußsohle oder unzulässigen Fließgeschwindigkeiten? Unzulässig sollen sein: schießender Abfluß, Fließgeschwindigkeiten über 2,1 m/s wegen der Schiffahrt, Sohlschubspannungen von mehr als 45 N/m² wegen möglicher Kolkbildungen.

c. Wegen eingetretener Terminschwierigkeiten stellt die ausführende Firma den Antrag, beide Brückenpfeiler gleichzeitig einzuspunden und zu sanieren. Kann der Antrag genehmigt werden?

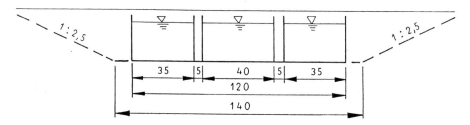

Abb. 1.12: Querschnitt durch den Fluß in der Stadt

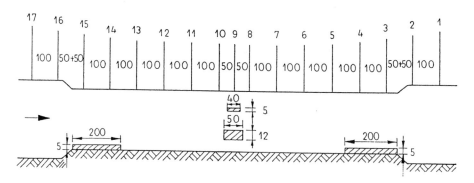

Abb. 1.13a: Draufsicht auf die Flußstrecke

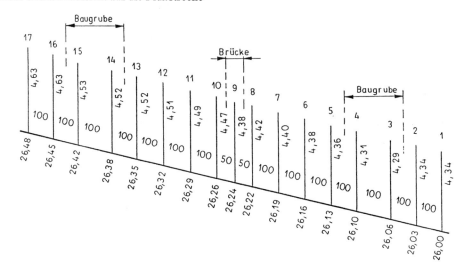

Abb. 1.13 b: Längsschnitt durch die Baustelle

Lösungen

a. Unter der Voraussetzung, daß kein schießender Abfluß auftritt (was noch nachzuweisen sein wird), wird die Lage des Wasserspiegels schrittweise gegen die Fließrichtung berechnet. Ausgangspunkt ist folglich die Fließstrecke unterhalb der Stadt. Für dieses Trapezprofil wird mit Gl. (1.11) und den gegebenen Werten zunächst die Abflußkurve aufgestellt, vgl. auch Aufgabe 1.2. Die Abb. 1.14 zeigt das Ergebnis.

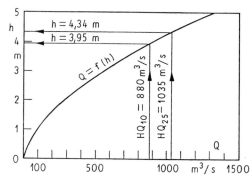

Für das HQ_{25} = 1035 m³/s kann eine Wassertiefe von h = 4,34 m im ungestörten Trapezprofil ermittelt werden.

Abb. 1.14: Abflußkurve für das Trapezprofil

Für die in der Abb. 1.13 dargestellte Phase wird der Wasserspiegel für das HQ_{25} berechnet. Das erfolgt schrittweise vom Profil 1 an aufwärts zum Profil 17. Die schrittweise Berechnung wird hier in der Tabelle 1.12 ausgeführt, sonst meist mit Rechenprogrammen.

Die Profile sollen so gewählt werden, daß im Fall einer Querschnittsveränderung eine Mittelwertbildung einfach möglich ist, also zur jeweils halben Länge den verschiedenen Profilen angehören.

Nach [5] ergibt sich zwischen den Profilen 1 und 2 folgender Wasserspiegelunterschied:

$$\Delta h_{Sp} = \frac{v_m^2 \cdot l}{k_{St}^2 \cdot r_{hy,m}^{\frac{4}{3}}} - \beta \cdot \frac{v_2^2 - v_1^2}{2 \cdot g} + h_{vö} \tag{1.25}$$

$h_{vö}$, eine eventuelle örtliche Verlusthöhe, bleibt hier unbeachtet, kann aber z. B. durch baustellenbedingte (den Abfluß hindernde) An- oder Einbauten an den Spundwänden größere Werte annehmen; β soll mit 0,67 bei Querschnittsvergrößerungen (in Fließrichtung gesehen) und somit Geschwindigkeitsverminderungen, also bei Verzögerung der Fließbewegung angesetzt werden.

Vom bekannten Profil n aus wird auf die Werte des Profils n+1 zunächst durch Schätzen geschlossen, Spalte 4. Mit den geschätzten Werten wird Δh_{ber} berechnet, Spalte 16. Bei zufriedenstellender Übereinstimmung wird der nächste Schritt getan. Einen wichtigen Hinweis zum treffsicheren Schätzen in Spalte 4 gibt die *Bernoulli*gleichung: Stau vor einem Hindernis (Einengung), schnelles Fließen mit geringerer Wassertiefe zwischen den Einbauten.

Die größte Wassertiefe tritt vor der Einengung des Trapezprofils auf das Rechteckprofil auf: 4,63 m. Diese Wassertiefe ist ausschlaggebend für die Bemessung und Auswahl der Spundwand.

b. Ob Fließwechsel auftritt, wird nach Gl. (1.26) beurteilt

$$Fr = \frac{v}{\sqrt{g \cdot h}} \qquad (1.26)$$

An der engsten Stelle (Profil 9) ist:

$$Fr = \frac{2,29}{\sqrt{9,81 \cdot 4,38}} = 0,35 < 1$$

Es tritt also erwartungsgemäß kein Fließwechsel ein. Mit $v = 2,29$ m/s tritt am Profil 9 beim Eintreffen eines Hochwassers eine Fließgeschwindigkeit auf, die die Flußsohle in Bewegung bringen kann. Die Schleppspannung kann nach Gl. (1.14) ermittelt werden.

$$\tau = 10000 \cdot 4,38 \cdot 0,00062 = 27,2 \text{ N/m}^2 < 45 \text{ N/m}^2$$

$$\tau = 10000 \cdot 4,30 \cdot 0,00056 = 24,1 \text{ N/m}^2 < 45 \text{ N/m}^2$$

sind für zwei besonders ungünstige Stellen nachweisbar.

c. Mit den beantragten Gegebenheiten wird die Wasserspiegellinie vom Profil 8 an aufwärts erneut berechnet. Für die Sanierung der Ufermauer werden die bisherigen Annahmen beibehalten, die Baugruben sind jetzt am linken Ufer.

Die Änderung der Schleppspannung auf

$$\tau = 10000 \cdot 4,42 \cdot 0,00066 = 29,2 \text{ N/m}^2$$

ist von geringer Bedeutung. Die Fließgeschwindigkeit zwischen den Baugruben würde sich auf 2,48 m/s vergrößern. Schießender Abfluß tritt nicht auf. Der Antrag kann also genehmigt werden, sofern die Schiffahrt der im Hochwasserfall örtlich etwas zu großen Fließgeschwindigkeit zustimmt.

Tabelle 1.12: Schrittweise Berechnung des Wasserspiegels für den Längsschnitt nach Abb. 1.15

1	2	3	4	5	6	7	8	9	10	11	12	13	14	15	16
-	l	WSP	$\Delta h,_{gesch.}$	A	A_m	l_U	$l_{U,m}$	$r_{hy,m}$	v_m	k_{St}	h_R	v	β	$\dfrac{v_o^2 - v_u^2}{2 \cdot g}$	$\Delta h,_{ber.}$
-	m	m NN	m	m²	m²	m	m	m	m/s	m$^{1/3}$/s	m	m/s	-	m	m
1		30,34		654,7		163,4						1,58	1		
	100		0,03		654,7		163,4	4,01	1,58	35	0,03			0	0,03
2		30,37		654,7		163,4						1,58	1		
	100		-0,02		574,1		143,5	4,00	1,80	35	0,042			0,065	-0,02
3		30,35		493,4		123,6						2,10	0,67		
	100		0,06		494,5		123,6	4,00	2,09	35	0,056			-0,002	0,06
4		30,41		495,7		123,6						2,09	1		
	100		0,08		509,5		126,1	4,04	2,03	35	0,052			-0,025	0,08
5		30,49		523,2		128,7						1,98	1		
	100		0,05		525		128,8	4,08	1,97	35	0,049			-0,003	0,05
6		30,54		526,9		128,8						1,96	1		
	100		0,05		528,1		128,8	4,10	1,96	35	0,048			0	0,05
7		30,59		529,2		128,8						1,96	1		
	100		0,05		529,8		128,8	4,11	1,95	35	0,047			-0,002	0,05
8		30,64		530,4		128,8						1,95	1		
	50		-0,02		490,8		129,0	3,80	2,11	35	0,031			0,05	-0,02
9		30,62		451,1		129,3						2,29	0,67		
	50		0,11		493,8		129,1	3,82	2,10	35	0,030			0,077	0,11
10		30,73		536,4		128,9						1,93	1		
	100		0,05		537,6		129,0	4,17	1,93	35	0,045			-0,002	0,05
11		30,78		538,8		129,0						1,92	1		
	100		0,05		540,0		129,0	4,19	1,93	35	0,045			-0,002	0,05
12		30,83		541,2		129,0						1,91	1		
	100		0,04		541,8		129,0	4,20	1,91	35	0,044			0	0,04
13		30,87		542,4		129,0						1,91	1		
	100		0,03		531,1		126,5	4,20	1,95	35	0,046			0,01	0,03
14		30,90		519,8		124,0						1,99	0,67		
	100		0,05		520,4		124,0	4,20	1,99	35	0,048			0	0,05
15		30,95		521,0		124,1						1,99	1		
	100		0,13		611,4		144,5	4,23	1,69	35	0,034			-0,092	0,13
16		31,08		701,8		164,9						1,47	1		
	100		0,03		701,8		164,9	4,27	1,47	35	0,025			0	0,03
17		31,11		701,8		164,9						1,47	1		

Fortsetzung der Tabelle 1.12 für Aufgabe c:

1	2	3	4	5	6	7	8	9	10	11	12	13	14	15	16
8	50	30,64	-0,05	530,4	474,0	128,8	125,5	3,78	2,18	35	0,033	1,95	1	0,08	-0,05
9	50	30,59	0,16	417,6	478,2	122,1	125,5	3,81	2,16	35	0,032	2,48	0,67	-0,126	0,16
10	200	30,75	0,09	538,8	540,6	129,0	129,0	4,19	1,91	35	0,088	1,92	1	-0,002	0,09
12	100	30,84	0,05	542,4	543,6	129,0	129,1	4,21	1,90	35	0,044	1,91	1	-0,002	0,05
13	100	30,89	0,03	544,8	533,5	129,1	126,6	4,21	1,94	35	0,045	1,90	1	0,011	0,03
14	100	30,92	0,05	522,1	522,7	124,1	124,1	4,21	1,98	35	0,047	1,98	0,67	0	0,05
15	100	30,97	0,12	523,4	613,4	124,1	144,5	4,24	1,69	35	0,034	1,98	1	-0,089	0,12
16	100	31,09	0,03	703,4	703,4	165,0	165,0	4,26	1,47	35	0,026	1,47	1	0	0,03
17	100	31,12		703,4		165,0				35		1,47	1		

1.7 Sanierung einer Brücke

Ein kleiner Wasserlauf hat ein Profil, das zu einem Trapez nach Abb. 1.15 angenähert umgeformt werden kann. Die Wasserführungen schwanken von NNQ = 1,5 m³/s über MQ = 6,5 m³/s bis zu HQ_{100} = 30,5 m³/s. Das Gefälle des Wasserlaufes beträgt etwa I = 0,7 %, die Rauheit von Sohle und Böschung wird - ebenfalls vereinfacht - einheitlich zu k_{St} = 30 angenommen.

Über den Wasserlauf führt eine Eisenbahnbrücke, deren Widerlager 6,84 m lichte Weite ergeben. Diese Widerlager müssen saniert werden. Vorgesehen ist, sie abzureißen und durch neue zu ersetzen. Ein Vorschlag sieht aber vor, den Abriß zu sparen und - wie in der Abb. 1.15 links dargestellt ist - neue Widerlager vor die alten zu setzen. Es ist zu untersuchen, ob aus der Sicht des Wasserbaus diesem Vorschlag zugestimmt werden kann. Seitens der Behörde wird zur Bedingung gemacht, daß alle Wasserführungen des Fließgewässers schadlos abfließen können, d. h. kein großer Aufstau entsteht.

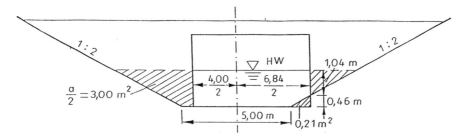

Abb. 1.15: Profil des Wasserlaufes mit den Brückenwiderlagern, links nach "Sondervorschlag", rechts die alte Brücke

Lösungen

a. Die Abflußkurve für den Wasserlauf, zu bestimmen nach Gleichung (1.11), ergibt das in der Abb. 1.16 dargestellte Ergebnis. Die Wasserstände variieren zwischen 0,25 m und 1,50 m. Da für andere Wasserführungen keine Bedingungen gestellt wurden, wird nur die angegebene Hochwasserführung weiter untersucht.

Das große Gefälle des Wasserlaufes und die geplante starke Einschnürung des Fließquerschnittes zwingen zunächst zu einer Untersuchung darüber, ob immer strömender oder ggf. auch schießender Abfluß stattfindet.

Für das Trapezprofil des unverbauten Wasserlaufes kann die Grenztiefe nach der Gl. (1.27) aus [7] bestimmt werden.

$$h_{Gr,Tr} = k \cdot h_{Gr,R} \qquad (1.27)$$

Der Wert für k kann der Abb. 1.17 entnommen werden, $h_{Gr,R}$ ist die Grenztiefe für das Rechteckprofil mit der Sohlenbreite b, zu bestimmen nach der Gl. (1.28).

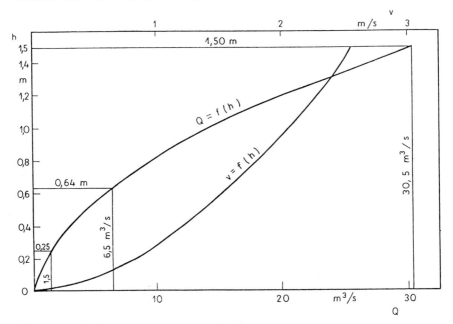

Abb. 1.16: Abflußkurve des unverbauten Fließquerschnittes

$$h_{Gr,R} = \sqrt[3]{\frac{Q^2}{g \cdot b^2}} \tag{1.28}$$

Mit den Werten dieser Aufgabe wird zunächst

$$h_{Gr,R} = \sqrt[3]{\frac{30,5^2}{9,81 \cdot 5^2}} = 1,56 \text{ m}$$

Mit $m_1 = m_2 = 2$ wird $b' = 2,5$ m, somit $\dfrac{h_{Gr,R}}{b'} = 0,62$ und aus Abb. 1.17 ergibt sich $k = 0,835$.

Nach Gl. (1.27) wird

$$h_{Gr,Tr} = 0,835 \cdot 1,56 = 1,30 \text{ m} < h_{vorh.} = 1,50 \text{ m}$$

Im unverbauten Querschnitt findet also strömender Abfluß statt. Ob der strömende Abfluß auch zwischen den Widerlagern erhalten bleibt, kann mit Gl. (1.29) überprüft werden. Er bleibt strömend, wenn die Energiehöhe über der Sohle des Wasserlaufes unterhalb der Brücke größer oder höchstens gleich ist der minimalen Energiehöhe für den Durchfluß zwischen den Widerlagern.

$$\frac{3}{2} \cdot \sqrt[3]{\frac{Q^2}{g \cdot b_1^2}} \leq h_u + \frac{Q^2}{2 \cdot g \cdot b^2 \cdot h_u^2} \tag{1.29}$$

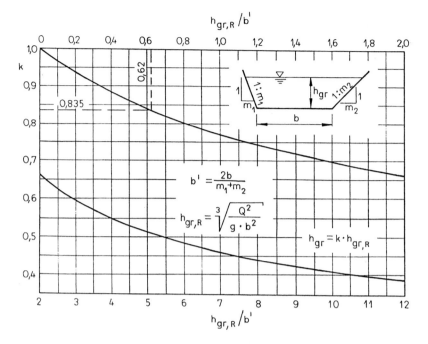

Abb. 1.17: Grenztiefe h_{Gr} beim Trapezgerinne aus [7]

Mit b = 8 m als mittlere Breite des Trapezprofils und $b' = 6,84$ m zwischen den Widerlagern ergibt sich:

$$\frac{3}{2} \cdot \sqrt[3]{\frac{30,5^2}{9,81 \cdot 6,84^2}} \neq 1,50 + \frac{30,5^2}{2 \cdot 9,81 \cdot 8^2 \cdot 1,5^2}$$

$$1,90 \text{ m} > 1,83 \text{ m}$$

Die Bedingung ist nicht ganz erfüllt. Das bedeutet, daß beim Abfluß eines HQ_{100} von 30,5 m³/s ein teilweiser Fließwechsel auftreten kann. Der Abfluß kann auch gerade noch strömend erfolgen. Diese Unsicherheit ergibt sich daraus, daß der Unterschied der oben ermittelten Werte nur gering ist und daß die Gl. (1.29) - wie auch die folgenden Pfeilerstauformeln - eine gleichmäßig über den Querschnitt verteilte Fließgeschwindigkeit voraussetzen und fast alle für Rechteckgerinne mit im Profil stehenden Pfeilern abgeleitet wurden. Bei der vorliegenden Aufgabe wird aber die am wenigsten durchströmte Uferfläche verbaut.

Für den teilweisen Fließwechsel fand *Rehbock* für $0,06 < \alpha < 0,30$ mit α, dem Verbauungsverhältnis, für die Größe des Aufstaus:

$$z = \left(21,5 \cdot \alpha + 33 \cdot \frac{v_u^2}{2 \cdot g \cdot h_u} - 6,6\right) \cdot \alpha \cdot \frac{v_u^2}{2 \cdot g} \qquad (1.30)$$

Für den rein strömenden Durchfluß gilt:

$$z = \left[\delta \cdot (1-\alpha) + \alpha\right] \cdot \left(0,4 \cdot \alpha + \alpha^2 + 9 \cdot \alpha^4\right) \cdot \left(1 + Fr_u^2\right) \cdot \frac{v_u^2}{2 \cdot g} \tag{1.31}$$

Mit $\alpha = \dfrac{\text{verbaute Fließfläche bis zur Höhe } h_u}{\text{Fließfläche des Unterwassers}}$

$$Fr_u = \frac{v_u}{\sqrt{g \cdot h_u}} \quad \text{der } Froude\text{zahl im unverbauten Fließquerschnitt} \tag{1.32}$$

δ, dem Beiwert, der die Form des Pfeilers berücksichtigt, hier mit 3,90 (scharfkantiges Rechteck) sinngemäß auf die Widerlager angewendet,

$h_u = 1,50$ m; $v_u = 2,54$ m/s und $\alpha = \dfrac{2,16 - 0,42}{12} = 0,14$ wird

$$z = \left(21,5 \cdot 0,14 + 33 \cdot 0,22 - 6,6\right) \cdot 0,14 \cdot 0,33 = 0,17 \text{ m} \quad \text{oder}$$

$$z = \left[3,90 \cdot (1 - 0,14) + 0,14\right] \cdot \left(0,4 \cdot 0,14 + 0,14^2 + 9 \cdot 0,14^4\right) \cdot \left(1 + 0,44\right) \cdot 0,33 = 0,13 \text{ m}$$

Die alte Brücke rief beim Abfluß des HQ_{100} also nur einen geringen Aufstau hervor.

Es ist zu erwarten, daß bei einer Profileinengung nach dem Angebot in Abb. 1.15 (linke Seite) voller Fließwechsel, also schießender Abfluß auftritt. Die Überprüfung erfolgt nach Gl. (1.29).

$$\frac{3}{2} \cdot \sqrt[3]{\frac{30,5^2}{9,81 \cdot 4^2}} = 2,71 \text{ m} > 1,50 + \frac{30,5^2}{2 \cdot 9,81 \cdot 8^2 \cdot 1,5^2} = 1,83 \text{ m}$$

Damit ist der Fließwechsel nachgewiesen. Da der schießende Abfluß zwischen den Widerlagern deren Standsicherheit wegen der Kolkbildung an der Sohle und unterhalb der Brücke gefährdet, muß der Vorschlag abgelehnt werden. Auch der Stau vor der Brücke würde wesentlich höher werden. Er kann aus der Oberwassertiefe h_o ermittelt werden, die aus Gl. (1.33) hervorgeht:

$$h_o^3 - \frac{3}{2} \cdot h_o^2 \cdot \sqrt[3]{\frac{Q^2}{g \cdot b_1^2}} \cdot \left(1 + \frac{\xi}{3}\right) + \frac{Q^2}{2 \cdot g \cdot b^2} = 0 \tag{1.33}$$

Mit $\xi = 0,5$ als Verlustbeiwert für den scharfkantigen Einlauf [7] und

$$h_o^3 - \frac{3}{2} \cdot h_o^2 \cdot \sqrt[3]{\frac{30,5^2}{9,81 \cdot 4^2}} \cdot \left(1 + \frac{0,5}{3}\right) + \frac{30,5^2}{2 \cdot 9,81 \cdot 8^2} = 0$$

wird h_o = 3,09 m . (Die beiden anderen Lösungen der kubischen Gleichung sind technisch nicht von Bedeutung).

Somit wird der Stau z = 3,09 - 1,50 = 1,59 m, was die Ablehnung des Vorschlages nur unterstreicht.

Eine Überprüfung der Fließverhältnisse für den Abfluß von MQ = 6,5 m³/s ergab einen Aufstau von 0,45 m.

1.8 Bemessung eines Dükers

Beim geplanten Neubau einer Autobahn muß ein Fließgewässer gekreuzt werden. Die Geländeverhältnisse gestatten nicht, einen Freispiegeldurchlaß zu wählen. Es muß ein Düker errichtet werden. Wie aus der Abb. 1.18 hervorgeht, ist der Düker 52 m lang und mit vier Krümmern auszubilden. Das Fließgewässer hat gegenwärtig etwa ein Trapezprofil mit 1 : 3 geneigten Böschungen und einer 7,5 m breiten Sohle. Sohl- und Böschungsausbildung ergeben einen Beiwert nach *Manning/Strickler* von k_{St} = 36, das Gefälle des Gewässers beträgt 0,06 %. Die Wasserführung schwankt im wesentlichen zwischen MNQ = 1,6 m³/s und HQ_{25} = 19,8 m³/s bei einem MQ von 4,6 m³/s. Das HQ_{25} soll als Bemessungshochwasser für den Düker dienen. Es ist ein geeigneter Düker zu entwerfen. Folgende Bedingungen sind einzuhalten:

- Beim Abfluß von HQ_{25} darf die Fahrbahn nicht überspült werden. Sie liegt 3,00 m über der Flußsohle.

- Die Fließgeschwindigkeit soll im Düker stets größer sein als im Fließgewässer selbst, um Ablagerungen von Schwebstoffen und Geschiebe weitgehend zu vermeiden.

- Die größte Fließgeschwindigkeit im Düker soll v = 2,5 m/s möglichst nicht überschreiten.

- Die Herstellung des Dükers kann in trockener Baugrube erfolgen.

- Beim Abfluß von MQ soll der Aufstau 0,2 m nicht überschreiten, um Schäden durch stauende Nässe auf landwirtschaftlich genutzten Flächen oberhalb des Dükers zu vermeiden.

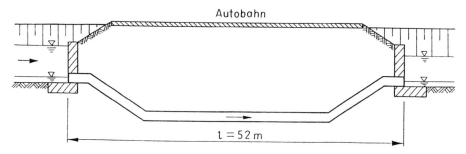

Abb. 1.18: Düker und Autobahn im Schnitt

Lösungen

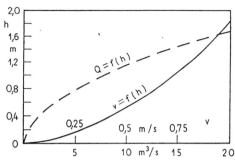

Zur Ermittlung von Ausgangswerten ist die Abflußkurve für das Fließgewässer aufzustellen. Die Abb. 1.19 zeigt das Ergebnis.

Abb. 1.19: Funktionen Q = f(h) und
v = f(h) für das Fließgewässer

Aus den Kurven kann ermittelt werden:
- für MNQ = 1,6 m³/s wird h = 0,4 m; v = 0,44 m/s;
- für MQ = 4,6 m³/s wird h = 0,75 m; v = 0,63 m/s;
- für BHQ = 19,8 m³/s wird h = 1,65 m; v = 0,93 m/s.

Für die fünf genannten Bedingungen ist ein geeigneter Düker zu entwerfen, im allgemeinen erst nach mehreren Proberechnungen bzw. Versuchen. Diese haben ergeben, daß vier Rohre zu je 1600 mm Durchmesser die Bedingungen erfüllen.

Der Nachweis erfolgt zuerst für das Abführen des Hochwassers.

$$\text{Mit BHQ} = 19,8 \text{ m}^3/\text{s und A} = 4 \cdot \frac{\pi \cdot 1,6^2}{4} = 8,04 \text{ m}^2 \text{ wird } v_D = \frac{19,8}{8,04} = 2,46 \text{ m/s} < 2,50 \text{ m/s}.$$

Durch den Düker entsteht ein Aufstau, der sich aus der Summe der örtlichen Verluste ergibt.

$$h_D = \sum \xi \cdot \frac{v_D^2}{2 \cdot g} - I \cdot l \qquad (1.34)$$

Mit v_D = 2,46 m/s; I = 0,06 %; l = 52 m kann die Dükerberechnung auf die Ermittlung der Verlustbeiwerte ξ reduziert werden. Es ergeben sich:

- Einlaufverlust ξ_E = 0,5 nach [7], S. 194 für den scharfkantigen Einlauf;

- Rohrreibungsverlust $\xi_r = \lambda \cdot \frac{l}{d}$ mit λ = 0,02 [7], S. 187 \qquad (1.35)

$$\xi_r = 0,02 \cdot \frac{52}{1,6} = 0,65$$

- vier Krümmerverluste zu je ξ_K = 0,16 [7], S. 198 ff. $\xi_K = 4 \cdot 0,16 = 0,64$

- Auslaufverlust ξ_a = 1,0 [7], S. 220.

Somit erzeugt der Düker einen Aufstau von

$$h_D = 2,79 \cdot \frac{2,46^2}{19,62} - 0,0006 \cdot 52 = 0,83 \ \text{m}$$

Die gesamte Wassertiefe ist folglich h = 1,65 m + 0,83 m = 2,48 m, womit die erste Bedingung erfüllt ist.

Beim Abfluß der mittleren Niedrigwassermenge von 1,6 m³/s beträgt die Fließgeschwindigkeit:

$$v = \frac{1,6}{8,04} = 0,2 \ \text{m}/\text{s} < 0,44 \ \text{m/s},$$

d. h., daß die zweite Bedingung nicht eingehalten ist. Zwei Trennwände können hier einen Ausweg bilden. Sie sollen zwei Rohre abtrennen. Die Trennwände würden nur bei größeren Abflüssen überströmt. Die am Dükereinlauf liegende Trennwand soll noch untersucht werden, doch zuvor ist die fünfte Bedingung zu überprüfen.

Beim Abfluß von MQ = 4,6 m³/s durch zwei Rohre ergibt sich

$$v_D = \frac{4,6}{4,02} = 1,14 \ \text{m/s}$$

$$h_D = 2,79 \cdot \frac{1,14^2}{19,62} = 0,15 \ \text{m} < 0,20 \ \text{m}$$

Die Überlaufkrone der Verteilerwand sollte möglichst hoch liegen, um in den ständig durchströmten Rohren kräftige Spülwirkungen zu erreichen. Bei v_D = 2,5 m/s würden in den beiden Rohren Q = 2,5 · 4,02 = 10,1 m³/s abfließen. Vor dem Düker entsteht dabei ein Aufstau von

$$h_D = 2,79 \cdot \frac{2,5^2}{19,62} - 0,0006 \cdot 52 = 0,86 \ \text{m}$$

Die Höhe der Überlaufkrone wird mit h = 0,75 + 0,80 = 1,55 m über der Sohle festgelegt, weil auch die Verteilerwand selbst einen Aufstau hervorrufen wird. Die Abb. 1.20 zeigt den Einlaufbereich mit einem Vorschlag für die Ausbildung der Verteilerwand.

Beim Abfluß des Bemessungshochwassers ergibt sich h_u' zu 2,48 m - 1,55 m = 0,93 m. Für die Trennwand ist das die Unterwassertiefe. Diese Wand ist hydraulisch gesehen ein unvollkommener (rückgestauter) Überfall, konstruktiv ein teils senkrecht angeströmtes Wehr, teils ein Streichwehr. Angenähert kann dieses Überfallwehr nach Gl. (1.36) berechnet werden

$$Q = \frac{2}{3} \cdot \alpha \cdot c \cdot \mu \cdot \sqrt{2 \cdot g} \cdot h_{\ddot{u}}^{\frac{3}{2}} \cdot 1 \qquad\qquad (1.36)$$

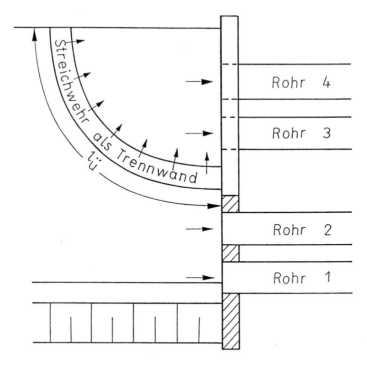

Abb. 1.20: Einlaufbereich des Dükers

Mit Q = 19,8 - 10,1 = 9,7 m³/s; α = 0,8 für die gekrümmte Verteilerwand, c = 0,7 (Annahme für den noch zu überprüfenden Unterwassereinfluß); μ = 0,73 (Abflußbeiwert für das dachförmige Überfallprofil); l = 8,0 m (als erster Vorschlag) ergibt sich aus der Gl. (1.36)

$$h_{\ddot{u}}^{\frac{3}{2}} = \frac{9,7}{\frac{2}{3} \cdot 0,8 \cdot 0,7 \cdot 0,73 \cdot 4,43 \cdot 8} = 1$$

$h_{\ddot{u}}$ = 1,00 m

Die Überprüfung von c nach Abb. 9.19 in [7] ergibt eine Bestätigung für c = 0,7.

Dadurch ergibt sich oberhalb der Verteilerwand (Streichwehr) ein Wasserstand im Fließgewässer von h = 1,55 m + 1,00 m = 2,55 m. Auch bei der Annahme weiterer hydraulischer Verluste (z. B. für Einstiegschächte oder die unterwasserseitige Trennwand) ist die Autobahn durch den Düker nicht gefährdet.

1.9 Staulinie

Ein sehr altes Wehr staut einen Fluß auf h_{Stau} = 8,00 m über die ursprüngliche und jetzt noch vorhandene Flußsohle auf. Vom Fluß sind bekannt: MQ = 91,8 m³/s; I_o =0,08 %; k_{St} = 37. Das Profil kann sehr gut einer quadratischen Parabel angenähert werden; in der Nähe der Staustelle wurden die Querschnittswerte nach Abb. 1.21 ermittelt. Die Gesamtbreite b des gestauten Flusses beträgt 100 m.

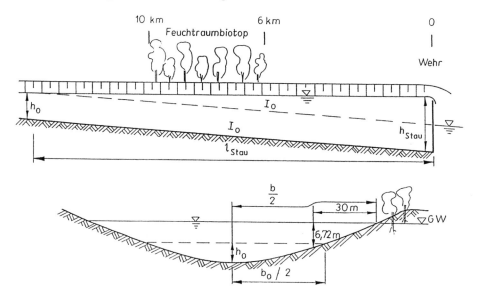

Abb. 1.21: Längsschnitt des gestauten Flusses und Flußprofil

Das alte Wehr muß erneuert werden, weil es sehr baufällig ist. Als die Maßnahme vorbereitet wird, kommt der Vorschlag, den Fluß ohne Stau zu renaturieren, das Wehr also abzureißen. Doch zwischen 6 und 10 km oberhalb des Wehres haben sich zu beiden Seiten des gestauten Flusses Feuchtwiesen mit Tümpeln und entsprechender Flora und Fauna herausgebildet, ein besonders wertvolles Feuchtraumbiotop. Es besteht die Befürchtung, daß mit Wegfall des Staus und folgender Einpegelung des Grundwasserstandes auf Höhe des Mittelwasserstandes dieses Biotop gefährdet ist, austrocknen könnte.
Die Auswirkung der Staubeseitigung auf den Bereich zwischen km 6 und km 10 oberhalb des Wehres ist zu überprüfen.

Lösungen

Zunächst muß h_o, die Wassertiefe beim Abfluß von MQ ohne Stau, ermittelt werden. Aus den Querschnittswerten ergibt sich für die Parabel:

$$h = m \cdot \left(\frac{b}{2}\right)^2 + n \tag{1.37}$$

mit n = 0 und dem Punkt b/2 = 20 m / h = 1,28 m wird

$$m = \frac{1,28}{400} = 0,0032$$

Mit der Gl. (1.38) können die Querschnittswerte der Parabel ermittelt werden, so daß auch die Abflußkurve aufgestellt werden kann, vgl. Gl. (1.11).

$$h = 0,0032 \cdot \left(\frac{b}{2}\right)^2 \qquad\qquad (1.38)$$

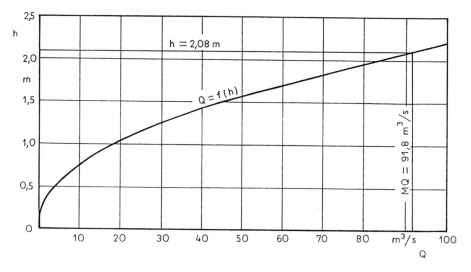

Abb. 1.22: Abflußkurve für das Flußprofil

Aus der Kurve geht hervor: $h_o = 2,08$ m bei MQ = 91,8 m³/s.

a. Eine überschlägliche Berechnung der Staulänge kann mit Gl. (1.39) erfolgen.

$$l_{Stau} \cong \frac{h_{Stau}}{I_o} \qquad\qquad (1.39)$$

Mit den bisher ermittelten Werten wird:

$$l_{Stau} \cong \frac{8,00}{0,0008} = 10000 \text{ m}$$

Das Ende des vom Wehr erzeugten Staus liegt etwa 10 km oberhalb des Wehres. Das Biotop wird durch den Abbau des Wehres also beeinflußt werden.

b. Die genaue Lage der Staulinie kann schrittweise ermittelt werden. Das Δ h-Verfahren und das Δ x-Verfahren stehen zur Verfügung. Während bei der Aufgabe 1.6 (S. 21 ff) das Δ h-Verfahren gewählt und erläutert wurde, soll hier das Δx-Verfahren angewendet werden. Bei diesem wird jeweils ein Wert für Δ h (im Beispiel ist Δh = 0,50 m) angenommen. Für die dadurch feststehende Wassertiefe h können dann alle Querschnittswerte des Flußprofils sowie die Fließgeschwindigkeit errechnet werden. Der Abstand Δ x zwischen den Querschnitten, deren Wassertiefen sich um Δ h unterscheiden, wird nach Gl. (1.40) errechnet.

$$\Delta x = \frac{\Delta h + \varepsilon \cdot \dfrac{v_m}{g} \cdot \Delta v}{I_o - \dfrac{v_m^2}{k_{St}^2 \cdot r_{hy,m}^{\frac{4}{3}}}} \qquad (1.40)$$

mit $\varepsilon = 1$, da keine Brücken o. a. Einschnürungen vorhanden sein sollen. Die schrittweise Berechnung erfolgt in der Tabelle 1.13.

Anmerkungen zur Tabelle 1.13:

$$r_{hy} = \frac{A}{l_U} \cong \frac{\frac{2}{3} \cdot h \cdot b}{b} = \frac{2}{3} \cdot h; \quad b = 2 \cdot \sqrt{\frac{h}{0,0032}}; \quad v = \frac{Q}{A} = \frac{91,8}{\frac{2}{3} \cdot h \cdot b}$$

c. Bei prismatischen Fließquerschnitten kann die Differentialgleichung der stationär ungleichförmigen Fließbewegung geschlossen integriert werden. Diese Integration führt für die Stau- bzw. auch Senkungslinie zur Gl. (1.41).

$$l_{Stau} = x^* - x = \frac{h_o}{I_o} \cdot \left\{ \frac{h^*}{h_o} - \frac{h}{h_o} + \kappa \cdot \left[f\left(\frac{h}{h_o}\right) - f\left(\frac{h^*}{h_o}\right) \right] \right\} \qquad (1.41)$$

Die Funktion $f\left(\dfrac{h}{h_o}\right)$ hängt von der Querschnittsform ab. Für das Rechteck- und das Parabelprofil können die Werte der Tabelle 1.14 verwendet werden. Für κ gilt Gl. (1.42)

$$\kappa = 1 - \frac{Q^2}{g \cdot A_o^2 \cdot h_o} \cdot \left(1 + \frac{1}{n}\right) \qquad (1.42)$$

Tabelle 1.13: Schrittweise Berechnung der Staulinie nach dem Δx-Verfahren

i	h (m)	Δh (m)	r_{hy} (m)	$r_{hy,m}$ (m)	v (m/s)	v_m (m/s)	Δv (m/s)	Δx (m)	Station
1	8,00	0,50	5,33	5,17	0,17	0,18	-0,02	626,6	Wehr
2	7,50	0,50	5,00	4,83	0,19	0,20	-0,02	627,8	626,6
3	7,00	0,50	4,67	4,50	0,21	0,22	-0,025	628,0	1254,4
4	6,50	0,50	4,33	4,165	0,235	0,25	-0,03	629,4	1882,4
5	6,00	0,50	4,00	3,83	0,265	0,28	-0,035	631,3	2511,8
6	5,50	0,50	3,67	3,50	0,30	0,325	-0,05	634,3	3143,1
7	5,00	0,50	3,33	3,165	0,35	0,38	-0,06	640,3	3777,5
8	4,50	0,50	3,00	2,83	0,41	0,45	-0,08	650,5	4417,8
9	4,00	0,50	2,67	2,50	0,49	0,54	-0,10	676,4	5068,3
10	3,50	0,50	2,33	2,165	0,59	0,67	-0,16	730,1	5744,7
11	3,00	0,50	2,00	1,83	0,75	0,87	-0,24	865,7	6474,8
12	2,50	0,40	1,67	1,54	0,99	1,13	-0,29	1693,5	7340,5
13	2,10		1,40		1,28				9034,0

Mit n = 2 für die quadratische Parabel wird

$$\kappa = 1 - \frac{91,8^2}{9,81 \cdot 70,72^2 \cdot 2,08} \cdot \left(1 + \frac{1}{2}\right) = 0,876$$

Für h^* kann z. B. h_{Stau} eingesetzt werden und für $\dfrac{h}{h_o} = 1,01$, wenn die Staulänge insgesamt zu ermitteln ist. Mit den Werten dieser Aufgabe würde sich ergeben:

$$l_{Stau} = \frac{2,08}{0,0008} \cdot \left\{ \frac{8}{2,08} - 1,01 + 0,876 \cdot [1,7210 - 0,7914] \right\} = 9517 \text{ m}$$

Damit wird

$$l_{Stau} = 2600 \cdot \left\{ 3,846 - \frac{h}{2,08} + 0,876 \cdot \left[f\left(\frac{h}{2,08}\right) - 0,7914 \right] \right\} \qquad (1.43)$$

In die Gl. (1.43) können beliebige Werte für h, die gestaute Wassertiefe eingesetzt werden. Zu ihnen wird mit Tabelle 1.14 und Gl. (1.43) jeweils eine Länge l errechnet, die den Abstand des Profils mit dieser Wassertiefe vom Wehr angibt. Für die in der Tabelle 1.13 verwendeten h-Werte im 0,5-m-Abstand wird das ausgeführt und in der Tabelle 1.15 festgehalten.

Tabelle 1.15: Abstände l vom Wehr für ausgewählte Wassertiefen h

h in m	8,00	7,50	7,00	6,50	6,00	5,50	5,00	4,50	4,00	3,50	3,00	2,50	2,10
l in m	0	627	1257	1886	2518	3152	3792	4441	5097	5781	6517	7434	9492

Am oberen Ende des Feuchtbiotops (l = 10 km) ist also kein Einfluß auf die Wasserstände zu erwarten, wenn das Wehr abgebaut wird. Am unteren Ende (l = 6 km) beträgt der gestaute Wasserstand etwa h = 3,3 m, d. h. ein Abbau des Wehres würde hier den Wasserspiegel beim Abfluß von MQ = 91,8 m³/s um Δh = 3,30 - 2,08 = 1,22 m sinken lassen, was das Feuchtbiotop erheblich gefährden kann.

Tabelle 1.14: Funktionswerte $f\left(\dfrac{h}{h_o}\right)$ für Rechteck- und Parabelquerschnitte nach [7]

$\dfrac{h}{h_0}$	Rechteck-profil	Parabel-profil	$\dfrac{h}{h_0}$	Rechteck-profil	Parabel-profil	$\dfrac{h}{h_0}$	Rechteck-profil	Parabel-profil
10,0	0,9116	0,7857	1,60	1,1248	0,8727	1,25	1,3267	0,9973
9,0	0,9131	0,7859	1,55	1,1421	0,8824	1,24	1,3375	1,0045
8,0	0,9147	0,7861	1,50	1,1617	0,8938	1,23	1,3488	1,0121
7,0	0,9171	0,7864	1,49	1,1660	0,8963	1,22	1,3607	1,0200
6,0	0,9208	0,7869	1,48	1,1704	0,8988	1,21	1,3733	1,0285
5,0	0,9270	0,7881	1,47	1,1749	0,9015	1,20	1,3867	1,0375
4,5	0,9317	0,7891	1,46	1,1796	0,9043	1,19	1,4009	1,0471
4,0	0,9383	0,7906	1,45	1,1844	0,9072	1,18	1,4159	1,0574
3,5	0,9481	0,7932	1,44	1,1893	0,9101	1,17	1,4320	1,0685
3,0	0,9633	0,7978	1,43	1,1944	0,9132	1,16	1,4492	1,0803
2,9	0,9674	0,7991	1,42	1,1997	0,9164	1,15	1,4677	1,0932
2,8	0,9718	0,8007	1,41	1,2052	0,9198	1,14	1,4877	1,1071
2,7	0,9769	0,8025	1,40	1,2108	0,9232	1,13	1,5093	1,1223
2,6	0,9826	0,8045	1,39	1,2166	0,9268	1,12	1,5329	1,1389
2,5	0,9890	0,8070	1,38	1,2228	0,9305	1,11	1,5589	1,1571
2,4	0,9963	0,8098	1,37	1,2291	0,9344	1,10	1,5875	1,1776
2,3	1,0047	0,8132	1,36	1,2355	0,9385	1,09	1,6195	1,2005
2,2	1,0143	0,8173	1,35	1,2422	0,9427	1,08	1,6555	1,2264
2,1	1,0255	0,8222	1,34	1,2491	0,9471	1,07	1,6969	1,2563
2,0	1,0387	0,8282	1,33	1,2564	0,9517	1,06	1,7451	1,2913
1,95	1,0462	0,8317	1,32	1,2639	0,9565	1,05	1,8027	1,3333
1,90	1,0543	0,8357	1,31	1,2718	0,9615	1,04	1,8738	1,3855
1,85	1,0634	0,8401	1,30	1,2800	0,9668	1,03	1,9665	1,4537
1,80	1,0731	0,8451	1,29	1,2885	0,9723	1,02	2,0983	1,5514
1,75	1,0840	0,8506	1,28	1,2974	0,9781	1,01	2,3261	1,7210
1,70	1,0961	0,8570	1,27	1,3067	0,9842			
1,65	1,1096	0,8643	1,26	1,3165	0,9906			
0,99	2,3194	1,7140	0,69	1,0629	0,7260	0,39	0,6983	0,3918
0,98	2,0850	1,5364	0,68	1,0482	0,7132	0,38	0,6877	0,3816
0,97	1,9465	1,4312	0,67	1,0337	0,7005	0,37	0,6771	0,3714
0,96	1,8471	1,3555	0,66	1,0196	0,6881	0,36	0,6666	0,3612
0,95	1,7693	1,2958	0,65	1,0056	0,6758	0,35	0,6562	0,3511
0,94	1,7051	1,2463	0,64	0,9920	0,6637	0,34	0,6457	0,3409
0,93	1,6502	1,2038	0,63	0,9785	0,6518	0,33	0,6353	0,3308
0,92	1,6022	1,1664	0,62	0,9653	0,6400	0,32	0,6250	0,3207
0,91	1,5594	1,1329	0,61	0,9523	0,6283	0,31	0,6147	0,3106
0,90	1,5208	1,1025	0,60	0,9394	0,6168	0,30	0,6044	0,3005
0,89	1,4854	1,0746	0,59	0,9268	0,6054	0,29	0,5941	0,2904
0,88	1,4528	1,0487	0,58	0,9143	0,5940	0,28	0,5839	0,2804
0,87	1,4225	1,0245	0,57	0,9019	0,5828	0,27	0,5736	0,2703
0,86	1,3941	1,0018	0,56	0,8897	0,5717	0,26	0,5635	0,2602
0,85	1,3675	0,9803	0,55	0,8776	0,5606	0,25	0,5533	0,2502
0,84	1,3422	0,9599	0,54	0,8657	0,5496	0,24	0,5431	0,2402
0,83	1,3183	0,9405	0,53	0,8539	0,5388	0,23	0,5330	0,2301
0,82	1,2955	0,9218	0,52	0,8422	0,5279	0,22	0,5229	0,2201
0,81	1,2737	0,9039	0,51	0,8306	0,5172	0,21	0,5128	0,2101
0,80	1,2528	0,8867	0,50	0,8191	0,5065	0,20	0,5027	0,2001
0,79	1,2327	0,8700	0,49	0,8078	0,4958	0,19	0,4926	0,1901
0,78	1,2133	0,8539	0,48	0,7965	0,4853	0,18	0,4826	0,1800
0,77	1,1946	0,8383	0,47	0,7853	0,4747	0,17	0,4725	0,1700
0,76	1,1765	0,8230	0,46	0,7742	0,4642	0,16	0,4625	0,1600
0,75	1,1589	0,8082	0,45	0,7631	0,4538	0,15	0,4524	0,15
0,74	1,1419	0,7938	0,44	0,7522	0,4434	0,14	0,4424	0,14
0,73	1,1253	0,7797	0,43	0,7413	0,4330	0,13	0,4324	0,13
0,72	1,1091	0,7658	0,42	0,7304	0,4227	0,12	0,4224	0,12
0,71	1,0934	0,7523	0,41	0,7197	0,4124	0,11	0,4123	0,11
0,70	1,0780	0,7390	0,40	0,7089	0,4021	0,10	0,4023	0,10

1.10 Querströmungen durch Wassereinleitungen

Ein Kraftwerk plant, sein Kühlwasser von $Q_E = 58$ m³/s in einen großen staugeregelten Fluß seitlich einzuleiten. Die Schiffahrt befürchtet zu große Auswirkungen auf die Verkehrssicherheit durch die entstehenden Querströmungen. In der Entfernung von $z = 12$ m von der vorgesehenen Einleitungsstelle verläuft die Begrenzung der Fahrrinne. Ein erster Entwurf für das Auslaßbauwerk sieht vor: Breite des Auslasses $B_E = 27,6$ m; Wassertiefe im rechteckförmigen Auslaßquerschnitt $h_E = 1,5$ m; Fließgeschwindigkeit am Ende des Auslasses bzw. Eintritt in den Fluß $v_E = 1,4$ m/s. Die Abb. 1.23 zeigt die Einleitungsstelle.

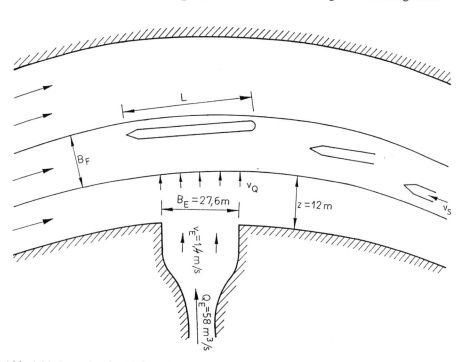

Abb. 1.23: Lageplan der Flußstrecke mit geplanter seitlicher Einleitung von Kühlwasser

Am Beispiel zweier Schiffe mit jeweils zwei verschiedenen Geschwindigkeiten ist die notwendige Vergrößerung der Fahrrinnenbreite B_F zu untersuchen. Schiff 1 ist ein Großmotorgüterschiff mit $L = 108,5$ m Länge, $B = 11,4$ m Breite und $T = 2,8$ m Tiefgang. Schiff 2 soll das Groß-Finow-Maß sein mit $L = 41,5$ m Länge, $B = 5,10$ m Breite und $T = 1,60$ m Tiefgang. Die Geschwindigkeiten der Schiffe betragen $v_S = 2,0$ m/s (7,2 km/h) bzw. 3,6 m/s (13 km/h).

Lösungen

Einschränkend muß anfangs gesagt werden, daß die Lösung einer solchen Aufgabenstellung theoretisch exakt bis heute nicht möglich ist, die besten Ergebnisse noch immer der hydraulische Modellversuch liefert. Wie aber Vergleiche mit Messungen [8] gezeigt haben, kann das hier verwendete Berechnungsverfahren durchaus benutzt werden, um eine erste Abschätzung zu erwartender Ergebnisse vorzunehmen, obwohl einige Einflüsse auf die Vorgänge vernachlässigt werden müssen. Darunter fällt z.B. die Strömungsgeschwindigkeit des Wassers im Fluß. Auch die Ruderwirkung und die Fahrtrichtung (stromauf/stromab) des Schiffes bleiben unberücksichtigt, die angegebenen Schiffsgeschwindigkeiten sind Geschwindigkeiten über der Sohle.

Vom Ufer zur Flußmitte hin nimmt die Breite des eingeleiteten Strahles nach Gl. (1.44) zu

$$b(z) = 0,6 \cdot \sqrt{z} \cdot B_E \qquad (1.44)$$

Auf der Strecke z nimmt die Geschwindigkeit des Strahles v_E ständig ab, was aus der Gleichung (1.45) berechnet werden kann:

$$v_q = \alpha^* \cdot v_E \cdot \frac{1}{\sqrt{z}} \qquad (1.45)$$

α^* berücksichtigt die Geschwindigkeitsverteilung im Strahl der Breite b. Es hat sich gezeigt, daß die Quergeschwindigkeit recht konstant über die Breite b ist, d. h. $\alpha^* = 1$ ausreichend gute Werte liefert.

Für die angegebenen Einleitungsbedingungen ergibt sich für die uferseitige Begrenzung des Fahrwasserstreifens

$$b = 0,6 \cdot \sqrt{12} \cdot 27,6 = 57,4 \text{ m}$$

$$v_q = 1 \cdot 1,4 \cdot \frac{1}{\sqrt{12}} = 0,40 \text{ m/s}$$

Dieser Beeinflussung ist das vorbeifahrende Schiff ausgesetzt. Es reagiert mit einem Querversatz (Drift), der mit Δ bezeichnet werden soll. Dieser Querversatz kann aus der Gl. (1.46) errechnet werden.

$$\Delta = L \cdot A \cdot \frac{v_q}{v_S} \qquad (1.46)$$

Der Wert für A kann, abhängig von der Schiffslänge L und der Breite b des Querströmungsfeldes der Abb. 1.24 entnommen werden. Für die beiden Schiffslängen ergeben sich:

$$\frac{b}{L} = \frac{57,4}{108,5} = 0,53 \rightarrow A = 0,94$$

$$\frac{b}{L} = \frac{57,4}{41,5} = 1,38 \rightarrow A = 2,2$$

Der Querversatz für das Großmotorgüterschiff ist demnach

$$\Delta = 0,94 \cdot 108,5 \cdot \frac{0,4}{2} = 20,4 \ \text{m bzw.}$$

$$\Delta = 0,94 \cdot 108,5 \cdot \frac{0,4}{3,6} = 11,3 \ \text{m}$$

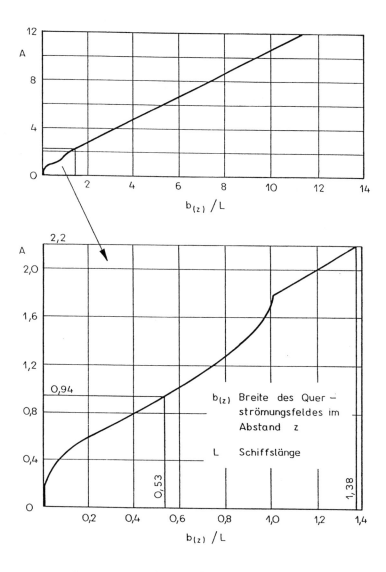

Abb. 1.24: Beiwert A zur Bestimmung des Querversatzes aus [8]

Das Groß-Finow-Maßschiff driftet ab um

$$\Delta = 2,2 \cdot 41,5 \cdot \frac{0,4}{2} = 18,3 \text{ m bzw.}$$

$$\Delta = 2,2 \cdot 41,5 \cdot \frac{0,4}{3,6} = 10,1 \text{ m}$$

Es sei abschließend darauf hingewiesen, daß die heute verkehrenden Schiffe mit einem Einsatz des Ruders reagieren, was hier nicht berücksichtigt ist. Dieser Rudereinsatz vermindert den Querversatz. Doch die subjektiven Möglichkeiten und Fähigkeiten der Schiffsbesatzungen bleiben in den Berechnungen unberücksichtigt.

1.11 Fischaufstiegsanlage

Ein kleiner Fluß, dessen durchschnittliches Gefälle im Staubereich früher 0,2 % betrug, ist seit langer Zeit durch ein schräg im Fluß liegendes Wehr aufgestaut. Das Stauziel liegt auf 189,6 m über NN, der Wasserspiegel im Unterwasser ist beim Abfluß von MNQ = 8,9 m³/s auf 182,6 m über NN, beim Abfluß von MQ = 56 m³/s gleich 183,7 m über NN. Die schlechte Wasserqualität gab bisher keinen Anlaß, den seinerzeit eingebauten, aber kaum wirksamen Fischpaß zu ersetzen.

Stauhöhe und Wasserdargebot führten zu der Überlegung, ein Wasserkraftwerk zu errichten, um elektrische Energie zu erzeugen. Bei dieser Gelegenheit soll ein wirksamer Fischpaß mit installiert werden. Als voraussichtlich größte Fischart wird künftig der Lachs erwartet. Zum Vergleich sollen zwei Varianten untersucht werden: eine technische Lösung, der Beckenpaß, und eine naturnahe Bauweise, das Umgehungsgerinne.

Lösungen

a. Der Beckenpaß kann nach Abb. 1.25 gestaltet werden.

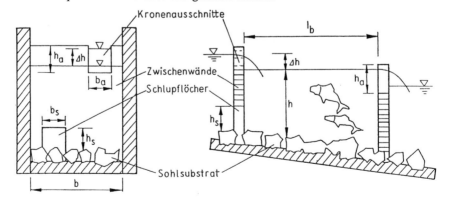

Abb. 1.25: Details eines Beckenfischpasses nach [9]

Für Lachse wird in [9] gefordert:

l_b = 2,5 bis 3,0 m; b = 1,6 bis 2,0 m; h = 0,8 bis 1,0 m; Δh = 0,15 bis 0,20 m; b_S = 0,4 bis 0,5 m; h_S = 0,3 bis 0,4 m; b_a = 0,3 m; h_a = 0,3 m.

Mit den jeweils größeren Werten ergeben sich beim Abfluß von MNQ = 8,9 m³/s:
Wasserspiegeldifferenz: 189,6 - 182,6 = 7,00 m
Stufenanzahl: 7,00 : 0,2 = 35 Stufen
Länge des Fischpasses: 35·3,0 = 105 m

Der Abfluß durch ein Schlupfloch kann mit Gl. (1.47) berechnet werden.

$$Q = \Phi \cdot A_S \cdot \sqrt{2 \cdot g \cdot \Delta h} \qquad\qquad (1.47)$$

$$A_S = b_S \cdot h_S ; \quad \Phi = 0,65 \text{ als Abflußbeiwert nach [9]} \qquad\qquad (1.48)$$

Somit wird $A_S = 0,5 \cdot 0,4 = 0,2$ m²

$$Q = 0,65 \cdot 0,2 \cdot \sqrt{19,62 \cdot 0,2} = 0,26 \text{ m}^3/\text{s}$$

Der Abfluß durch einen Kronenausschnitt kann mit der Überfallformel von *Poleni* bestimmt werden, Gl. (1.49)

$$Q = \frac{2}{3} \cdot \mu \cdot b_a \cdot \sqrt{2 \cdot g} \cdot h_{\ddot{u}}^{\frac{3}{2}} \qquad\qquad (1.49)$$

Mit μ = 0,63 nach [7] ergibt sich

$$Q = \frac{2}{3} \cdot 0,63 \cdot 0,3 \cdot 4,43 \cdot 0,2^{\frac{3}{2}} = 0,05 \text{ m}^3/\text{s}$$

Insgesamt fließen durch den Beckenfischpaß also 0,31 m³/s ab.

b. Das Umgehungsgerinne zu entwerfen ist weniger eine Frage der Berechnung - viel mehr eine Frage der Gestaltung. Die Abb. 1.26 kann dabei als Anregung dienen.

Hydromechanische Kriterien für die Gestaltung sind u.a.:

- Gefälle je nach Gewässertyp 1 : 100 bis maximal 1 : 20;
- Breite des Fischaufstieges b > 1,20 m, aber sehr ungleichmäßig;
- Wassertiefe h > 0,3 m, ebenfalls unregelmäßig mit Kolken;
- mittlere Fließgeschwindigkeit v = 0,4 bis 0,6 m/s;
- maximale Fließgeschwindigkeit v = 1,6 bis 2,0 m/s, örtlich begrenzt, anschließend   Ruhezonen mit geringer Fließgeschwindigkeit.

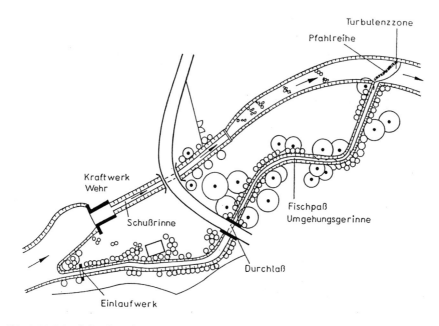

Abb. 1.26: Mögliche Gestaltung eines Fischpasses als Umgehungsgerinne

Mit I = 0,01 und k_{St} = 15 muß r_{hy} ≤ 0,25 sein, wenn v ≤ 0,6 m/s bleiben soll und die Fließ-formel von *Manning/Strickler*, Gl. (1.11), hier angewendet wird. Auf diese Vereinfachung, die für eine überschlägige Berechnung gerechtfertigt ist, muß hier hingewiesen werden. Mit gleicher Überlegung erhält man für die Steilstrecken r_{hy} ≤ 0,46 bzw.

$$v \leq 15 \cdot 0,46^{\frac{2}{3}} \cdot \sqrt{0,05} = 2 \text{ m/s}$$

Fließquerschnitte von 2,5 m Sohlenbreite und 0,3 m Wassertiefe (r_{hy} = 0,24) bzw. 2,0 m Sohlenbreite bei 0,8 m Wassertiefe (r_{hy} = 0,44) können Anhaltspunkte für die Gestaltung der Querschnitte sein.

Eine schrittweise Berechnung des Wasserspiegels im Fischpaß soll in der Tabelle 1.16 für das in der Abb. 1.27 dargestellte Längsprofil durchgeführt werden.

Die Berechnung selbst ist eine freie Bemessung mit beliebig zu wählenden (sofern nicht vor-gegebenen) Querschnitten, Längen der verschiedenen Gefällestrecken, Uferrauheiten usw.. Auch die Schritte (Spalte 2) sind verschieden, wegen der Mittelwertbildung aber symme-trisch in bezug auf eine Profiländerung zu wählen. Die Berechnung des Wasserspiegels er-folgt nach Gl. (1.25) mit β = 1 und $h_{v,ö}$ = 0, da keine Einbauten in den Fischpaß vorgenom-men werden sollen. Voraussetzung für das Anwenden der Gl. (1.25) ist, daß stets strömen-der Abfluß stattfindet.

Um eine gewisse Übersicht zu behalten und den Rechenaufwand in Grenzen zu lassen, wur-den nur fünf Profile, für jedes Gefälle also nur ein Profil gewählt und der k_{St} -Beiwert kon-stant mit k_{St} = 15 angenommen.

Tabelle 1.16: Berechnung des Wasserspiegels im Fischpaß

Stat.	Δl	Wsp.	Δh	A	A_m	l_U	$l_{U,m}$	$r_{hy,m}$	v	v_m	$\dfrac{v_m^2 \cdot l}{k_{St} \cdot r_{hy,m}^{\frac{4}{3}}}$	$\dfrac{v_o^2 - v_u^2}{2 \cdot g}$	$\Delta h_{,ber.}$
	m	m üb. NN	m	m²	m²	m	m	m	m/s	m/s	m	m	m
1		182,60		2,40		6,92			0,68				
	100		0,83		2,40		6,92	0,35		0,68	0,83	0	0,83
2		183,43		2,40		6,92			0,68				
	40		0,67		1,71		5,54	0,31		0,95	0,77	0,10	0,67
3		184,10		1,03		4,15			1,57				
	15		0,62		1,29		4,53	0,28		1,26	0,56	-0,07	0,63
4		184,72		1,55		4,91			1,04				
	20		0,36		1,88		6,15	0,31		0,86	0,32	-0,03	0,35
5		185,08		2,21		7,39			0,73				
	150		1,11		2,60		7,90	0,33		0,62	1,12	-0,01	1,13
6		186,19		2,99		8,40			0,54				
	120		0,75		2,79		8,15	0,34		0,58	0,75	0,01	0,74
7		186,94		2,59		7,90			0,63				
	40		0,54		1,89		6,15	0,31		0,86	0,63	0,08	0,55
8		187,48		1,19		4,40			1,36				
	10		0,34		1,40		4,67	0,30		1,16	0,30	-0,04	0,34
9		187,82		1,60		4,97			1,01				
	20		0,34		1,89		5,83	0,32		0,86	0,30	-0,03	0,33
10		188,16		2,18		6,69			0,74				
	130		1,32		2,25		6,77	0,33		0,72	1,31	0	1,31
11		189,48		2,31		6,86			0,70				

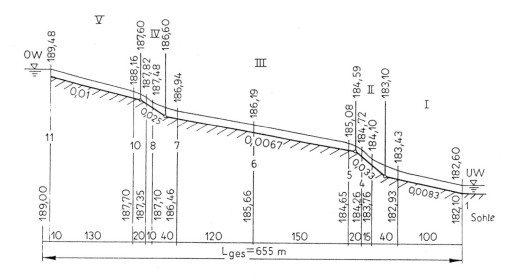

Abb. 1.27: Längsschnitt durch den gewählten Fischpaß mit Wasserspiegel- und Sohlenlage

Die Ergebnisse dieser doppelten Iteration (Wahl eines Querschnittes und Wahl eines Δh-Wertes, Spalte 4 der Tabelle) sind in der Tabelle 1.16 angegeben.

Zuerst wird für das Profil I die Wassermenge bestimmt, die bei h = 0,5 m abfließen kann

$A = 2,4\ m^2$; $l_U = 6,92\ m$; $r_{hy} = 0,35\ m$; $v = 0,67\ m/s$; $Q = 1,62\ m^3/s$

Die Wahl von h = 0,50 m erfolgte schon mit Blick auf eventuelle kritische Fließgeschwindigkeiten bzw. Grenztiefen. Die Profile gehen aus Abb. 1.28 hervor.

Überprüft werden muß noch, ob die Fließverhältnisse immer strömend bleiben. Für den Querschnitt II, die am steilsten geneigte Strecke, ergibt sich nach [5], S. 13.29:

$$\frac{(h')^3 \cdot (1 + h')^3}{1 + 2 \cdot h'} = \frac{Q^2 \cdot m^3}{g \cdot b^5} = \frac{1,62^2 \cdot 3^3}{9,81 \cdot 2^5} = 0,226 \tag{1.50}$$

h' = 0,51 m und

$$h_{gr} = \frac{h' \cdot b}{m} = \frac{0,51 \cdot 2,0}{3} = 0,34\ m \tag{1.51}$$

was nach Abb. 1.27 gerade eingehalten ist.

Abschließend soll das Einlaßbauwerk im Oberwasser bemessen werden. Die Abb. 1.29 zeigt die Ausgangssituation.

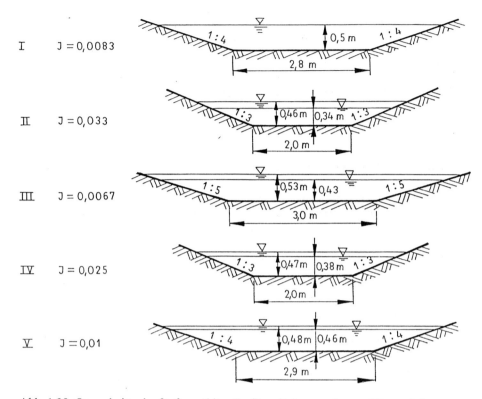

Abb. 1.28: Querschnitte der fünf gewählten Profile mit den errechneten Wassertiefen

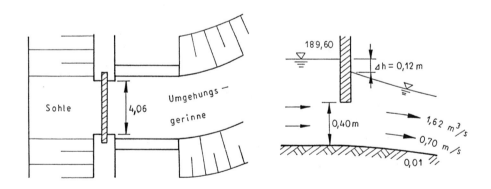

Abb. 1.29: Grundriß und Schnitt vom Einlaufbereich

Aus Gl. (1.47) , den zum Beckenpaß gegebenen Werten und der Abb. 1.27 ergibt sich:

$$1,62 \ m^3 / s = 0,65 \cdot b_S \cdot 0,40 \cdot \sqrt{19,62 \cdot 0,12}$$

$$b_S = 4,06 \ m$$

Für diesen Entwurf können also die hydromechanischen Kriterien für den Fischpaß im wesentlichen eingehalten werden. Mit 1,62 m³/s ist der Abfluß für diese Anlage größer als für den Beckenfischpaß. Voraussetzung für das Umgehungsgerinne ist natürlich, daß ausreichend Platz zur Verfügung steht. Der sehr kleine k_{St}-Beiwert kann nur durch große Steine an der Sohle und Bepflanzung der Böschung erreicht werden. Kaum Einfluß auf die hydromechanischen Größen haben örtliche Kolke und Uferausbuchtungen.

1.12 Bepflanzung einer Flutrinne

Eine mehrere Kilometer lange Flutrinne dient zur Hochwasserentlastung einer Stadt. Sie hat Trapezprofil mit 250 m Sohlenbreite und 1 : 3 geneigten Böschungen. Ihr Längsgefälle beträgt 0,09 %. Sie wird jährlich ein- bis zweimal durchströmt, ist folglich mit Gras bewachsen. Der Reibungsbeiwert nach *Manning/Strickler* sei k_{St} = 30. Abb. 1.30 zeigt links den bisherigen Querschnitt der Flutrinne. Wie leicht zu errechnen ist, können maximal 1840 m³/s mit v = 2,02 m/s durch die Flutrinne abgeführt werden.

Durch den Bau von zwei Talsperren im Oberlauf des Flusses wurde erreicht, daß künftig nur geringere Hochwässer durch die Stadt fließen werden. Auf die Flutrinne entfällt nur noch ein maximaler Hochwasserabfluß von 1460 m³/s. Das führte zu dem Vorschlag, die Flutrinne künftig als Wald und Naherholungsgebiet zu gestalten, also mit Bäumen zu bepflanzen. Es ist ein Vorschlag zu erarbeiten, welche Bäume in welchem Abstand gepflanzt werden sollen, damit das zu erwartende Hochwasser durch die Flutrinne trotz Bepflanzung schadlos abgeführt werden kann.

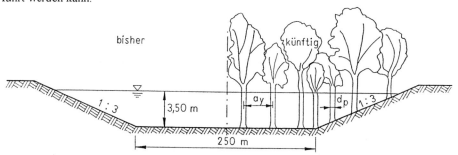

Abb. 1.30: Querschnitt der Flutrinne bisher (links) und bewachsen (rechts)

Lösung

Nach [1], S. 152 ff kann die Fließgeschwindigkeit in einem mit Bäumen bewachsenen Fließgewässer nach Gl. (1.52) errechnet werden.

$$v = \sqrt{\frac{1}{\lambda_W + \lambda_V}} \cdot \sqrt{8 \cdot g \cdot r_{hy} \cdot I_E} \qquad (1.52)$$

Mit λ_W....Widerstandsbeiwert für die Wandungen und
$\quad \lambda_V$....Widerstandsbeiwert für die Vegetation
erscheinen nur zwei unbekannte Größen in der Aufgabe, von denen aber λ_W aus den Angaben zum Rasen ($k_{St} = 30$) ermittelt werden kann. Mit einer absoluten Rauheit von $k = 0,06$ m für den Rasen und dem Widerstandsgesetz von *Darcy* und *Weisbach* wird

$$\sqrt{\frac{1}{\lambda_W}} = 2 \cdot \log\left(\frac{14,84 \cdot 3,22}{0,06}\right), \text{ also } \lambda_W = 0,0297$$

Die durchschnittliche Fließgeschwindigkeit in der Flutrinne ergibt sich aus dem Kontinuitätsgesetz zu

$$v = \frac{1460 \text{ m}^3/\text{s}}{912 \text{ m}^2} = 1,60 \text{ m/s}$$

Mit $r_{hy} = \dfrac{912}{272} = 3,35$ m wird die zweite Wurzel

$$\sqrt{8 \cdot 9,81 \cdot 3,35 \cdot 0,0009} = 0,486$$

und daraus

$$\sqrt{\frac{1}{0,0297 + \lambda_V}} = \frac{1,60}{0,486} \text{ bzw. } \lambda_V = 0,0626$$

Aus Gl. (1.53) geht hervor, daß λ_V vom Widerstand der im Gerinne wachsenden Bäume abhängig ist:

$$\lambda_V = 4 \cdot c_{WR} \cdot \omega_p \cdot r_{hy} \tag{1.53}$$

c_{WR} ist eine rechnerische Widerstandszahl, die für einen Kreiszylinder 1,2 ist und allg. zwischen 1,0 und 1,5 liegt. Hier soll $c_{WR} = 1,5$ für die umströmten Baumstämme eingesetzt werden. Nach Gl. (1.54) kann ω_p, die spezifische Vegetationsanströmfläche, berechnet werden.

$$\omega_p = \frac{d_{P,m}}{a_x \cdot a_y} \tag{1.54}$$

$d_{P,m}$ ist der mittlere Stammdurchmesser der Bäume in m; a_x der Abstand der Bäume in Fließrichtung, a_y quer dazu, beides in m einzusetzen.

Im Beispiel ergibt sich aus der bisherigen Berechnung bzw. aus Gl. (1.53):

$$0,0626 = 4 \cdot 1,5 \cdot \omega_p \cdot 3,35 \quad \rightarrow \quad \omega_p = 0,0031$$

Dieser Wert kann nun nach der Tabelle 1.17 "aufgeteilt" werden.

Beispielsweise erfüllen Bäume mit einem Stammdurchmesser von $d_{P,m} = 0,3$ m in Abständen von 10 m mal 9,6 m die Gl. (1.54). Dünne Bäume mit einem durchschnittlichen Stammdurchmesser von 6 cm könnten im Raster von 3,9 m mal 5,0 m wachsen, vorausgesetzt, die Fließfläche wird nicht durch Äste weiter eingeengt.

Tabelle 1.17: In der Natur beobachtete Wuchsparameter aus [10]

Bewuchsart	Entwicklungsstand	d_P in m	a_x in m	a_y in m
geschlossener Bewuchs:				
− Röhricht		0,003 bis 0,01	0,01 bis 0,03	0,01 bis 0,03
− Sträucher	einjährig	0,03	0,25 bis 0,35	0,25 bis 0,35
(z. B. Weiden)	mehrjährig	0,03 bis 0,06	0,15 bis 0,25	0,15 bis 0,25
− Bäume	Erlen, fünfjährig	0,04 bis 0,1	1,0 bis 5,0	1,0 bis 5,0
	Erlen, ältere Bestände	0,15 bis 0,5	3,0 bis 10,0	3,0 bis 10,0
	nur Stamm	0,5 bis 1,0	10,0 bis 20,0	5,0 bis 15,0
einzelnstehende Büsche und Baumgruppen:				
− Büsche	mehrjährig	3,5	3,5 bis 10,0	3,0 bis 10,0
− Baumgruppe	mehrjährig	1,0	10,0	10,0

1.13 Renaturierung eines Fließgewässers

Ein Fließgewässer ist vor Jahrzehnten eingeengt und begradigt worden, um Felder für landwirtschaftliche Produktion zu gewinnen. Die Abb. 1.31 zeigt den Querschnitt des kanalähnlichen Flusses im bebauten und landwirtschaftlich genutzten Bereich, außerdem eine Draufsicht.

Zwischen den Punkten A und B soll der Flußabschnitt wieder in einen naturnahen Zustand zurückversetzt werden, da die landwirtschaftliche Produktion in diesem Bereich aufgegeben wurde. Wegen der längeren Fließstrecke und den Anbindungen bei A und B beträgt das neue Sohlengefälle I = 0,05 %. Folgende Forderungen werden gestellt:

- bei kleinen Abflüssen soll die Wassertiefe nicht geringer als auf der begradigten Strecke werden, MNQ = 6,2 m³/s;
- bei mittleren Abflüssen sollen die Wasserstände möglichst den jetzigen entsprechen, um den Grundwasserstand nicht zu verändern, MQ = 21 m³/s;
- die Oberlieger fordern, daß bei Hochwasserabflüssen keine höheren Wasserstände als bisher auftreten, HQ$_{50}$ = 110 m³/s.

Schnitt 1 – 1

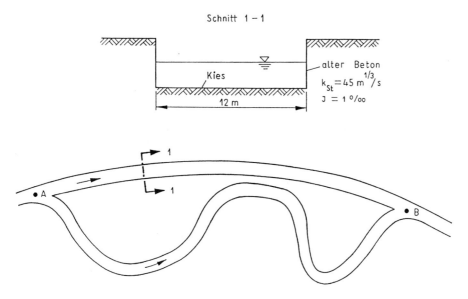

Abb. 1.31: Zu renaturierendes Fließgewässer

Lösungen

Die Abb. 1.32 zeigt als Ausgangssituation die Abflußkurve (Kurve 1) für die begradigte Fließstrecke.

Einen Vorschlag für den neuen Querschnitt zeigt die Abb. 1.33. Das mittlere Profil wird durch Steine und Kies gestaltet, $k_W = 0,09$ m; $k_{St} = 35$. Links werden Bäume gepflanzt, die 4 m breite Zwischenräume für Wanderwege und den Hochwasserabfluß freilassen.

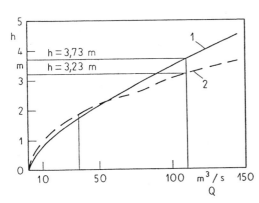

Das Gestrüpp auf der linken Böschung soll nicht abflußwirksam werden. Der k_W-Beiwert im linken Vorland sei 6 cm. Rechts soll schon 1,0 m über der Sohle dichter Bewuchs auf der durchgehend 1 : 4 geneigten Böschung vorgesehen werden, der zusammen mit Steinen zu $k_W = 0,30$ m führt. Die dünnen Bäume ($d_P = 0,05$ m) in dichten Abständen (0,8 m mal 0,5 m im Durchschnitt) sollen die Böschung sichern, begrünen und einen Durchfluß gestatten.

Abb. 1.32: Abflußkurven für begradigten Flußabschnitt (1) und für neues Profil (2)

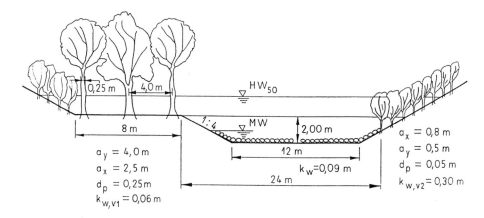

Abb. 1.33: Vorschlag für den Querschnitt der neuen Fließstrecke

Zunächst kann für das mittlere Profil bis h = 2,00 m der Durchfluß mit der *Manning*formel, Gl. (1.11) berechnet werden, die Tabelle 1.18 zeigt die Ergebnisse.

Tabelle 1.18: Abfluß Q für h = 0 bis 2,00 m bei I = 0,05 % und k_{St} = 35

h	A	l_U	r_{hy}	v	Q
m	m²	m	m	m/s	m³/s
0,50	7,00	16,12	0,43	0,45	3,14
1,00	16,00	20,25	0,79	0,67	10,7
1,50	26,50	22,30	1,19	0,88	23,3
2,00	38,00	24,40	1,56	1,06	40,2

Der Bewuchs auf der rechten Böschung wird zunächst als reibungsfrei und nicht durchströmt angesehen, was später zu korrigieren sein wird. Die Abflußkurve 2 in Abb. 1.32 zeigt für den Abfluß von MNQ = 6,2 m³/s einen erwünschten Anstieg des Wasserspiegels von 55 auf 75 cm über der Sohle. Beim Abfluß von MQ = 21 m³/s würde im neuen Profil eine Wassertiefe von 1,42 m auftreten, 17 cm mehr als auf der alten Strecke. Das soll hier akzeptiert werden. Auf die genaue Ermittlung der Wasserspiegellage soll hier ebenfalls nicht näher eingegangen werden.

Bei größeren Abflüssen tritt eine Bremswirkung der Vegetation ein, die mit geringerer Geschwindigkeit als das Hauptprofil durchströmt wird. Die Berechnung der bremsenden Wirkung - also einer Wandrauheit, die die Baumreihen und die Büsche verursachen - wird am Beispiel von h = 3,50 m, also 1,50 m überströmtem, linksseitigem Vorland gezeigt. Die o. g. dritte Forderung macht es erforderlich, daß mindestens 101 m³/s bei diesem Wasserstand abgeführt werden.

Die Fließfläche im Hauptquerschnitt beträgt:

$$A_F = 38,0 + 1,5 \cdot 24 = 74 \text{ m}^2$$

Mit $l_{U,W} = 8,25 + 12 + 4,12 = 24,37$ m wird $r_{hy,O,W} = \dfrac{74}{24,37} = 3,04$ m

Der Widerstandsbeiwert im mittleren Profil ergibt sich aus

$$\sqrt{\frac{1}{\lambda_{O,W}}} = 2 \cdot \log\left[\frac{14,84 \cdot r_{hy,O,W}}{k_{W,F}}\right] = 2 \cdot \log\left(\frac{14,84 \cdot 3,04}{0,09}\right) = 5,4 \qquad (1.55)$$

zu $\lambda_{O,W} = 0,0343$

Die Fließgeschwindigkeit $v_{O,F}$ im mittleren Teil wird iterativ unter Beachtung von zwei zunächst geschätzten Trennflächenrauheiten λ_{T1} und λ_{T2} ermittelt. Iterativ werden diese Werte dann berichtigt, wenn die Schätzung nicht gut genug war. Mit $\lambda_{T1} = 0,06$ und $\lambda_{T2} = 0,02$ (geschätzt) wird unter Berücksichtigung der jeweils gegenüberliegenden Trennfläche

$$r_{hy,O,W,1} = \frac{A_F}{l_{U,W} + h_{T2}} = \frac{74}{24,37 + 2,50} = 2,75 \text{ m} \qquad (1.56)$$

$$r_{hy,O,W,2} = \frac{A_F}{l_{U,W} + h_{T1}} = \frac{74}{24,37 + 1,50} = 2,86 \text{ m} \qquad (1.57)$$

Die Widerstandsbeiwerte ergeben sich aus

$$\sqrt{\frac{1}{\lambda_{O,W1}}} = \sqrt{\frac{l_{U,W} + h_{T2}}{\lambda_{O,W} \cdot l_{U,W} + \lambda_{T2} \cdot h_{T2}}} = \sqrt{\frac{24,37 + 2,5}{0,0343 \cdot 24,37 + 0,02 \cdot 2,5}} = 5,51 \rightarrow \lambda_{O,W1} = 0,033 \quad (1.58)$$

$$\sqrt{\frac{1}{\lambda_{O,W2}}} = \sqrt{\frac{l_{U,W} + h_{T1}}{\lambda_{O,W} \cdot l_{U,W} + \lambda_{T1} \cdot h_{T1}}} = \sqrt{\frac{24,37 + 1,5}{0,0343 \cdot 24,37 + 0,06 \cdot 1,5}} = 5,29 \rightarrow \lambda_{O,W2} = 0,036 \quad (1.59)$$

Die Fließgeschwindigkeiten ergeben sich zu

$$v_{0,F1} = \sqrt{\frac{1}{\lambda_{O,W1}}} \cdot \sqrt{8 \cdot g \cdot r_{hy,O,W1} \cdot I} = 5,51 \cdot \sqrt{8 \cdot 9,81 \cdot 2,75 \cdot 0,0005} = 1,81\, \text{m/s} \qquad (1.60)$$

$$v_{0,F2} = \sqrt{\frac{1}{\lambda_{O,W2}}} \cdot \sqrt{8 \cdot g \cdot r_{hy,O,W2} \cdot I} = 5,29 \cdot \sqrt{8 \cdot 9,81 \cdot 2,86 \cdot 0,0005} = 1,77\, \text{m/s} \qquad (1.61)$$

Das Vorland auf der linken Seite führt die Wassermenge Q_{V1} ab.

Mit $A_{V1} = 8 \cdot 1,5 = 12\,m^2$; $l_{U,V1} = 8 + 1,5 = 9,5\,m$ (der dichte Bewuchs auf der linken Böschung soll als feste Wand und nicht durchströmt angesehen werden) wird

$r_{hy,V1} = \dfrac{12}{9,5} = 1,26\,m$. Bei sinngemäßer Anwendung von Gl. (1.55) wird:

$$\sqrt{\frac{1}{\lambda_{W,V1}}} = 2 \cdot \log\left(\frac{14,84 \cdot 1,26}{0,06}\right) = 5,0 \rightarrow \lambda_{W,V1} = 0,04$$

Die Fließgeschwindigkeit in diesem Bereich läßt sich mit Gl. (1.62) feststellen:

$$v_{0,V1} = \sqrt{\frac{8 \cdot g \cdot r_{hy,V1} \cdot I}{\lambda_{W,V1} + 4 \cdot c_{WR} \cdot \omega_P \cdot r_{hy,V1}}} \qquad (1.62)$$

Die Beiwerte c_{WR} (hier mit 1,5 gewählt) und ω_P wurden zur Aufgabe 1.12 bereits erläutert. Im linken Vorland wird $\omega_P = \dfrac{0,25}{2,5 \cdot 4} = 0,025$ und somit

$$v_{0,V1} = \sqrt{\frac{8 \cdot 9,81 \cdot 1,26 \cdot 0,0005}{0,04 + 4 \cdot 1,5 \cdot 0,025 \cdot 1,26}} = 0,465\,m/s$$

Das ergibt über dem linken Vorland einen Abfluß von $Q_{V1} = 12 \cdot 0,465 = 5,6\,m^3/s$

Über der rechten Böschung wird nur ein geringer Abfluß erwartet, da sie dicht bewachsen ist. Die Fläche beträgt

$A_{V2} = 0,5 \cdot 2,5 \cdot 10 = 12,5\,m^2$. Mit $l_{U,V2} = \sqrt{2,5^2 + 10^2} = 10,3\,m$ wird $r_{hy,V2} = \dfrac{12,5}{10,3} = 1,21\,m$.

Mit Gl. (1.55), sinngemäß angewandt, wird

$$\sqrt{\frac{1}{\lambda_{W,V2}}} = 2 \cdot \log\left(\frac{14,84 \cdot 1,21}{0,30}\right) = 3,55 \rightarrow \lambda_{W,V2} = 0,079$$

mit $\omega_P = \dfrac{0,05}{0,8 \cdot 0,5} = 0,125$

$$v_{0,V2} = \sqrt{\frac{8 \cdot 9,81 \cdot 1,21 \cdot 0,0005}{0,079 + 4 \cdot 1,5 \cdot 0,125 \cdot 1,21}} = 0,22\,m/s$$

$Q_{V2} = 0,22 \cdot 12,5 = 2,7\,m^3/s$

Die zunächst geschätzten Trennflächenrauheiten werden nun mit den errechneten Geschwindigkeiten über den Vorländern überprüft. Das erfolgt mit der Gl. (1.63).

$$\lambda_T = 4 \cdot \left[\log \frac{v_{o,F}}{v_{o,V}} \right]^2 \cdot \frac{r_{hy,V} \cdot b_m}{h_T \cdot b_F} \tag{1.63}$$

mit $b_m = \dfrac{A_F}{h_T}$ und $r_{hy,V} = \dfrac{A_V}{l_{U,V}}$

(Ist $\lambda_T < \lambda_W$, dann wird $\lambda_T = \lambda_W$ gesetzt)

b_m, die mitwirkende Vegetationszonenbreite, ergibt sich aus b_N, der Nachlaufwirbelbreite eines Gehölzelementes

$$b_N = 3,2 \cdot \sqrt{a_x \cdot d_{P,m}} \tag{1.64}$$

(Ist $b_N > a_y$, so wird $b_m = a_y$ gesetzt, natürlich muß $b_m < b_V$ bleiben; ist $b_N < a_y$, so wird $b_m = b_N$ gesetzt, aber stets soll $b_m \geq 0,15 \cdot h_T$ bleiben).

Für das linke Vorland wird

$$b_{F1} = \frac{A_F}{h_{T1}} = \frac{74}{1,5} = 49,3\,\text{m}; \quad b_{N1} = 3,2 \cdot \sqrt{2,50 \cdot 0,25} = 2,53\,\text{m}$$

$$b_{N1} < a_y = 4,0\,\text{m} \rightarrow b_{m1} = 2,53\,\text{m}$$

$$\lambda_{T1} = 4 \cdot \left(\log \frac{1,81}{0,465} \right)^2 \cdot \frac{1,26}{1,50} \cdot \frac{2,53}{49,3} = 0,060$$

$$b_{F2} = \frac{74}{2,5} = 29,6\,\text{m}; \quad b_{N2} = 3,2 \cdot \sqrt{0,8 \cdot 0,05} = 0,64\,\text{m}$$

$$b_{N2} > a_{y2} = 0,5\,\text{m}, \quad b_m = 0,5\,\text{m}$$

$$\lambda_{T2} = 4 \cdot \left(\log \frac{1,77}{0,22} \right)^2 \cdot \frac{1,21}{2,50} \cdot \frac{0,5}{29,6} = 0,0268$$

Während λ_{T1} genau dem geschätzten Wert entspricht, soll am Beispiel von λ_{T2} die Möglichkeit der Verbesserung gezeigt werden. Mit $\lambda_{T2} = 0,0268$ wird aus Gl. (1.58):

$$\sqrt{\frac{1}{\lambda_{0,WI}}} = \sqrt{\frac{24,37 + 2,5}{0,0343 \cdot 24,37 + 0,0268 \cdot 2,5}} = 5,46; \rightarrow \lambda_{0,WI} = 0,0336$$

Gl.(1.60): $v_{0,FI} = 5,46 \cdot \sqrt{8 \cdot 9,81 \cdot 2,75 \cdot 0,0005} = 1,79 \, m/s$

Gl.(1.63): $\lambda_{T2} = 4 \cdot \left(\log\frac{1,79}{0,22} \right)^2 \cdot \frac{1,21}{2,50} \cdot \frac{0,5}{29,6} = 0,0271 \cong 0,0268$

Nunmehr können beide Trennflächenwiderstände berücksichtigt werden, um den Abfluß im Hauptquerschnitt zu ermitteln. Das erfolgt erneut durch eine Iteration. Zunächst ist in der ersten Näherung

$$r_{hy,W(1)} = r_{hy,F} = \frac{A_F}{l_{U,W} + h_{T1} + h_{T2}} = \frac{74}{24,37 + 1,5 + 2,5} = 2,61 \ m \qquad (1.65)$$

Daraus wird mit Gl. (1.55):

$$\sqrt{\frac{1}{\lambda_W}} = 2 \cdot \log\left(\frac{14,84 \cdot 2,61}{0,09} \right) = 5,27 \rightarrow \lambda_W = 0,036$$

In einer zweiten Näherung wird

$$r_{hy,W(2)} = \frac{\lambda_W \cdot A_F}{\lambda_W \cdot l_{UW} + \lambda_{T1} \cdot h_{T1} + \lambda_{T2} \cdot h_{T2}} = \frac{0,036 \cdot 74}{0,036 \cdot 24,37 + 0,06 \cdot 1,5 + 0,0271 \cdot 2,5} = 2,571 \, m \quad (1.66)$$

$$\sqrt{\frac{1}{\lambda_W}} = 2 \cdot \log\left(\frac{14,84 \cdot 2,571}{0,09} \right) = 5,25; \rightarrow \lambda_W = 0,036$$

Mit dieser Übereinstimmung (bzw. auch bei zufriedenstellender Annäherung der Werte für λ_W) kann der gesamte Widerstandsbeiwert λ_{Ges} aus Gl. (1.67) ermittelt werden:

$$\sqrt{\frac{1}{\lambda_{Ges}}} = \sqrt{\frac{l_{U,W} + h_{T1} + h_{T2}}{\lambda_W \cdot l_{U,W} + \lambda_{T1} \cdot h_{T1} + \lambda_{T2} \cdot h_{T2}}} \qquad (1.67)$$

Mit den ermittelten Werten ergibt sich

$$\sqrt{\frac{1}{\lambda_{Ges}}} = \sqrt{\frac{24,37 + 1,5 + 2,5}{0,036 \cdot 24,37 + 0,06 \cdot 1,5 + 0,027 \cdot 2,5}} = 5,236 \rightarrow \lambda_{Ges} = 0,0365$$

Die Fließgeschwindigkeit im mittleren Querschnitt wird

$$v_F = \sqrt{\frac{1}{0,0365}} \cdot \sqrt{8 \cdot 9,81 \cdot 2,61 \cdot 0,0005} = 1,68 \text{ m/s}$$

$Q = 1,68 \cdot 74 = 124,3 \text{ m}^3/\text{s}$

Der Gesamtabfluß bei h = 3,50 m wird somit

$Q = 124,3 + 5,6 + 2,7 = 132,6 \text{ m}^3/\text{s}.$

Auf die beschriebene Weise wurden auch die Wassertiefen h = 2,50 m und h = 3,00 m untersucht und in die Abb. 1.32 eingetragen, Kurve 2. Diese Abflußkurve verläuft nicht mehr so gleichförmig wie bei nichtbewachsenen Profilen.

Beim Abfluß von HQ_{50} = 110 m³/s ist im vorgeschlagenen Profil nur eine Wassertiefe von h = 3,23 m erforderlich, womit die dritte Forderung besonders gut erfüllt ist.

Mit der Abflußkurve ist ein Überblick gegeben über die Leistungsfähigkeit des bewachsenen Profils. Der exakte Verlauf des Wasserspiegels kann mit einer schrittweisen Berechnung erfolgen. Das kann aber nur mit einem entsprechenden Programm durchgeführt werden.

2 Standgewässer

2.0 Überblick

Unter dem Begriff "Standgewässer" sollen in diesem Kapitel alle Gewässer zusammengefaßt werden, deren Wasser sich nicht oder nur gering erneuert, die eine Fließgeschwindigkeit von $v \cong 0$ haben. Ihre Wasseroberfläche, die stets horizontal angenommen wird, ist
durch feste Ufer begrenzt. Becken, Teiche, Stauseen, Binnenseen, Tagebaurestlöcher und
auch das Meer sollen zu den Standgewässern gezählt werden, obwohl gerade in den Meeren
mitunter erhebliche Fließgeschwindigkeiten des Wassers zu beobachten sind. Die ausge-
wählten Beispiele rechtfertigen es, zumindest die Ufer der Meere mit ihren Befestigungen -
also die Küsten - als seitliche Begrenzung eines Standgewässers zu betrachten.

Die Ufer der Standgewässer werden vor allem durch Wasserdrücke, Wellen und Eis belastet, deren Anteile und Auswirkungen sehr verschieden sind. Im großen Gewässer über-
wiegt die Belastung aus Wellen, im kleinen kann der Eisdruck bemessungswirksam sein. In
jedem Fall vorhanden ist der Wasserdruck - fast immer von beiden Seiten auf eine Befestigung (Deckwerk) wirkend. Ungefährlich und für Bemessungen uninteressant ist der Druck
des Wassers von außen, also vom Gewässer her. Oft unerkannt oder unterschätzt ist dage-
gen der Innendruck, der Druck des im Boden vorhandenen Wassers. Schadensfälle gehen
fast immer auf den Innenwasserdruck zurück.

Die Ufer großer Gewässer werden in erster Linie von Windwellen angegriffen. Den
"Bemessungswind" nach Stärke, Richtung, Dauer und Häufigkeit festzulegen, ist nicht die
Aufgabe des Wasserbauers, der Wasserbauer verwendet ihn als Ausgangsgröße seiner Untersuchungen. Zahlreiche Verfahren wurden entwickelt, um aus den Ausgangsgrößen die
Größe der Bemessungswelle festzulegen. Neben dem Wind sind die Ausdehnung des Gewässers in Windrichtung, die "Streichlänge" und die Wassertiefe die entscheidenden Ausgangsgrößen. Zur Ermittlung der Wellenparameter (Wellenhöhe, Wellenlänge, Wellenperiode, Wiederkehrintervall bzw. Häufigkeit des Auftretens) stehen Naturmessungen und ihre
statistische Auswertung ebenso zur Verfügung wie theoretische Berechnungsverfahren. Das
Festlegen der "Bemessungswelle" ist in jedem Fall eine verantwortungsvolle subjektive
Aufgabe, die in den Ländern der Erde nicht einheitlich gelöst wird. Mit der Bemessungswelle wird das Bauwerk auf seine Stand- und Funktionssicherheit untersucht. Fast immer ist
dabei neben dem Wellenberg auch das Wellental als Belastungsfall zu sehen, weil der Wasserspiegel hinter dem zu untersuchenden Bauwerk nicht im Rhythmus der Wellenbewegung
wechseln kann. Das trifft auf frei im Gewässer stehende Molen ebenso zu wie auf Deckwerke, die auf dem Ufer aufliegen, oder senkrechte Ufermauern. Ganz besonders große
Belastungen entstehen, wenn Wellen am Bauwerk brechen - die Druckschläge. Diese selten
und nur ganz kurzzeitig auftretenden Belastungsspitzen können meist nicht in voller Größe
den Bemessungen zugrundegelegt werden. Die Bestrebungen des Ingenieurs gehen hier
mehr dahin, Druckschläge bzw. ihre Auswirkungen auf das Bauwerk zu verhindern oder zu
vermindern bzw. Möglichkeiten zu schaffen, Schäden in Kauf zu nehmen und auszubessern.

Kleine Standgewässer werden vor allem vom thermischen Eisdruck beansprucht, der durch
Volumenvergrößerung beim Erwärmen des Eises entsteht. Standgewässer mit stark verän-
derlichen Wasserspiegeln (z. B. Becken von Pumpspeicherwerken) können durch die He-
belwirkung einer am Ufer angefrorenen Eisdecke Schaden nehmen. Auf großen Seen und

an Meeresküsten richten Eisschollen, oft in Verbindung mit Windwellen, mitunter große Schäden an. Bemessungsgrößen in Sachen Eisbelastung sind vor allem auch von den Eigenschaften des Eises abhängig. Diese können sehr verschieden sein, je nachdem, unter welchen Bedingungen das Eis entstanden ist. Deshalb sind auch die Bemessungsvorschriften der einzelnen Länder oft stark voneinander abweichend.

Es war und ist immer das Ziel des Wasserbauers, seine Anlagen so zu bemessen, daß sie dauerhaft stand- und funktionssicher sind. Zum Schutz der Ufer von Standgewässern beschritt man jahrzehntelang den Weg, immer stärkere, festere und unterhaltungsärmere Befestigungen zu wählen. Küsten, Deiche, Ufer von Stau- und Binnenseen sowie Auskleidungen von Becken wurden mit Steinen, Asphalt oder Beton geschützt - immer hart an der Grenze zwischen auftretenden und aufnehmbaren Belastungen, diktiert von wirtschaftlichen Kriterien. Menschenleben, Tiere, Pflanzen und materielle Werte auf dem Lande wurden erhalten und geschützt, neues Land wurde errungen. Heute kommen "ganz neue" Gesichtspunkte bei Uferbefestigungen hinzu: ingenieurbiologische Bauweisen auf flach geneigten Böschungen, also naturnahe Bauweisen. Sie dämpfen Wellen und Eis erfolgreicher als feste Ufer. Solche Bauweisen sind nicht Gegenstand dieses Kapitels - in diesen Fragen kann es sich lohnen, einmal ein altes Handbuch des Wasserbaus aufzuschlagen. Steht dann noch ein ausreichend breiter Uferstreifen zur Verfügung, sind ingenieurbiologischen Bauweisen praktisch keine Grenzen gesetzt.

2.1 Feuerlöschteich mit Betondeckwerk

Ein Löschwasserteich, dessen Wasserspiegel in Höhe des Grundwasserspiegels liegt, erhält aus betrieblichen Gründen auf einem Abschnitt eine mit Betonplatten befestigte Böschung, Abb. 2.1.

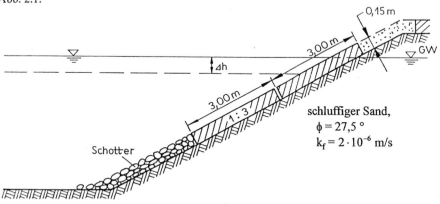

Abb. 2.1: Teilbefestigte Böschung eines Löschwasserteiches

Die Fertigteilplatten aus Stahlbeton (γ_B = 25 kN/m³), sind 3 m mal 5 m im Grundriß groß und 15 cm dick. Die 1 : 3 geneigte Böschung ist im übrigen Teil mit einem Schotterdeckwerk versehen, das auf dem o. g. Abschnitt durch die Platten ersetzt werden soll. Regelmäßig durchzuführende Feuerlöschübungen sehen vor, daß im Teich der Wasserspiegel relativ schnell um Δh = 20 cm abgesenkt wird. Die Standsicherheit der Platten ist nachzuweisen.

Lösung

Der schnellen Wasserentnahme kann der Wasserspiegel hinter den Platten nur langsam folgen, weil der Boden gering durchlässig ist, $k_f = 2 \cdot 10^{-6}$ m/s. Vereinfachend wird angenommen, daß sich der volle Grundwasserüberdruck ausbildet, Abb. 2.2.

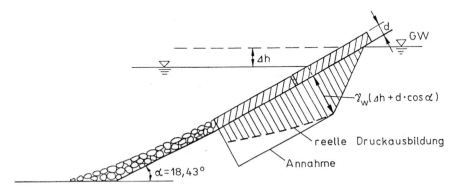

Abb. 2.2: Druckausbildung bei einer Wasserspiegelabsenkung

Der lose auf einer Filtermatte aufliegende Schotter kann nicht als stabiler Stützfuß angesehen werden. Folglich können die Platten gleiten. Die Gleitsicherheit, die hier maßgebend ist, beträgt nach [11]

$$\eta_{Gl} = \frac{\tan\phi}{\tan\alpha} \tag{2.1}$$

wenn kein Wasserüberdruck denkbar ist, die Platten also auf trockener Böschung liegen. Das wäre bei vorliegender Aufgabe eine Gleitsicherheit von

$$\eta_{Gl} = \frac{0,52}{0,33} = 1,57 > \eta_{Gl,erf} = 1,5 \text{ nach [12]}$$

Mit dem Grundwasserüberdruck von $\gamma_W \cdot \Delta h$ verringert sich die Gleitsicherheit auf

$$\eta_{Gl} = \frac{\left[d \cdot \cos\alpha \cdot (\rho_B - \rho_W) - \rho_W \cdot \Delta h\right] \cdot \tan\phi + \rho_W \cdot d \cdot \sin\alpha}{\rho_B \cdot d \cdot \sin\alpha} \tag{2.2}$$

bzw.

$$\eta_{Gl} = \frac{\left[d \cdot \cos\alpha \cdot (\rho_B - \rho_W) - \rho_W \cdot \Delta h\right] \cdot \tan\phi}{(\rho_B - \rho_W) \cdot d \cdot \sin\alpha} \tag{2.3}$$

je nachdem, ob der stützende Wasserdruck auf die untere Stirnseite einer Platte als stützende Kraft positiv oder als Verringerung der Hangabtriebskraft gesehen wird. Das ergibt im vorliegenden Beispiel:

$$\eta_{GI} = \frac{[0,15 \cdot 0,95 \cdot 15 - 10 \cdot 0,2] \cdot 0,52 + 10 \cdot 0,15 \cdot 0,32}{25 \cdot 0,15 \cdot 0,32} = 0,46 < 1$$

bzw.

$$\eta_{GI} = \frac{[0,15 \cdot 0,95 \cdot 15 - 10 \cdot 0,2] \cdot 0,52}{15 \cdot 0,15 \cdot 0,32} = 0,10 < 1 !$$

Die "Befestigung" der Böschung hält dieser Belastung nicht stand. Da Wasserspiegelbewegungen in dieser Größenordnung auch bei Wind auftreten können, kann der Belag sehr schnell zerstört sein. Sie können selbst nachrechnen, bei welcher Innenwasserüberdruckhöhe Δh der Belag zu gleiten beginnt, also $\eta_{GI} = 1$ wird. (Das wäre schon bei 7,5 cm Innenwasserüberdruckhöhe der Fall.).

2. 2 Betondeckwerk mit Stützfuß

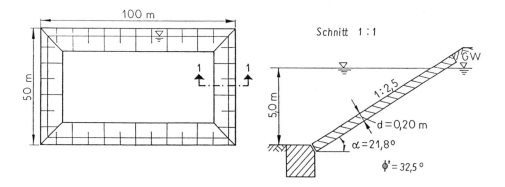

Abb. 2.3: Absetzbecken mit Betondeckwerk

Ein Absetzbecken ist 100 mal 50 m groß und hat geböschte Seiten. Der Wasserspiegel beträgt normalerweise 5,00 m über der Sohle, Abb. 2.3. Die 1 : 2,5 geneigten Böschungen sind mit 20 cm dickem Ortbeton befestigt, $\gamma_B = 24$ kN/m³, der auf Sand (cal$\phi' = 32,5°$, keine Kohäsion) aufliegt. Grundwasser und Beckenwasser spiegeln sich aus. Welche Grundwasserüberdruckhöhe Δh kann dieses dichte Deckwerk beim schnellen Senken des Beckenwasserspiegels aufnehmen, wenn die Sicherheit

a. gegen Abheben 1,1-fach und

b. gegen Gleiten 1,5-fach sein soll?

Lösungen

a. Da ein Stützfuß vorhanden ist, ist die Frage nach der Sicherheit gegen Abheben sinnvoll. Sie soll hier zunächst untersucht werden. Im ungünstigen Fall (schnelles Absenken des Beckenwasserspiegels, keine Fußumströmung) bildet sich der hydrostatische Wasserdruck aus, Abb. 2.4.

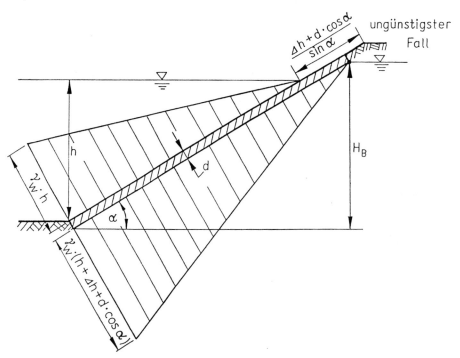

Abb. 2.4: Hydrostatischer Wasserdruck

Zunächst folgt aus einer Gleichgewichtsbetrachtung senkrecht zum Deckwerk, vgl. auch [11], S. 361

$$d \cdot \gamma_B \cdot \cos\alpha = \gamma_W \cdot (\Delta h + d \cdot \cos\alpha) \cdot \eta_A \tag{2.4}$$

Daraus wird

$$\Delta h + d \cdot \cos\alpha = \frac{d \cdot \gamma_B \cdot \cos\alpha}{\gamma_W \cdot \eta_A}$$

$$\text{zul. } \Delta h = \frac{d \cdot \gamma_B \cdot \cos\alpha}{\eta_A \cdot \gamma_w} - d \cdot \cos\alpha = 0,41 - 0,19 = 0,22 \text{ m}$$

b. Die Gleitsicherheit eines dichten Deckwerkes als Ganzes (ohne Fugen) und mit Stützfuß beträgt

$$\eta_{Gl} = \frac{\left[d \cdot \gamma_B \cdot \cos\alpha \cdot \dfrac{H_B}{\sin\alpha} - \dfrac{1}{2} \cdot \gamma_w \cdot \Delta h \cdot \dfrac{\Delta h + d \cdot \cos\alpha}{\sin\alpha} - \Delta h \cdot \gamma_w \cdot \left(\dfrac{H_B}{\sin\alpha} - \dfrac{\Delta h + d \cdot \cos\alpha}{\sin\alpha} \right) \right] \cdot \tan\phi + A}{d \cdot \gamma_B \cdot \dfrac{H_B}{\sin\alpha} \cdot \sin\alpha}$$

(2.5)

Mit den gegebenen Werten, aber noch ohne die Stützkraft A wird

$$\eta_{Gl} = \frac{\left[0,2 \cdot 24 \cdot 0,93 \cdot \dfrac{5,5}{0,37} - 5 \cdot 0,24 \cdot \dfrac{0,24 + 0,93 \cdot 0,2}{0,37} - 2,4 \cdot \left(\dfrac{5,5}{0,37} - \dfrac{0,24 + 0,93 \cdot 0,2}{0,37} \right) \right] \cdot 0,64}{0,2 \cdot 24 \cdot 5,5} = 0,78 < 1\,!$$

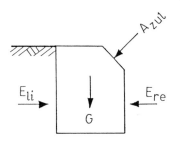

Um $\eta_{Gl} = 1,5$ zu erreichen, wird $\dfrac{20,52 + A}{26,4} = 1,5$, also

A = 19,1 kN/m benötigt. Diese Stützkraft muß das Beton-fundament aufnehmen. Für das Betonfundament kann man ermitteln: $A_{zul} = 1$ kN/m, wenn für E_{li} auf der Abb. 2.5 der Erdruhedruck angesetzt wird, für E_{re} ebenso, allerdings größer wegen der Neigung und der Auflast. Mit dem passiven Erddruck links würde sich A_{zul} zu 4,63 kN/m ergeben. Mit $\eta_{Gl} = 1,5$ und A = 4,63 kN/m kann man Δh ermitteln zu

Abb. 2.5: Stützfuß

$$1,5 = \frac{\left[0,2 \cdot 24 \cdot 0,93 \cdot \dfrac{5,5}{0,37} - 5 \cdot \Delta h \cdot \dfrac{\Delta h + 0,2 \cdot 0,93}{0,37} - \Delta h \cdot 10 \cdot \left(\dfrac{5,5}{0,37} - \dfrac{\Delta h + 0,2 \cdot 0,93}{0,37} \right) \right] \cdot 0,64 + 4,63}{0,2 \cdot 24 \cdot 5,5}$$

$\Delta h = 0,08$ m.

Wie die Berechnung zeigt, kann der Belag nur 8 cm Innenwasserüberdruckhöhe unbeschadet überstehen. Nur in diesem kleinen Intervall sind Wasserspiegeländerungen durch schnelle Absenkungen oder auch durch Wind (!) möglich. Größere Wasserspiegelbewegungen müssen entweder sehr langsam erfolgen oder durch konstruktive Maßnahmen wie Sicherung und Berechnung einer Fußumströmung oder Grundwasserabsenkung ermöglicht werden.

2.3 Absenkgeschwindigkeit des Wasserspiegels in einem Absetzbecken

Ein Absetzbecken hat eine nach Abb. 2.6 befestigte Böschung.

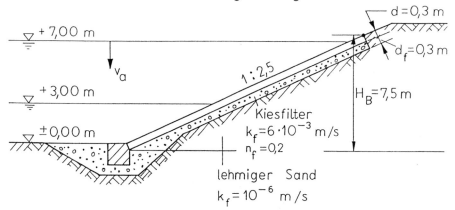

Abb. 2.6: Querschnitt durch die Böschungsbefestigung des Absetzbeckens

Wegen der Fußumströmung kann der Wasserspiegel im Kiesfilter dem Absenken des Beckenwasserspiegels folgen, selbstverständlich mit Verzögerung. Durch diese Verzögerung entsteht der die Standsicherheit gefährdende Innenwasserüberdruck (Grundwasserüberdruck), vgl. auch Aufgabe 2.1 und 2.2.

a.   Der Wasserspiegel soll mit v_a = 2 m/h von + 7,00 m auf + 3,00 m abgesenkt werden, welcher Innenwasserüberdruck tritt auf?

b.   Die Böschungsbefestigung verträgt bei 1,1-facher Sicherheit gegen Abheben nur ein Δh = 0,33 m und nur 0,08 m bei 1,5-facher Sicherheit gegen Gleiten und bei gleichen Annahmen zum Stützfuß wie bei Aufgabe 2.2 (A_{zul} = 4,63 kN/m). Wie schnell darf der Betreiber den Wasserspiegel höchstens absenken?

Mit den Bezeichnungen der Abb. 2.7 kann der nach Ablauf des Zeitintervalls Δt_i eingetretene Wasserspiegel im Filter nach Gl. (2.6) bestimmt werden, vgl. [13] und [14].

$$Z_{i+1} = -\left(S + \frac{C \cdot \Delta t_i}{2}\right) \cdot \sin\alpha$$

$$\pm \sqrt{\left[\left(S + \frac{C \cdot \Delta t_i}{2}\right) \cdot \sin\alpha\right]^2 + Z_i \cdot \left[Z_i - (C \cdot \Delta t_i - 2 \cdot S) \cdot \sin\alpha\right] + C \cdot \Delta t_i \cdot \sin\alpha \cdot (X_i + X_{i+1})}$$

$$(2.6)$$

Darin sind

$$C = \frac{k_f \cdot \sin\alpha}{n_f} = \frac{6 \cdot 10^{-3} \cdot 0,37}{0,2} = 1,11 \cdot 10^{-2} \ \text{m/s} = 40 \ \text{m/h} \qquad (2.7)$$

$$S = 0,8 + 0,5 + 0,6 = 1,9 \ \text{m}$$

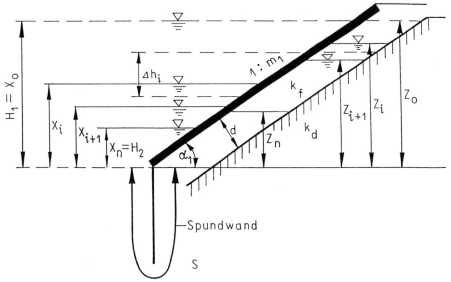

Abb. 2.7: Skizze zur Berechnung der Wasserspiegellagen

$$Z_{i+1} = -\left(1,9 + \frac{40 \cdot \Delta t_i}{\cdot\, 2}\right) \cdot 0,37$$

$$\pm \sqrt{\left[\left(1,9 + \frac{40 \cdot \Delta t_i}{2}\right) \cdot 0,37\right]^2 + Z_i \cdot \left[Z_i - (40 \cdot \Delta t_i - 3,8) \cdot 0,37\right] + 40 \cdot \Delta t_i \cdot 0,37 \cdot (X_i + X_{i+1})}$$

Die Zeitintervalle Δt_i sind frei wählbar, hier werden sie gleichmäßig zu 15 Minuten (0,25 Stunden) gewählt. Damit wird:

$$Z_{i+1} = -2,55 \pm \sqrt{6,52 + Z_i \cdot \left[Z_i - 2,29\right] + 3,7 \cdot (X_i + X_{i+1})}$$

Die Auswertung erfolgt in Tabelle 2.1.

Tabelle 2.1: Ermittlung des Innenwasserüberdruckes

i	t_i	X_i	Z_i	Δh
-	h	m	m	m
0	0	7,00	7,00	0
1	0,25	6,50	6,91	0,41
2	0,5	6,00	6,65	0,65
3	0,75	5,50	6,29	0,79
4	1,00	5,00	5,85	0,85
5	1,25	4,50	5,36	**0,86**
6	1,50	4,00	4,83	0,83
7	1,75	3,50	4,27	0,77
8	2,00	3,00	3,71	0,71
9	2,25	3,00	3,28	0,28
10	2,50	3,00	3,10	0,10

b. Für die Absenkgeschwindigkeit kann überschläglich gesetzt werden:

$$v_a = C \cdot \frac{\Delta h_{zul}}{\dfrac{X_i + X_{i+1}}{2\sin\alpha} + \dfrac{\Delta h_{zul}}{\sin\alpha} + S} \tag{2.8}$$

Somit wird:

$$v_a = 40 \cdot \frac{0,08}{\dfrac{7,0+3,0}{2 \cdot 0,37} + \dfrac{0,08}{0,37} + 1,9} = 0,2 \text{ m/h}$$

Mit diesem Wert ist entsprechend Gl. (2.6) der Wert für Δh nachzuweisen, was in der Tabelle 2.2 erfolgt. Für Δt wurden hier zwei Stunden gewählt.

$$Z_{i+1} = -15,5 \pm \sqrt{240,3 + Z_i \cdot [Z_i - 28,2] + 29,6(X_i + X_{i+1})}$$

Nur am Anfang ist eine kleine Überschreitung des zulässigen Wertes zu beobachten. Das ist dadurch zu erklären, daß mit der Gleichung (2.8) der Durchschnittswert für die Absenkgeschwindigkeit ermittelt wird.

Tabelle 2.2: Nachweis des Innenwasserüberdruckes

i	t_i	X_i	Z_i	Δh
-	m	m	m	m
0	0	7,00	7,00	0
1	2	6,60	6,74	0,14
2	4	6,20	6,28	0,08
3	6	5,80	5,90	0,10
4	8	5,40	5,48	0,08
5	10	5,00	5,08	0,08
6	12	4,60	4,67	0,07
7	14	4,20	4,27	0,07
8	16	3,80	3,86	0,06
9	18	3,40	3,46	0,06
10	20	3,00	3,05	0,05
				$\varnothing$ 0,08

2.4 Geschlossenes Deckwerk mit Entlastungsöffnung

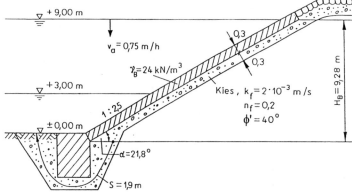

Abb. 2.8: Schnitt durch das Deckwerk (noch ohne Entlastungsöffnung)

Das in der Abb. 2.8 dargestellte Deckwerk soll durch eine Absenkgeschwindigkeit des Wasserspiegels von $v_a = 0,75$ m/h belastet werden. Der Wasserspiegel variiert mit dieser Geschwindigkeit zwischen + 9,00 m und + 3,00 m. In der dargestellten Form wird das Deckwerk dieser Belastung nicht standhalten, vgl. auch Aufgabe 2.3. Es ist deshalb eine Entlastungsöffnung für den Innenwasserüberdruck anzuordnen, für deren Lage die optimale Höhe festzulegen ist. Das Deckwerk wirkt als Ganzes. Mit den Bezeichnungen der Abb. 2.8 kann geschrieben werden:

$$Z_{i+1} = \frac{2 \cdot e - (C \cdot \Delta t_i + d_f) \cdot \sin\alpha}{2}$$

$$\pm \sqrt{\left[\frac{2 \cdot e - (C \cdot \Delta t_i + d_f) \cdot \sin\alpha}{2}\right]^2 + Z_i\left[Z_i + (d_f - C \cdot \Delta t_i) \cdot \sin\alpha - 2 \cdot e\right] + C \cdot \Delta t_i \cdot \sin\alpha \cdot (X_i + X_{i+1})}$$

$$(2.9)$$

Diese Gleichung gilt vom Beginn der Wasserspiegelsenkung bis zu dem Zeitpunkt, in dem der Innenwasserspiegel die Entlastungsöffnung erreicht hat, danach gilt Gl. (2.6). Mit den Werten $v_a = 0,75$ m/h; $C = 13,32$ m/h (vgl. Gleichung 2.7); $S = 1,9$ m (Abb. 2.8); $\Delta t = 0,5$ h wird aus Gl. (2.9) für:

$e = 3,00\,\text{m:}\quad Z_{i+1} = 1,71 \pm \sqrt{2,93 + Z_i \cdot [Z_i - 8,35] + 2,464 \cdot (X_i + X_{i+1})}$

$e = 4,50\,\text{m:}\quad Z_{i+1} = 3,21 \pm \sqrt{10,32 + Z_i \cdot [Z_i - 11,35] + 2,464 \cdot (X_i + X_{i+1})}$

$e = 6,38\,\text{m:}\quad Z_{i+1} = 5,09 \pm \sqrt{25,93 + Z_i \cdot [Z_i - 15,11] + 2,464 \cdot (X_i + X_{i+1})}$

Unterhalb der Entlastungsöffnung wird in der Tabelle 2.3 die Höhe des Innenwasserstandes nach Gl. (2.6) bestimmt, die mit den entsprechenden Zahlen wie folgt aussieht:

$$Z_{i+1} = -1,935 \pm \sqrt{3,74 + Z_i \cdot [Z_i - 1,06] + 2,464 \cdot (X_i + X_{i+1})}$$

Tab. 2.3: Innenwasserüberdruckhöhen bei verschiedenen Höhen für eine Entlastungsöffnung

t_i	X_i	e = 0		e = 3,0 m		e = 4,5 m		e = 6,3 m	
		Z_i	Δh	Z_i	Δh	Z_i	Δh	Z_i	Δh
h	m	m	m	m	m	m	m	m	m
0	9,00	9,00	0	9,00	0	9,00	0	9,00	0
0,5	8,63	8,96	0,33	8,94	0,31	8,92	0,29	8,88	0,25
1	8,25	8,84	0,59	8,77	0,52	8,71	0,46	8,58	**0,33**
1,5	7,88	8,66	0,78	8,52	0,64	8,41	0,53	8,20	0,32
2	7,50	8,43	0,93	8,21	0,71	8,06	**0,56**	7,77	0,27
2,5	7,13	8,16	1,03	7,86	**0,73**	7,67	0,54	7,31	0,18
3	6,75	7,86	1,11	7,48	0,73	7,25	0,50	6,85	0,10
3,5	6,38	7,53	1,15	7,07	0,69	6,81	0,43	6,39	0,01
4	6,00	7,17	**1,17**	6,65	0,65	6,36	0,36	6,33	0,33
4,5	5,63	6,79	1,16	6,21	0,58	5,90	0,27	6,17	0,54
5	5,25	6,40	1,15	5,77	0,52	5,44	0,19	5,94	0,69
5,5	4,88	5,99	1,11	5,32	0,44	4,98	0,10	5,66	0,78
6	4,50	5,57	1,07	4,86	0,36	4,52	0,02	5,34	0,84
6,5	4,13	5,14	1,01	4,40	0,27	4,44	0,31	4,98	**0,85**
7	3,75	4,71	0,96	3,94	0,19	4,24	0,49	4,60	0,85
7,5	3,38	4,27	0,89	3,48	0,10	3,96	0,58	4,20	0,82
8	3,00	3,82	0,82	3,01	0,01	3,63	**0,63**	3,78	0,78

Die Innenwasserüberdruckhöhe von $\Delta h = 0,33$ m kann das Deckwerk aufnehmen, vgl. Gl.(2.4). Danach wird:

$$\Delta h = \frac{0,3 \cdot 24 \cdot 0,93}{1,1 \cdot 10} - 0,30 \cdot 0,93 = 0,33 \text{ m}$$

Die höhere Innenwasserüberdruckhöhe von 0,85 m tritt erst auf, wenn schon ein größerer Teil des Belages auftriebsfrei ist. Für den Belag als Ganzes gilt z. B. Gl. (2.10).

$$\eta_{Gl} = \frac{\left[H_B \cdot d \cdot \rho_B \cdot \cot\alpha - \rho_W \cdot \frac{(h_a + d \cdot \cos\alpha + \Delta h)^2}{2 \cdot \sin\alpha} + \rho_W \cdot \frac{h_a^2}{2 \cdot \sin\alpha} \right] \cdot \tan\phi'}{\rho_B \cdot d \cdot H_B - \rho_W \cdot d \cdot \left(h_a + \frac{d}{2} \cdot \cos\alpha + \frac{\Delta h}{2} \right)} \tag{2.10}$$

wenn kein Stützfuß vorhanden ist. Mit den Werten dieser Aufgabe wird:

$$\eta_{Gl} = \frac{\left[9,28 \cdot 0,3 \cdot 2,4 \cdot 2,5 - 1,0 \cdot \frac{(4,13 + 0,85 + 0,28)^2}{2 \cdot 0,37} + 1,0 \cdot \frac{4,13^2}{2 \cdot 0,37} \right] \cdot 0,84}{2,4 \cdot 0,3 \cdot 9,28 - 1,0 \cdot 0,3 (4,13 + 0,15 \cdot 0,93 + 0,43)} = 0,38 < 1$$

Folglich muß der Stützfuß mit einbezogen werden. Seine Größe kann aus der Gl. (2.11) ermittelt werden.

$$\frac{H_B}{\sin\alpha}\cdot d\cdot\rho_B\cdot g\cdot\cos\alpha\cdot\tan\phi+S-\left[\rho_W\cdot g\cdot\frac{(a+\Delta h)^2}{2\sin\alpha}-\rho_W\cdot g\cdot\frac{(a-d\cdot\cos\alpha)^2}{2\sin\alpha}\right]\cdot\tan\phi \qquad (2.11)$$

$$-\rho_B\cdot g\cdot d\cdot H_B=0$$

Mit den Werten der Aufgabe wird

$$S_{erf}=\left[10\cdot\frac{(4,13+0,85)^2}{2\cdot0,37}-10\cdot\frac{(4,13-0,28)^2}{2\cdot0,37}\right]\cdot0,84+24\cdot0,3\cdot9,28$$

$$-\frac{9,28}{0,37}\cdot0,3\cdot24\cdot0,93\cdot0,84=39\,kN\,/\,m$$

bzw. 58,5 kN/m bei 1,5-facher Gleitsicherheit.

Die Entlastungsöffnung muß bei e = 6,38 m angeordnet werden, vorausgesetzt, es gelingt, einen Stützfuß für die recht große Stützkraft S auszubilden. Andernfalls ist eine zweite Entlastungsöffnung anzubringen und die Rechnung weiterzuführen. Für die konstruktive Ausbildung der Entlastungsöffnung ist es wichtig, daß sie mindestens ebenso durchlässig ist wie die Filterschicht, das Abfließen des Wassers also nicht behindert.

2.5 Ermittlung der Wellenhöhe

Für einen zu errichtenden Staudamm sollen mögliche Wellen ihrer Größe nach vorausgesagt bzw. ermittelt werden, damit der Stauraum bei ausreichender Sicherheit (Freibord) möglichst effektiv bewirtschaftet werden kann. Vom künftigen Stausee (vgl. auch Abb. 2.9) sind die durchschnittliche Wassertiefe mit h = 45 m und seine größte Längenausdehnung bekannt: L_S = 9500 m. Den 10 m über dem Wasserspiegel auftretenden Wind aus der Richtung der größten Streichlänge liefert eine nahegelegene meteorologische Station: v_W = 25 m/s mit einer Einwirkzeit von t_E = 2 Stunden. Zu ermitteln ist die Größe einer Welle, die der Bemessung des Freibordes und auch einer stabilen Böschungsbefestigung auf der Wasserseite des Staudammes zugrundegelegt werden kann.

Lösungen

Vorbemerkung: Allein schon in Europa liegen den Wellenvorhersagen zahlreiche, deshalb bei den Ergebnissen auch voneinander abweichende Verfahren zugrunde. Grundsätzlich sind theoretische Berechnungen, Auswertung von Meßergebnissen und die Kombination beider Methoden möglich. Von Bedeutung kann auch sein, ob die Berechnungsverfahren für Meeresküsten oder Binnengewässer entwickelt wurden. Die beiden hier vorgestellten Methoden zur Bestimmung von Wellenelementen haben bei vergleichenden Naturmessungen an einem Stausee die besten Übereinstimmungen zwischen errechneten und gemessenen Werten ergeben [15].

a. Ermittlung der Wellenhöhe nach *Bretschneider*

Obwohl das Berechnungsverfahren nach *Bretschneider* für Ozeanküsten entwickelt wurde, ergaben sich gute Übereinstimmungen bei o.g. Naturmessungen.

Nach Gl. (2.12) wird die Größe $\overline{H}_S$ ermittelt.

$$\overline{H}_S = 0,283 \cdot \tanh\left(0,53 \cdot \overline{h}^{0.75}\right) \cdot \tanh\frac{0,0125 \cdot \overline{L}_S^{\,0,42}}{\tanh 0,53 \cdot \overline{h}^{0,75}} \tag{2.12}$$

$$\overline{H}_S = \frac{g \cdot H_S}{v_W^{\,2}}; \quad \overline{L}_S = \frac{g \cdot L_S}{v_W^{\,2}}; \quad \overline{h} = \frac{g \cdot h}{v_W^{\,2}} \tag{2.13}$$

In den o.g. Gleichungen bedeuten:

H_S ... signifikante Wellenhöhe, die näherungsweise der $H_{1/3}$-Welle entspricht (Mittelwert der 33 % höchsten Wellen eines Spektrums);

h ... durchschnittliche Wassertiefe des Sees in m;

v_W ... Windgeschwindigkeit in m/s, die allg. 10 m über dem Wasserspiegel gemessen wird, um Bodeneinflüsse weitgehend auszuschalten;

L_S ... allg. Streichlänge, hier ist die effektive Streichlänge zu verwenden, Gl. (2.14)

$$L_{S,eff} = \frac{\sum_{-n}^{n} L_{S,i} \cdot \cos^2 \phi}{\sum_{-n}^{n} \cos\phi} \tag{2.14}$$

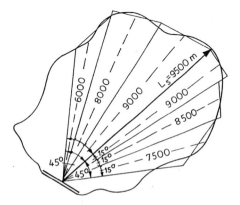

Die effektive Streichlänge wird bestimmt, indem das Seegebiet von der untersuchten Windrichtung aus auf 45° nach beiden Seiten in gleich große Segmente vom Winkel ϕ zerlegt wird. Die Größe des Winkels ϕ ist in Abhängigkeit von der Geländegestaltung festzulegen, hier sind Winkel von 15° gewählt.

Abb. 2.9: Ermittlung der effektiven Streichlänge für den Stausee

Aus Gl. (2.14) wird:

$$L_{S,eff} = \frac{6000 \cdot \cos^2 37,5° + 8000 \cdot \cos^2 22,5° + 2 \cdot 9000 \cdot \cos^2 7,5° + 8500 \cdot \cos^2 22,5° + 7500 \cdot \cos^2 37,5°}{2 \cdot (\cos 37,5° + \cos 22,5° + \cos 7,5°)}$$

$$L_{S,eff} = 7434 \text{ m}$$

Mit den Gleichungen (2.13) können $\overline{L}_S$ und $\overline{h}$ ermittelt werden zu:

$$\overline{L}_S = \frac{9,81 \cdot 7434}{625} = 116,7; \qquad \overline{h} = \frac{9,81 \cdot 45}{625} = 0,71$$

Aus der Gl. (2.12) wird $\overline{H}_S$ berechnet zu

$$\overline{H}_S = 0,283 \cdot \tanh\left(0,53 \cdot 0,71^{0,75}\right) \cdot \tanh\frac{0,0125 \cdot 116,7^{0,42}}{\tanh 0,53 \cdot 0,71^{0,75}} = 0,0256$$

Die signifikante Wellenhöhe wird nach Gl. (2.13):

$$H_S = \frac{0,0256 \cdot 625}{9,81} = 1,63 \text{ m}$$

Hat man z. B. 1440 Wellen während eines Sturmes gemessen, so stellt der ermittelte Wert näherungsweise den Mittelwert der 480 höchsten Wellen dieses Spektrums dar. Da natürlich viele Wellen höher als 1,63 m waren, kann diese Welle noch nicht die einer Bemessung zugrunde zu legende Welle sein. Zwischen der $H_{1/3}$-Welle und weniger häufig auftretenden Wellen kann z. B. nach [11], S. 96 geschrieben werden:

$$H_{1/10} = 1,27 \cdot H_{1/3}; \quad H_{1/100} = 1,67 \cdot H_{1/3}; \quad H_{max} = 1,86 \cdot H_{1/3} \qquad (2.15)$$

Wählt man H_{max} als Bemessungswelle, so ist also eine Wellenhöhe von $H_{Bem} = 1,86 \cdot 1,63 = 3,04$ m für weitere Untersuchungen zu verwenden.

b. Ermittlung der Wellenhöhe nach *Krylov*

Ein ähnliches Bemessungsverfahren, ausgearbeitet von *Krylov* [16], liegt den russischsprachigen Vorschriften zugrunde. Zwei wesentliche Unterschiede zu *Bretschneider* sind:
1. *Krylov* verwendet die Streichlänge des Sees ganz direkt (Länge des Gewässers in Richtung des Windes);
2. Die mittlere Wellenhöhe H_m wird ermittelt (der Begriff der signifikanten Welle bzw. der $H_{1/3}$-Welle ist in der russischen Fachliteratur nicht üblich). Mit selbstverständlich anderen Faktoren als in Gl. (2.15) werden seltener vorkommende Wellen ermittelt, vgl. Abb. 2.11.

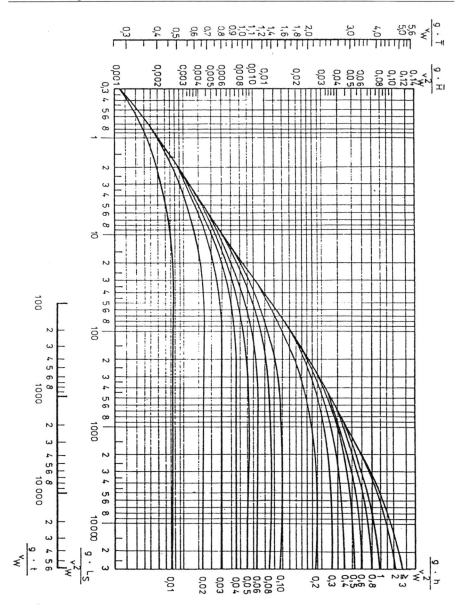

Abb. 2.10: Bemessungsdiagramm für Wellenhöhe und -periode

Mit den Hilfswerten

$$\frac{9,81 \cdot 9500}{625} = 149; \quad \frac{9,81 \cdot 2 \cdot 3600}{25} = 2825; \quad \frac{9,81 \cdot 45}{625} = 0,71$$

können aus Abb. 2.10 schnell zwei weitere Hilfswerte abgelesen werden: $\dfrac{g \cdot H_m}{v_w^2}$ und $\dfrac{g \cdot T_m}{v_w}$

Auf der Abszisse ist der weiter links stehende Wert einzusetzen.

Mit den ermittelten Werten wird

$$\frac{g \cdot H_m}{v_w^2} = 0,021 \rightarrow H_m = 1,34 \, m; \quad \frac{g \cdot T_m}{v_w} = 1,8 \rightarrow T_m = 4,6 \, s$$

Den Wellenermittlungen nach *Krylov* liegt die Gl. (2.16) zugrunde

$$\overline{H}_m = 0,16 \cdot \left[1 - \left(\frac{1}{1 + 6 \cdot 10^{-3} \cdot \overline{L}_S^{0,5}} \right)^2 \right] \cdot \tanh \left[0,625 \cdot \frac{\overline{h}^{0,8}}{1 - \left(\frac{1}{1 + 6 \cdot 10^{-3} \cdot \overline{L}_S^{0,5}} \right)^2} \right] \tag{2.16}$$

Mit den Werten für $\overline{L}_S = 149$ und $\overline{h} = 0,71$ wird

$$\overline{H}_m = 0,16 \cdot \left[1 - \left(\frac{1}{1 + 6 \cdot 10^{-3} \cdot 149^{0,5}} \right)^2 \right] \cdot \tanh \left[0,625 \cdot \frac{0,71^{0,8}}{1 - \left(\frac{1}{1 + 6 \cdot 10^{-3} \cdot 149^{0,5}} \right)^2} \right] = 0,021$$

$$H_m = \frac{0,021 \cdot 625}{9,81} = 1,34 \, m$$

Die seltener auftretenden größeren Wellen werden aus Gl. (2.17) bestimmt.

$$H_i = k_i \cdot H_m \tag{2.17}$$

Die k_i-Werte können der Abb. 2.11 entnommen werden.

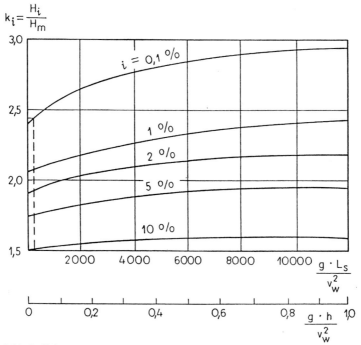

Abb. 2.11: k_i-Faktoren

Für $\dfrac{g \cdot L_s}{v_w^2} = 149$ wird $k_i = 2{,}4$ (gestrichelte Linie), so daß sich ergibt, wenn die Höhe jeder 1000. Welle errechnet werden soll:

$$H_{0{,}1\%} = 2{,}4 \cdot 1{,}34 = 3{,}22 \text{ m}$$

Die maximale Wellenhöhe (Deutschland) oder die 0,1-%-Welle (Rußland) können für weitere Bemessungen verwendet werden. Bei Anlagen mit geringerer Bedeutung, Anlagen, die leichter auszubessern sind, oder provisorischen Anlagen werden je nach gültigen Vorschriften auch andere Wellen, z. B. die 1-%-Welle, für die Bemessung verwendet.

2.6 Bemessung eines Steindeckwerkes

Auf einem Abschnitt eines Seeufers laufen immer wieder das Ufer zerstörende, oft auch brechende Wellen auf. Aus dem Wellenspektrum wurde eine 10-%-Welle von 2,8 m Höhe ermittelt, die hier nach [17], S. 142 als Bemessungswelle angesetzt werden soll. Preiswert können für die Ufersicherung Bruchsteine, rauh und scharfkantig, gewonnen werden, die aus Granit bestehen und im Durchschnitt 18 kN wiegen. Aus diesem Material soll eine standsichere Böschungsbefestigung hergestellt werden.

Lösung

Die obere Schicht eines Deckwerkes aus Steinen kann nach der *Hudson*-Formel, Gl. (2.18), bemessen werden.

$$W_{erf} = \frac{\gamma_S \cdot H_{Bem}^{3}}{K_D \cdot \left(\dfrac{\gamma_S}{\gamma_W} - 1\right)^{3} \cdot \cot\alpha} \qquad\qquad (2.18)$$

In dieser Gleichung bedeuten

K_D ... ein Beiwert, auszuwählen aus Tabelle 2.4

Tabelle 2.4: K_D-Werte von Bruch- und Formsteinen für Deckschichten nach [17]

Art des Konstruktions-elementes	*)	Anordnung	Deckschicht für 1:n = 1:1,5 bis 1:5		Molenkopf		
			brechende Wellen k_D [–]	nicht brechende Wellen k_D [–]	brechende Wellen k_D [–]	nicht brechende Wellen k_D [–]	Böschungs-neigung n [–]
Bruchsteine							
glatt, gerundet	2	zufällig	1,2	2,4	1,1	1,9	
glatt, gerundet	>3	zufällig	1,6	3,2	1,4	2,3	1,5 bis 3,0[+)]
rauh, scharfkantig	1	zufällig	–	2,9	–	2,3	
rauh, scharfkantig	2	zufällig	2,0	4,0	1,9 1,6 1,3	3,2 2,8 2,3	1,5 2,0 3,0
rauh, scharfkantig	>3	zufällig	2,2	4,5	2,1	4,2	1,5 bis 3,0[+)]
rauh, scharfkantig	2	Längsachse senkrecht	5,8	7,0	5,3	6,4	1,5 bis 3,0[+)]
Tetrapode und Quadripode	2	zufällig	7,0	8,0	5,0 4,5 3,5	6,0 5,5 4,0	1,5 2,0 3,0
Tribar	2	zufällig	9,0	10,0	8,3 7,8 6,0	9,0 8,5 6,5	1,5 2,0 3,0
Dolos	2	zufällig	15,8	31,8	8,0 7,0	16,0 14,0	2,0 3,0
abgeänderter Würfel	2	zufällig	6,5	7,5	–	5,0	1,5 bis 3,0[+)]
Hexapode	2	zufällig	8,0	9,5	5,0	7,0	1,5 bis 3,0[+)]
Toskane	2	zufällig	11,0	22,0	–	–	1,5 bis 3,0[+)]
Tribar	1	gleichmäßig	12,0	15,0	7,5	9,5	1,5 bis 3,0[+)]

*) Anzahl der Lagen in der Deckschicht
[+)] Die Abhängigkeit des K_D-Wertes von der Böschungsneigung wurde noch nicht untersucht

W_{erf} ... das erforderliche Steingewicht in kN,

γ_S ... die Wichte des Decksteines (bzw. Betonkörpers o. ä.) in kN/m³,

H_{Bem} ... die Höhe der Bemessungswelle in m,

α ... der Böschungswinkel,

Für das rauhe, scharfkantige Material kann für brechende Wellen ein K_D von 2,0 gefunden werden. Mit γ_S = 26,5 kN/m³ für den Granit, W = 18 kN und H_{Bem} = 2,8 m wird aus Gl. (2.18):

$$\cot\alpha = \frac{26,5 \cdot 2,8^3}{2 \cdot 1,65^3 \cdot 18} = 3,6$$

Die Böschungsneigung dieses Uferabschnittes sollte 1 : 3,6 sein (α = 15,5°). Die Steine sind in mindestens zwei Lagen aufzubringen. Je nach Beschaffenheit des Böschungsbodens ist der Filter unter diesem Deckwerk auszubilden.

2.7 Wellendruck auf eine Mole

In einem Sportboot- und Jachthafen werden bei Stürmen die Schiffe immer wieder durch hohe Wellen in Mitleidenschaft gezogen. Nunmehr soll in h = 7,5 m Wassertiefe eine massive Mole zum Schutz vor den Wellen angelegt werden, deren Querschnitt aus der Abb. 2.12 hervorgeht. Hafenschlick und locker gelagerter Sand werden 2 m tief ausgeräumt. Die Gründung des Bauwerkes erfolgt auf dem mitteldicht gelagerten Feinsand, für den tan ϕ' = 0,637 und q_{zul} = 350 kN/m² ermittelt wurden. Aus langjährigen Beobachtungen und Berechnungen wurden als Bemessungswelle ermittelt: Wellenhöhe H_{Bem} = 3,2 m; Wellenlänge L = 56,0 m. Es ist zu überprüfen, ob der vorgeschlagene Querschnitt den Belastungen aus den Wellen standhält.

Lösungen

a. Ermittlung des Wellencharakters

Das Kriterium für das Brechen der Welle ist das Verhältnis aus der Wellenhöhe H und der Wassertiefe h. Ist dieses Verhältnis größer als 0,78, muß mit dem Brechen der Wellen (Branden) gerechnet werden, was zu größeren Belastungen führt als die Reflexion schwingender Wellen.

$$\frac{H}{h} = \frac{3,2}{7,5} = 0,43 < 0,78,$$

folglich gibt es keine brechenden Wellen.

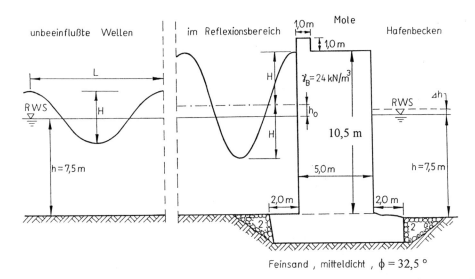

Abb. 2.12: Querschnitt der Mole mit Belastung

Das Molenbauwerk mit senkrechter Vorderseite wird durch die Wellen belastet, wie es die Abb. 2.12 zeigt.

Für nichtbrechende Wellen kann das Bemessungsverfahren von *Sainflou* angewendet werden, das auch die EAU [18] empfehlen. Bei Wellenbewegungen steigt vor dem Bauwerk im Reflexionsbereich der Wasserspiegel um das Maß h_0 an, das nach Gl. (2.19) berechnet werden kann.

$$h_o = \frac{\pi \cdot H^2}{L} \cdot \coth \frac{2 \cdot \pi \cdot h}{L}$$
(2.19)

Folglich wird

$$h_o = \frac{3,14 \cdot 3,2^2}{56} \cdot \coth \frac{2 \cdot 3,14 \cdot 7,5}{56} = 0,84 \approx 0,8 \text{ m}$$

Abhängig von der Hafeneinfahrt, Molenanordnung, aber auch dem Windstau und der Dauer der Windeinwirkung wird sich im geschützten Hafen ein leicht erhöhter Wasserspiegel einstellen. Ohne Berechnungen wird hier $\Delta h = 0,3$ m angenommen, so daß im Hafen eine Tiefe von $h_S = 7,5$ m $+ 0,3$ m $= 7,8$ m vorhanden ist. Mit diesen Voraussetzungen können nach Abb. 2.13 die Belastungen aus den Wellen berechnet werden.

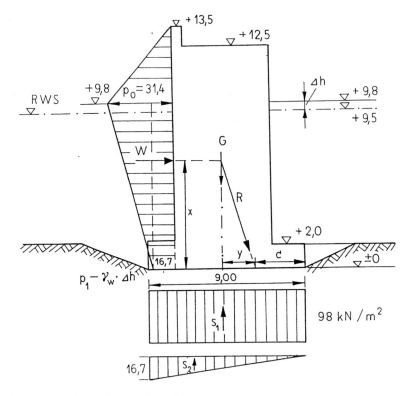

Abb. 2.13: Druckverteilung und Resultierende für den Lastfall "Wellenberg" nach [18]

Für die Druckerhöhung am Fußpunkt des Bauwerkes wird nach Gl. (2.20)

$$p_1 = \frac{\gamma_w \cdot H}{\cosh \dfrac{2 \cdot \pi \cdot h}{L}} \qquad (2.20)$$

$$p_1 = \frac{10 \cdot 3,2}{\cosh \dfrac{6,28 \cdot 9,5}{56}} = 19,7 \ \text{kN/m}^2$$

In der Höhe von 7,8 m über der Sohle des Seegebietes bzw. 9,8 m über der Gründungssohle wird der Druck p_o ermittelt:

$$p_o = (p_1 + \gamma_w \cdot h) \cdot \frac{H + h_o - \Delta h}{H + h_o + h} \qquad (2.21)$$

$$p_o = (19,7 + 10 \cdot 9,5) \cdot \frac{3,2 + 0,8 - 0,3}{3,2 + 0,8 + 9,5} = 31,4 \ \text{kN/m}^2$$

Für den Sohlwasserdruck wird die Annahme getroffen, daß sich zwischen dem linken und dem rechten Rand des Fundamentes ein linearer Abbau des Überdruckes vollzieht. Mit den angegebenen Druckfiguren können je lfd. Meter Molenlänge folgende Kräfte ermittelt werden:

$G = 24 \cdot (10,5 \cdot 5 + 1 \cdot 1 + 2 \cdot 9) = 1716 \text{ kN/m}$
(Der Kraftangriff soll mittig erfolgen, der Einfluß der Brüstung ist gering).

$S_1 = 98 \cdot 9 = 882 \text{ kN/m}$

$S_2 = \dfrac{1}{2} \cdot 16,7 \cdot 9 = 75 \text{ kN/m}$

$\sum V = G - S_1 - S_2 = 1716 - 882 - 75 = 759 \text{ kN/m}$

Die Resultierende aus dem Wellendruck greift in der Höhe x über der Sohle an

$$16,7 \cdot 9,8 \cdot \frac{9,8}{2} + \frac{1}{2} \cdot 14,7 \cdot 9,8 \cdot \frac{2}{3} \cdot 9,8 + \frac{1}{2} \cdot 31,4 \cdot 3,7 \left(9,8 + \frac{3,7}{3}\right) =$$

$$= x \cdot \left(16,7 \cdot 9,8 + \frac{1}{2} \cdot 14,7 \cdot 9,8 + \frac{1}{2} \cdot 31,4 \cdot 3,7\right)$$

$1913,5 = x \cdot 293,8$

$x = 6,51 \text{ m}$
In der Entfernung y vom Mittelpunkt bzw. c vom hafenseitigen Rand des Fundamentes durchstößt die Resultierende die Sohlfuge

$$\frac{759}{293,8} = \frac{6,51}{y} \rightarrow y = 2,52 \text{ m}; \quad c = 1,98 \text{ m}$$

Nach [5], S. 11.7 ergibt sich die Spannung an der hafenseitigen Sohlfuge zu

$$q_{max} = \frac{2 \cdot \sum V}{3 \cdot c} \tag{2.22}$$

$$q_{max} = \frac{2 \cdot 759}{3 \cdot 1,98} = 256 \text{ kN / m}^2 < q_{zul} = 350 \text{ kN / m}^2$$

Die Gleitsicherheit kann nach Gl. (5.3) ermittelt werden zu

$$\eta_{Gl} = \frac{759 \cdot 0,637}{293,8} = 1,64 > 1,5$$

Die Belastung durch den hafenbeckenseitigen Wasserdruck im Moment des Wellentales an der Seeseite der Mole ist geringer, so daß auf den Nachweis der Gleitsicherheit und der Spannungen an der Sohle für dieses fast symmetrische Bauwerk hier verzichtet wird.

2.8 Wellenbelastung eines dichten (geschlossenen) Deckwerkes

Ein Deckwerk aus Beton mit Horizontalfugen in 10 m Abstand wird durch $H_{Bem} = 2,5$ m hohe Wellen belastet, die eine errechnete Wellenlänge von 25 m haben. Durch das Auf- und Ablaufen der Wellen entstehen rhythmische Wechselbelastungen, die als Wellendruck (bei aufgelaufener Welle) und Wellenüberdruck (Druck von innen bei abgelaufener Welle) bezeichnet werden. Kommt es zum Brechen der Welle (Branden), dann entstehen Druckschläge auf das Deckwerk, die - treffen sie auf eine offene Fuge - das Deckwerk zerstören können. (Die Wirkung ist wie bei einer hydraulischen Presse). Für das abgebildete Deckwerk sind Wellendruck, Wellenüberdruck und Druckschläge für die o.g. Wellen zu bestimmen.

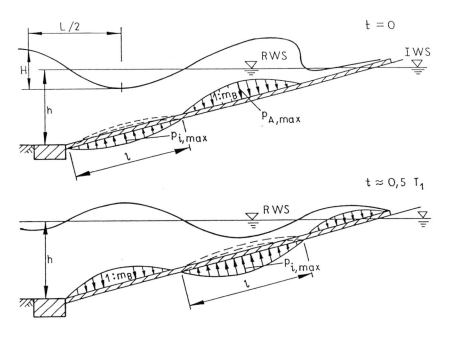

Abb. 2.14: Dichtes (geschlossenes) Deckwerk

Lösungen

a. Ermittlung des Wellendruckes

Zur Ermittlung von Wellenbelastungen enthält die Fachliteratur zahlreiche Verfahren, die oft recht abweichende Ergebnisse liefern. Verwendet werden sollten nur die Verfahren, denen Naturmessungen oder Modellversuche mit großen Wellen (Wellenhöhe über 50 cm) zugrunde liegen. Das ist in der Norm [16] der Fall, deshalb soll diese Berechnung der Ermittlung des Wellendruckes und des Wellenüberdruckes zugrundegelegt werden. Besonders zur Berechnung von Druckschlagbelastungen ist die Größe der Wellen wichtig, die den Berechnungsformeln zugrunde lagen, da es nicht möglich ist, von kleinen auf große Wellen zu extrapolieren. Das liegt am Lufteinschluß einer brandenden Welle, der die Eigenschaften des Wassers (Dichte, Schallgeschwindigkeit, Kompressibilität) wesentlich verändert.

Nach [16] kann der Maximalwert des Wellendruckes $p_{A,max}$ nach Gl. (2.23) und Gl. (2.24) sowie den Tabellen 2.5 und 2.6 ermittelt werden.

$$p_{A,max} = \gamma_W \cdot H \cdot k_S \cdot k_V \cdot p_{rel} \qquad (2.23)$$

$$k_S = 0,85 + 4,8 \cdot \frac{H}{L} + m_B \cdot \left(0,028 - 1,15 \cdot \frac{H}{L} \right) \qquad (2.24)$$

Tabelle 2.5: k_V-Werte

$\dfrac{L}{H}$	10	15	20	25	35
k_V	1	1,15	1,3	1,35	1,48

Tabelle 2.6: Werte für p_{rel}

H in m	0,5	1,0	1,5	2,0	2,5	3,0	3,5	≥4,0
p_{rel} in kN/m²	3,7	2,8	2,3	2,1	1,9	1,8	1,75	1,7

Für eine mit $1 : m_B = 1 : 4$ geneigte Böschung wird mit

$$k_S = 0,85 + 4,8 \cdot \frac{2,5}{25} + 4 \cdot \left(0,028 - 1,15 \cdot \frac{2,5}{25} \right) = 0,982$$

$k_V = 1$ und $p_{rel} = 1,9$ aus Tabelle 2.6

$$p_{A,max} = 10 \cdot 2,5 \cdot 0,982 \cdot 1 \cdot 1,9 = 46,6 \ kN/m^2$$

Dieser Druck wird verteilt, wie in Abb. 2.15 gezeigt

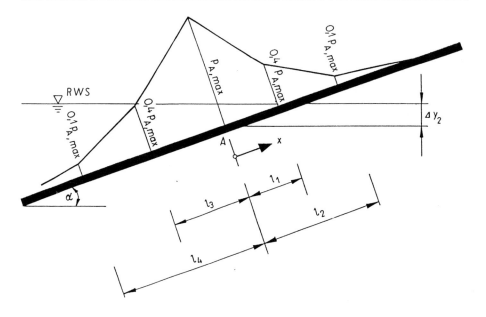

Abb. 2.15: Figur für den Wellendruck auf eine Böschung

Die Stelle, an der der maximale Druck wirkt, liegt um das Maß Δy_2 unter dem Ruhewasserspiegel, Δy_2 ist nach den Gleichungen (2.25) bis (2.27) zu bestimmen.

$$y_1 = H \cdot \left(0,47 + 0,023 \cdot \frac{L}{H}\right) \cdot \frac{1 + m_B^2}{m_B^2} \tag{2.25}$$

$$\Delta y_1 = H \cdot \left[0,95 - \left(0,84 \cdot m_B - 0,25\right) \cdot \frac{H}{L}\right] \tag{2.26}$$

$$\Delta y_2 = y_1 + \frac{1}{m_B^2} \cdot \left(1 - \sqrt{2 \cdot m_B^2 + 1}\right) \cdot \left(y_1 + \Delta y_1\right) \tag{2.27}$$

Es ergeben sich aus diesen empirisch gefundenen Formeln:

$$y_1 = 2,5 \cdot \left(0,47 + 0,023 \cdot \frac{25}{2,5}\right) \cdot \frac{1 + 4^2}{4^2} = 1,86 \text{ m}$$

$$\Delta y_1 = 2,5 \cdot \left[0,95 - \left(0,84 \cdot 4 - 0,25\right) \cdot \frac{2,5}{25}\right] = 1,60 \text{ m}$$

$$\Delta y_2 = 1,86 + \frac{1}{4^2} \cdot \left(1 - \sqrt{2 \cdot 4^2 + 1}\right) \cdot \left(1,86 + 1,60\right) = 0,83 \text{ m}$$

Für die Wellendruckfigur nach Abb. 2.15 kann nach [16] ermittelt werden:

$$l_1 = 0,0125 \cdot L_\phi ; \quad l_2 = 0,0325 \cdot L_\phi ; \quad l_3 = 0,0265 \cdot L_\phi ; \quad l_4 = 0,0675 \cdot L_\phi \qquad (2.28)$$

$$L_\phi = \frac{m_B \cdot L}{\sqrt[4]{m_B^2 - 1}} \qquad (2.29)$$

Es kann errechnet werden:

$$L_\phi = \frac{4 \cdot 25}{\sqrt[4]{4^2 - 1}} = 50,8 \text{ m}$$

$l_1 = 0,64$ m; $l_2 = 1,65$ m; $l_3 = 1,35$ m; $l_4 = 3,43$ m. Außerdem ist:

$$0,4 \cdot p_{A,max} = 18,64 \text{ kN} / \text{m}^2 ; \quad 0,1 \cdot p_{A,max} = 4,66 \text{ kN/m}^2$$

Diese Druckfigur belastet den Böschungsbelag und seinen Untergrund in dem Moment, in dem der Wellenberg aufgelaufen ist.

b. Ermittlung des Wellenüberdruckes (Innenwasserüberdruckes)

Der Wellenüberdruck entsteht im Wechsel der Wellenperiode als Auftrieb auf ein Deckwerk mit wenig Fugen. Durch das Vorhandensein eines Innenwasserspiegels (Grundwasserspiegels) im Böschungsboden und das schnelle Ablaufen der Welle bildet sich der Wellenüberdruck aus, der zum Abgleiten oder Abheben des Deckwerkes führen kann.

Nach [14] bzw. [16] kann der Wellenüberdruck mit Gl. (2.30) ermittelt werden.

$$p_{i,max} = \gamma_w \cdot H \cdot k_S \cdot k_v \cdot p_{i,rel} \qquad (2.30)$$

k_S und k_v sind nach Gl. (2.24) bzw. Tab. 2.5 zu bestimmen, $p_{i,rel}$ kann der Abb. 2.16 entnommen werden.

Mit $\dfrac{B_1}{L} = \dfrac{10}{25} = 0,4$ wird $p_{i,rel} = 0,14$. Bereits ermittelt sind: $k_S = 0,982$; $k_v = 1$, so daß sich der größte Wellenüberdruck ergibt zu:

$$p_{i,max} = 10 \cdot 2,5 \cdot 0,982 \cdot 1 \cdot 0,14 = 3,44 \text{ kN/m}^2$$

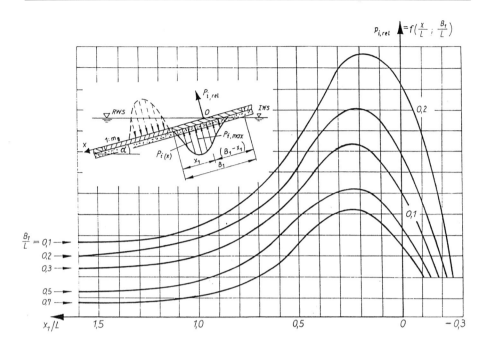

Abb. 2.16: $p_{i,rel}$ als Funktion von x_1, L und B_1 nach Modelluntersuchungen

c. Ermittlung der Druckschläge

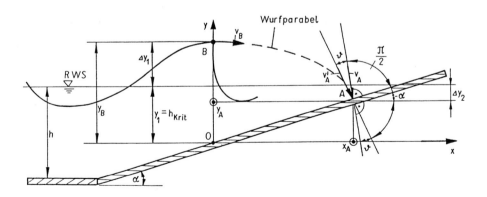

Abb. 2.17: Brecherstrahl beim Aufschlagen auf eine Böschung

Die Tiefe y_1 nach Gl. (2.25) kann der kritischen Tiefe für das Brechen der Welle gleichgesetzt werden, Abb. 2.17 zeigt die Zusammenhänge. Mit

$$y_B = y_1 + \Delta y_1 = 1{,}86 + 1{,}60 = 3{,}46 \text{ m} \tag{2.31}$$

kann zunächst die Aufschlaggeschwindigkeit v_A des Brechers nach den Gleichungen (2.32) bis (2.38) bestimmt werden.

$$v_A = v_A' \cdot \cos \vartheta \quad \text{in m/s} \tag{2.32}$$

$$\vartheta = \frac{\pi}{2} - (\alpha + \varphi) \tag{2.33}$$

$$\varphi = \arctan \left| -\frac{g \cdot x_A}{v_B^2} \right| \tag{2.34}$$

$$v_A' = \sqrt{v_B^2 + \left(\frac{g \cdot x_A}{v_B} \right)^2} \quad \text{in m/s} \tag{2.35}$$

$$x_A = \frac{1}{g} \cdot \left(-\frac{v_B^2}{m_B} \pm v_B \cdot \sqrt{\frac{v_B^2}{m_B^2} + 2 \cdot g \cdot y_B} \right) \quad \text{in m} \tag{2.36}$$

$$v_B = H \cdot \sqrt{\frac{\pi \cdot g}{2 \cdot L} \coth \frac{2 \cdot \pi \cdot H}{L}} + n' \cdot \sqrt{\frac{g \cdot L}{2 \cdot \pi} \cdot \tanh \frac{2 \cdot \pi \cdot h}{L}} \quad \text{in m/s} \tag{2.37}$$

$$n' = 4{,}7 \cdot \frac{H}{L} + 3{,}4 \cdot \left(\frac{m_B}{\sqrt{1 + m_B^2}} - 0{,}85 \right) \tag{2.38}$$

Mit den Zahlen der Aufgabenstellung werden ermittelt:

$$n' = 4{,}7 \cdot \frac{2{,}5}{25} + 3{,}4 \cdot \left(\frac{4}{\sqrt{1 + 4^2}} - 0{,}85 \right) = 0{,}88$$

$$v_B = 2{,}5 \cdot \sqrt{\frac{3{,}14 \cdot 9{,}81}{2 \cdot 25} \cdot \coth \frac{2 \cdot 3{,}14 \cdot 2{,}5}{25}} + 0{,}88 \cdot \sqrt{\frac{9{,}81 \cdot 25}{6{,}28} \cdot \tanh \frac{6{,}28 \cdot 12}{25}} = 8{,}12 \text{ m/s}$$

$$x_A = \frac{1}{9{,}81} \cdot \left(-\frac{8{,}12^2}{4} \pm 8{,}12 \cdot \sqrt{\frac{8{,}12^2}{4^2} + 2 \cdot 9{,}81 \cdot 3{,}46} \right) = 5{,}34 \text{ m}$$

$$v_A' = \sqrt{8{,}12^2 + \left(\frac{9{,}81 \cdot 5{,}34}{8{,}12} \right)^2} = 10{,}37 \text{ m/s}$$

$$\varphi = \arctan \left(-\frac{9{,}81 \cdot 5{,}34}{8{,}12^2} \right) = 38{,}5°$$

$$\vartheta = 90 - (14 + 38,5) = 37,5°$$

$$v_A = 10,37 \cdot \cos 37,5° = 8,23 \ \text{m/s}$$

Aus der Aufschlaggeschwindigkeit v_A des Brechers auf die Böschung kann die Größe des Druckschlages p_{max} bestimmt werden, z. B. nach Gl. (2.39), die von *Führböter* stammt und u. a. von *Oumeraci* [19] bestätigt wurde.

$$p_{max} = \rho_W \cdot v_A \cdot c_W \cdot \delta \cdot \sqrt[3]{\frac{c_W}{v_A}} \tag{2.39}$$

Mit $\rho_W = 1 \ \text{t/m}^3$
$\quad\quad c_W$ ... der Schallgeschwindigkeit im Wasser gleich 1485 m/s und
$\quad\quad \delta$ ... der Druckschlagzahl, erhält man p_{max} in kN/m².

Die Druckschlagzahl δ berücksichtigt, daß nur wenige Wellen große Druckschläge erzeugen, da beim Branden eine starke Luftaufnahme im Wasser stattfindet. Für 1 bis 3 m hohe Wellen wurde $\delta_{50} = 0,00245$ ermittelt. Für seltener registrierte Druckschläge wird erhalten:
$\delta_{90} = 1,5 \cdot \delta_{50}$; $\delta_{99} = 2,1 \cdot \delta_{50}$; $\delta_{99,9} = 2,7 \cdot \delta_{50}$. $\delta_{99,9}$ bedeutet, daß Druckschläge zu er-rechnen sind, die von 0,1 % aller gemessenen Druckschläge erreicht oder übertroffen wur-den.

Für die bisherigen Werte würde sich dieser Druckschlag ergeben zu:

$$p_{max} = 1 \cdot 8,23 \cdot 1485 \cdot 2,7 \cdot 0,00245 \cdot \sqrt[3]{\frac{1485}{8,23}} = 456 \ \text{kN/m}^2$$

Solche, wenn auch seltenen, Belastungen treten nur sehr kurzzeitig auf (tausendstel bis hun-dertstel Sekunden), so daß auch die Trägheit des Systems "Deckwerk und Böschungsboden" einbezogen werden muß. Fugen sollten möglichst vermieden werden, wo Druckschläge möglich sind, um die beschriebene Sprengwirkung weitgehend auszuschalten.

2.9 Eisbelastung eines Deckwerkes

In einem großen Wasserbecken (z. B. im Oberbecken eines Pumpspeicherwerkes) hat sich eine geschlossene Eisdecke mit einer Dicke von $d_E = 0,35$ m gebildet. Sie haftet fest am Bö-schungsbelag, der aus Bitumenbeton besteht und in erster Linie dichtende Funktion hat. Die Abb. 2.18 zeigt einen Schnitt durch den Belag mit angefrorener Eisdecke. Gesucht ist die Belastung, die die Eisdecke beim Heben und Senken des Wasserspiegels und damit der Eis-decke auf den Belag ausübt. Die Temperatur des Eises soll $t_E = -2°$ C betragen. Wasserspie-gelbewegungen sind mit $v = 0,4$ m/h in beiden Richtungen über insgesamt $t_d = 2$ Stunden möglich.

Lösungen

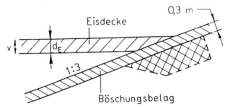

Friert eine Eisdecke an einem Böschungsbelag an, dann entsteht ein fester Verbund zwischen Belag und Eisdecke. Dabei ist die Haftspannung größer als die Biegezugfestigkeit des Eises.

Abb. 2.18: Böschungsbelag mit angefrorener
        Eisdecke

Beim Heben oder Senken des Wasserspiegels belasten Gewichts- bzw. Auftriebskräfte sowie ein Einspannmoment den Belag. Diese Belastungen erreichen ein Maximum, unmittelbar bevor der erste Riß in der Eisdecke am Ufer entsteht. Für die Belastung eines Böschungsbelages ist besonders das Einspannmoment von Bedeutung. Am meisten sind Deckwerke, die aus nicht miteinander verbundenen Platten bestehen, in ihrer Standsicherheit gefährdet.

Nach [14] kann mit Kräften auf das Eis beim Heben und Senken gerechnet werden zu:

$$F = 200 \cdot v \cdot t_d \cdot \sqrt[4]{\frac{h_E^3}{\phi}} \qquad \text{in kN/m} \tag{2.40}$$

$$M = 2 \cdot v \cdot t_d \sqrt{\frac{h_E^3}{\phi}} \qquad \text{in MNm/m} \tag{2.41}$$

v...Geschwindigkeit des Hebens oder Senkens des Wasserspiegels in m/h
t_d ...Zeit, in der sich die Eisdecke bei Heben bzw. Senken verformt, in h

$$\phi = 1 + \frac{300}{\mu} \cdot \left[t_d + 50 \cdot \left(1 - e^{-0,4 \cdot t_d} \right) \right] \tag{2.42}$$

$$\mu = \left(3,3 - 0,28 \cdot t_E + 0,083 \cdot t_E^2 \right) \cdot 10^4 \tag{2.43}$$

Mit $t_E = -2°C$ ergibt sich:

$$\mu = (3,3 - 0,28 \cdot 2 + 0,083 \cdot 4) \cdot 10^4 = 3,07 \cdot 10^4$$

$$\phi = 1 + \frac{300}{3,07 \cdot 10^4} \cdot \left[2 + 50 \cdot \left(1 - e^{-0,4 \cdot 2} \right) \right] = 1,29$$

$$F = 200 \cdot 0,4 \cdot 2 \cdot \sqrt[4]{\frac{0,35^3}{1,29}} = 68,3 \text{ kN/m}$$

$$M = 2 \cdot 0,4 \cdot 2 \cdot \sqrt{\frac{0,35^3}{1,29}} = 0,292 \text{ MNm} / \text{m} = 292 \text{ kNm} / \text{m}$$

Das Moment kann aber nie größer als ein Grenzmoment M_o werden, das aus den Grenzfestigkeiten des Eises bei Zug (σ_Z) und Druck (σ_D) nach Gl. (2.44) gebildet wird:

$$M_o = \frac{h_E^2 \cdot \sigma_Z{}' \cdot \sigma_D{}' \cdot (1 + 2 \cdot k_E)}{6 \cdot (\sigma_Z{}' + \sigma_D{}')} \quad \text{in MNm/m} \tag{2.44}$$

Diese Grenzfestigkeiten berücksichtigen das Relaxationsverhalten des Eises

$$\sigma_Z{}' = \sigma_{F,Z} \cdot e^{-\frac{400 \cdot \tau^*}{\mu}} \tag{2.45}$$

$$\sigma_D{}' = \sigma_{F,D} \cdot e^{-\frac{400 \cdot \tau^*}{\mu}} \tag{2.46}$$

In diesen Gleichungen bedeuten:

τ^* ... die Zeit, in der sich der Wasserspiegel um die Dicke des Eises h_E ändert in h;

μ ... Beiwert nach Gl. (2.43) zu bestimmen;

$\sigma_{F,Z}$ und $\sigma_{F,D}$ ... mittlere Werte für die Festigkeit des Eises bei Zug bzw. Druck in MN/m², zu bestimmen aus Versuchen, nach Tabelle 2.7 oder nach [18].

Tabelle 2.7: Eisfestigkeiten

Eistemperatur t_E in °C	Eisfestigkeit bei Zug in MN/m²	Eisfestigkeit bei Druck in MN/m²
	oberer Teil der Eisdecke	
0 bis -2	0,7	1,8
-3 bis -10	0,8	2,5
-11 bis -20	1,0	2,8
	unterer Teil der Eisdecke	
0 bis -2	0,5	1,2

Tabelle 2.8: k_E-Werte für Gl. (2.44)

$e^{-\frac{400 \cdot \tau^*}{\mu}}$	$\leq 0,8$	0,85	$\geq 0,9$
k_E	1,0	1,5	2,0

Zwischenwerte geradlinig interpolieren

Im Beispiel ist

$$\tau^* = \frac{0,35}{0,4} = 0,875 \text{ Stunden}$$

Mit $\sigma_D = 1,8$ MN/m^2 und $\sigma_Z = 0,7$ MN/m^2 werden

$$\sigma_D' = 1,8 \cdot e^{-\frac{400 \cdot 0,875}{30700}} = 1,78 \; \text{MN/m}^2$$

$$\sigma_Z' = 0,7 \cdot e^{-\frac{400 \cdot 0,875}{30700}} = 0,69 \; \text{MN/m}^2$$

Bei dieser noch als recht schnell anzusehenden Wasserspiegeländerung kommt das Relaxationsverhalten des Eises nicht zum Ausdruck, folglich kann in Gl. (2.44) auch die Eisfestigkeit nach [18] direkt eingesetzt werden:

$$M_o = \frac{0,35^2 \cdot 0,69 \cdot 1,78 \cdot (1 + 2 \cdot 2)}{6 \cdot (0,69 + 1,78)} = 0,051 \; \text{MNm/m bzw. 51 kNm/m}$$

$$M_o = \frac{0,35^2 \cdot 0,7 \cdot 1,8 \cdot (1 + 2 \cdot 2)}{6 \cdot (0,7 + 1,8)} = 0,051 \; \text{MNm/m bzw. 51 kNm/m}$$

Beide Werte sind in diesem Fall gleich, vor allem aber kleiner als 292 kNm/m nach Gl. (2.41), also als Belastung maßgebend.

3 Kanäle

3.0 Überblick

Kanäle sind künstlich angelegte, langgestreckte Gewässer mit freier Oberfläche und keinem oder nur kleinem Längsgefälle. Sie dienen der Schiffahrt, der Zu- oder Ableitung von Wasser (z. B. an Kraftwerken) oder auch der Vorflut (Melioration). Sie können also ein Fließgewässer oder ein Standgewässer sein. Obwohl Kanäle von Menschen hergestellt werden, können sie schon bald zum belebenden Bestandteil einer Landschaft werden. Sie harmonisch in die Landschaft einzufügen, sollte heute ebenso ein wichtiges Anliegen des Wasserbauers sein wie die richtige Bemessung für die wirkenden Beanspruchungen.

Aufgaben des Wasserbauers im Kanalbau bestehen vor allem im

- Trassieren neuer Kanäle im Grundriß, Längs- und Querschnitt

- Anpassen bestehender Kanäle an neue Anforderungen, z. B. an größere Schiffe und Verbände

- Unterhalten der Kanäle, insbesondere ihrer Ufer

- Bau von Kreuzungsbauwerken über die Kanäle (z. B. Straßen- oder Eisenbahnbrücken) bzw. unter ihnen hindurch (Düker, Durchlässe)

- Erarbeiten von Vorschriften für die Betreiber (z. B. Ermittlung zulässiger Wasserspiegelbewegungen in Kraftwerkskanälen, zulässiger Schiffsgeschwindigkeiten in Schiffahrtskanälen).

Schon die Aufzählung dieser Aufgaben im Kanalbau zeigt die große Breite möglicher Fragestellungen. Diese vergrößert sich noch dadurch, daß es auch Seekanäle gibt, die weitere Aufgabenstellungen mit sich bringen, und daß auch Eisbelastungen eine Rolle spielen können. Die dargestellte Auswahl von Aufgaben soll wenigstens einen möglichst großen Bereich dieser Breite bedecken.

3.1 Trassierung eines Schiffahrtskanals

Ein zweischiffiger, im Querschnitt trapezförmiger Kanal hat in der Geraden eine Wasserspiegelbreite von 55 m. Bei 1 : 3 geneigter Böschung beträgt die Fahrwasserbreite in 3 m Tiefe folglich 37 m. Die Fahrwasserbreite setzt sich aus den beiden Fahrspurbreiten B_1 zu je 16 m, einem Sicherheitsabstand zwischen den Schiffen von 2 m und zwei Sicherheitsstreifen zu den Ufern von je 1,5 m zusammen.
An die gerade Kanalstrecke sind eine Krümmung und eine Gegenkrümmung angeschlossen, Abb. 3.1. Der Krümmungsradius beider Strecken beträgt R = 1200 m. Die eine Krümmung ist 3000 m lang, die andere 800 m. Künftig sollen auf dieser Strecke auch 185 m lange

Schubverbände verkehren und sich begegnen können. Das erfordert Verbreiterungen in den Krümmungsstrecken.

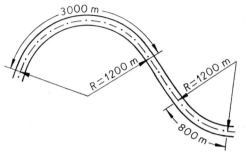

a. Um welches Maß ΔB sind die Krümmungsstrecken zu verbreitern?

b. Wie sind die Verbreiterungen zu gestalten?

Abb. 3.1: Krümmung, Zwischengerade und Gegenkrümmung eines Schiffahrtskanals

Lösungen

a. Die Abb. 3.2 zeigt einen starren Schubverband der Länge l bei seiner Fahrt durch eine Krümmungsstrecke mit dem Radius R. Die Fahrspurbreite B_l, die in der Geraden 16 m beträgt, ist in einer Krümmung größer auch wegen eines größeren Driftwinkels β im Vergleich zur geraden Strecke.

Diese Breite kann mit der Gl. (3.1) bestimmt werden.

$$B_l = \sqrt{(R_i + s + b)^2 + \left[\frac{1}{2} + \left(R_i + s + \frac{b}{2}\right)\cdot\tan\beta_1\right]^2} - R_i - s \qquad (3.1)$$

Eine unsichere Größe ist der Driftwinkel β. Versuchsfahrten [20] ergaben, daß β = 3,2° einen Wert darstellt, der Bemessungen zugrundegelegt werden kann. Er soll hier verwendet werden. In einem ersten Iterationsschritt wird $R_i = R = 1200$ m gesetzt. Es ergibt sich:

$$B_l = \sqrt{(1200 + 1,5 + 11,4)^2 + \left[\frac{185}{2} + \left(1200 + 1,5 + \frac{11,4}{2}\right)\cdot\tan 3,2°\right]^2} - 1200 - 1,5$$

$B_l = 21{,}91$ m

Mit $R_i = 1200 - 2\cdot1,5 - 21,91 = 1175,09$ m wird $B_l = 21,94$ m.

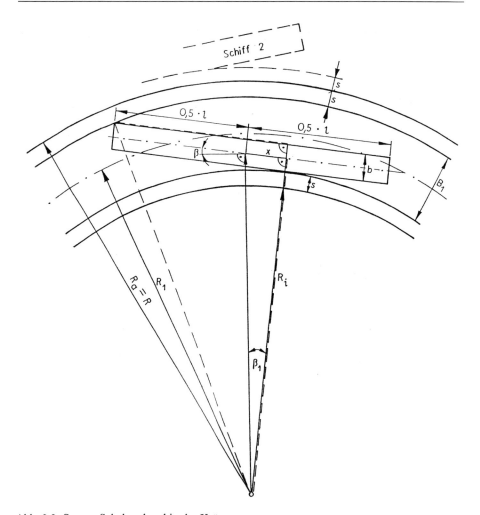

Abb. 3.2: Starrer Schubverband in der Krümmung

Eine einschiffige Kanalstrecke wäre also um $\Delta B = 5{,}94$ m zu verbreitern. Die hier vorliegende zweischiffige Kanalstrecke soll das Begegnen mit Schiff 2 (auf Abb. 3.2 angedeutet) ermöglichen. Bei einer sinngemäßen Anwendung der Überlegung, die zur Gl. (3.1) führte, auf die äußere Spur entsteht Gl. (3.2) für die gesamte Fahrwasserbreite B_2 in 3 m Tiefe.

$$B_2 = \sqrt{\left(R_i + B_1 + 3 \cdot s + b\right)^2 + \left[\frac{l}{2} + \left(R_i + B_1 + 3 \cdot s + \frac{b}{2}\right) \cdot \tan\beta\right]^2} - R_i + s \qquad (3.2)$$

Mit den bisher errechneten Werten wird $B_2 = 49{,}85$ m. Durch einfaches Zusammenzählen von zwei Fahrspurbreiten zu je 21,94 m und vier Sicherheitsabständen zu je 1,5 m würde sich B_2 zu 49,88 m ergeben. Die Gleichung (3.2) ermöglicht aber, für β einen anderen Driftwinkel einzusetzen, da weitere Fahrversuche ergeben haben, daß das außen fahrende

Schiff mit anderem Driftwinkel als das innere fährt. Auch eine Abhängigkeit des Driftwinkels vom Radius hat sich ergeben und wurde in die Richtlinien [21] eingearbeitet, die Abb. 3.3 zeigt das Ergebnis.

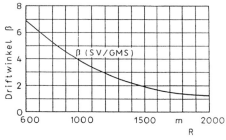

SV = Schubverband
GMS = Großmotorgüterschiff

Abb. 3.3: Driftwinkel β in Abhängigkeit
      vom Radius einer Krümmung

Verwendet man β = 2,9° nach Abb. 3.3 für das außen fahrende Schiff, so wird mit sonst gleichen Werten aus Gl. (3.2) erhalten: B_2 = 49,03 m.

Die in Abb. 3.1 dargestellten Krümmungen sind um das Verbreiterungsmaß
ΔB = 49,85 - 37,00 = 12,85 m
zu verbreitern, wenn der Driftwinkel β = 3,2° verwendet wird.

(Anmerkung: Die früher oft verwendete Gl. (3.3)

$$\Delta B = \frac{l^2}{2 \cdot R} = \frac{185^2}{2 \cdot 1200} = 14,3 \text{ m}$$

(3.3)

hätte hier eine etwas größere notwendige Verbreiterung ergeben.)

b. Die Verbreiterung wird praktisch immer am Innenufer vorgenommen, um die Sichtverhältnisse günstiger zu gestalten. Bei kleinem Zentriwinkel, dargestellt in Abb. 3.4 a, wird in der Mitte des Kreisbogen ΔB abgetragen und mit dem Radius R_V ein neuer Kreis gezeichnet, der um das Maß a auf beiden Seiten die Krümmung vergrößert. Beide Größen können aus Gl. (3.4) bzw. (3.5) errechnet werden.

$$R_V = R + \Delta B \cdot \frac{\cos\xi}{1-\cos\xi}$$

(3.4)

$$a = \Delta B \cdot \frac{1+\cos\xi}{\sin\xi}$$

(3.5)

Mit den Werten der Aufgabenstellung wird für den 800 m langen Kreisbogen

$$R_V = 1200 + 12,85 \cdot \frac{\cos 19,11°}{1-\cos 19,11°} = 1420,3 \text{ m}$$

$$a = 12,85 \cdot \frac{1+\cos 19,11°}{\sin 19,11°} = 76,34 \text{ m}$$

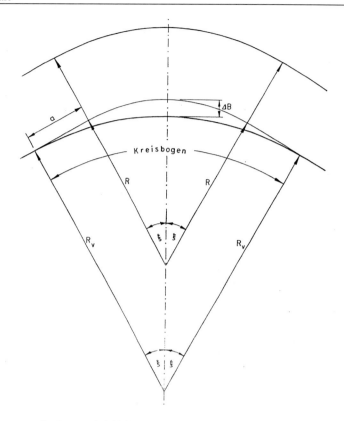

Abb. 3.4 a: Kurvenverbreiterung bei kleinem Zentriwinkel

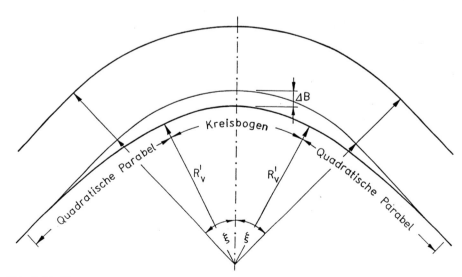

Abb. 3.4 b: Kurvenverbreiterung bei großem Zentriwinkel

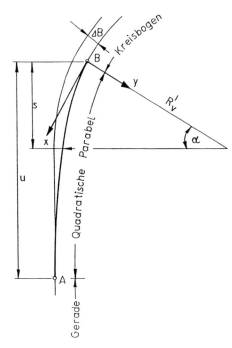

Abb. 3.5: Quadratische Parabel als Übergangsbogen

$$R_V' = R - B_1 - 2 \cdot s - \Delta B = 1200 - 21,94 - 3 - 12,85 = 1162,21 \text{ m} \tag{3.6}$$

Für R_V ist hier also 1162,21 m einzusetzen, so daß im Kernbereich des Innenufers ein konzentrischer Kreisbogen gezeichnet werden kann. Die Parabel wird aus den Bedingungen berechnet, daß sowohl am Kreis (Punkt B) als auch an der Geraden (Punkt A) tangentialer Anschluß erfolgt und die Krümmung der Parabel im Punkt B der Kreiskrümmung gleich ist. Mit den Hilfswerten μ, η und ζ kann die Parabel näher bestimmt werden.

$$\mu = 1 + \frac{\Delta B}{R_V'} = 1 + \frac{12,85}{1162,21} = 1,011 \tag{3.7}$$

$$\eta = \mu + \sqrt{\mu^2 - 1} = 1,011 + \sqrt{1,011^2 - 1} = 1,16 \tag{3.8}$$

$$\zeta = \sqrt{\eta^2 - 1} = \sqrt{1,16^2 - 1} = 0,59 \tag{3.9}$$

Mit der Länge s als Abstand zwischen Punkt B und dem einstigen Übergang vom Kreis zur Geraden und u, dem projizierten Abstand zwischen A und B, kann der Bereich der Parabel bestimmt werden.

$$s = R_V' \cdot \sin\alpha \tag{3.10}$$

$$\alpha = \arctan\zeta \tag{3.11}$$

$$u = \frac{1}{2} \cdot R_v' \cdot \tan\alpha \cdot \left(\cos\alpha + \frac{1}{\cos\alpha} \right) \tag{3.12}$$

Mit den bisherigen Werten werden

$$\alpha = \arctan 0,59 = 30,54°$$

$$s = 1162,21 \cdot \sin 30,54° = 590,57 \text{ m}$$

$$u = \frac{1}{2} \cdot 1162,21 \cdot \tan 30,54° \cdot \left(\cos 30,54° + \frac{1}{\cos 30,54°} \right) = 693,35 \text{ m}$$

Die Parabel folgt der Gleichung

$$y = \frac{1}{2 \cdot R_v'} \cdot x^2 = 4,3 \cdot 10^{-4} \cdot x^2 \tag{3.13}$$

Einige Werte zum Abstecken der Parabel im Gelände zeigt die Tabelle 3.1.

Tabelle 3.1: Werte für die Parabel als Übergangsbogen

x in m	100	200	300	400	500	600	700
y in m	4,30	17,21	38,72	68,83	107,55	154,88	210,81

Die Grenze zwischen großem und kleinem Zentriwinkel ist durch den Winkel α definiert. Ist $\xi > \alpha$, dann ist der Zentriwinkel groß, was bei der größeren Krümmung mit

$$\xi = \frac{3000 \cdot 360}{2 \cdot 3,14 \cdot 1200 \cdot 2} = 71,66°$$

der Fall ist. Wird $\alpha \leq \xi$, dann schrumpft der innere Kreisbogen auf Null zusammen, was sich für den kleineren Bogen hier ergibt.

$$\xi = \frac{800 \cdot 360}{2 \cdot 3,14 \cdot 1200 \cdot 2} = 19,11° \quad \text{(vgl. auch Gl. (3.4))}$$

3.2 Schiffahrt und Kanalquerschnitt

In einem Schiffahrtskanal mit den Abmessungen der Abb. 3.6 fährt ein Schiff der europäischen Wasserstraßenklasse IV mit der Geschwindigkeit v_S = 2,5 m/s (9,0 km/h).

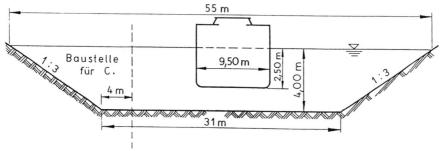

Abb. 3.6: Kanalquerschnitt, Europaschiff und Baustelle

a.   Welche Rückstromgeschwindigkeit v_R und welche Wasserspiegelabsenkung z_A beanspruchen die Sohle und die Böschungssicherung bei dieser Schiffsdurchfahrt?

b.   Mit welcher Geschwindigkeit darf ein Großmotorgüterschiff (a_S = 11,4 m · 2,8 m = 31,92 m²) im Kanal fahren, wenn Sohle und Böschung keine größere Beanspruchung aufnehmen können?

c.   Wie groß ist die zulässige Schiffsgeschwindigkeit für das 1350-t-Schiff, wenn zur Querschnittsvergrößerung die in Abb. 3.6 angegebene Baustelle (gestrichelte Linie) errichtet wird, die rechte Böschung aber nicht stärker als unter a. ermittelt, beansprucht werden darf?

Lösungen

a. Bei der Fahrt eines Schiffes kommt es vor dem Schiff zu einem Aufstau (Bugwelle), parallel zum Schiff zu einer Absenkung des Wasserspiegels um z_A und am Heck wieder zum Auffüllen des Kanalquerschnittes (Heckwelle). Das vor dem Schiff gestaute Wasser strömt neben und unter ihm mit der Rückstromgeschwindigkeit v_R zum Heck.

Eine "Vorbemessung" kann nach *Krey* durchgeführt werden. Er dachte sich das Schiff festgehalten und das Wasser mit der Geschwindigkeit v_S am Schiff vorbeiströmen, so daß eine dem Pfeilerstau im Fließgewässer analoge Situation entsteht. Nicht beachtet werden dabei die Einflüsse aus Querströmungen und dem Antrieb des Schiffes, der Vorgang wird eindimensional betrachtet. Mit dieser Überlegung können die *Bernoulli*gleichung und das Kontinuitätsgesetz angewendet werden, Abb. 3.7.

Nach *Bernoulli* kann für den Schnitt 1-1 die Energie des (im Gedankenversuch) strömenden Wassers gleich der im Schnitt 2-2 gesetzt werden.

$$h + \frac{v_S^{\,2}}{2 \cdot g} = h - z_A + \frac{\left(v_S + v_R\right)^2}{2 \cdot g} \tag{3.14}$$

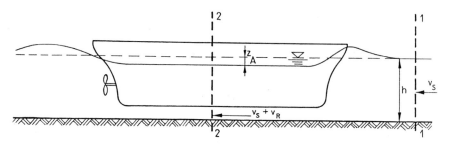

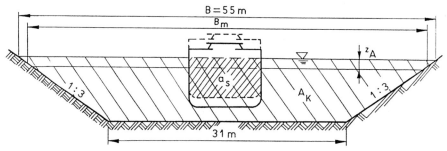

Abb. 3.7: Längs- und Querschnitt eines Kanals mit fahrendem Schiff

Das Kontinuitätsgesetz ergibt für den o. g. Gedankenversuch im Schnitt 1-1 bzw. 2-2:

$$A_K \cdot v_S = \left(A_K - a_S - z_A \cdot B_m\right) \cdot \left(v_S + v_R\right) \tag{3.15}$$

Aus der Gl. (3.14) kann z_A ermittelt werden zu

$$z_A = \frac{1}{g}\left(v_S \cdot v_R + \frac{v_R^2}{2}\right) \tag{3.16}$$

Die Gl. (3.15) kann nach v_R aufgelöst werden

$$v_R = \frac{a_S + z_A \cdot B_m}{A_K - a_S - z_A \cdot B_m} \cdot v_S \tag{3.17}$$

Für die beiden Unbekannten (z_A, v_R) sind somit zwei Gleichungen gefunden:

$$z_A = \frac{1}{9,81}\cdot\left(2,5\cdot v_R + \frac{v_R^2}{2}\right) \tag{3.16 a}$$

$$v_R = \frac{23,75 + z_A \cdot 55}{172 - 23,75 - 55 \cdot z_A}\cdot 2,5 \tag{3.17 a}$$

Die geringe Differenz zwischen B_m und B, der Kanalbreite, wurde bisher vernachlässigt.
Die Auflösung der Gleichungen (3.16 a) und (3.17 a) ergibt mit Beachtung von
$B_m = 55 - 3 \cdot z_A = 54{,}49$ m:
$v_R = 0{,}59$ m/s und $z_A = 0{,}17$ m.

Eine grafische Lösung kann durch die Bildung der Funktion $v_S = f(z_A)$ aus den Gln. (3.14)
und (3.15) gefunden werden:

$$v_S = \sqrt{\dfrac{g \cdot z_A}{\dfrac{a_S + z_A \cdot B_m}{A_K - a_S - z_A \cdot B_m} + \dfrac{1}{2}\left(\dfrac{a_S + z_A \cdot B_m}{A_K - a_S - z_A \cdot B_m}\right)^2}} \qquad (3.18)$$

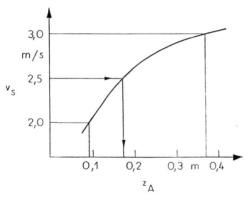

Mit den Werten dieser Aufgabe erhält
man aus der Abb. 3.8 für $v_S = 2{,}50$ m/s
die Absenkung zu $z_A = 0{,}17$ m. Mit diesem Wert kann v_R nach der Gl. (3.17)
ermittelt werden.

Abb. 3.8: $v_S = f(z_A)$

Die eindimensionale Betrachtung nach *Krey* liefert bei kleinen Schiffsgeschwindigkeiten gute
Übereinstimmungen mit Naturmessungen. Mit größer werdender Schiffsgeschwindigkeit
müssen aber die Einflüsse aus Querströmungen, Schiffsschraube, Rauheit der Ufer und des
Schiffskörpers berücksichtigt werden. Das kann u. a. mit den von *Bouwmeester* angegebenen
Gleichungen (3.19) und (3.20) erfolgen, vgl. [22], die gute Übereinstimmungen mit Natur-
messungen ergeben haben und deshalb heute oft verwendet werden.

Weitere Berechnungsverfahren, die die angegebenen Einflüsse noch detaillierter berücksichtigen, sollen hier nicht weiter untersucht bzw. angewendet werden. Es ist auch möglich,
die Aufgabe zeichnerisch zu lösen. Dazu werden die sog. Schiffskurven, die die Schiffsgeschwindigkeit ausdrücken, mit den Kanalkurven, die für das zu untersuchende Kanalprofil
gelten, zum Schnitt gebracht.

$$\frac{v_S}{v_W} = \sqrt{\frac{\left(\dfrac{z_A}{h_m}\right)\cdot 2\cdot\left(1-\dfrac{1}{n}\right)-\left(\dfrac{z_A}{h_m}\right)^2\cdot\left(1-\dfrac{b_S}{B_0}\right)+\dfrac{2}{3}\cdot\left(\dfrac{z_A}{h_m}\right)^3\cdot\dfrac{m_B\cdot h_m}{B_0}}{\left(\dfrac{t_S}{h_m}\right)^2\cdot\left(\dfrac{1}{n}+\dfrac{z_A}{h_m}\cdot\dfrac{b_S}{B_0}\right)+2\cdot\left[\dfrac{1}{1-\dfrac{z_A}{h_m}+\dfrac{m_B\cdot h_m}{B_0}\cdot\left(\dfrac{z_A}{h_m}\right)^2-\dfrac{1}{n}}-1\right]}} \qquad (3.19)$$

Mit $h_m = \dfrac{A_K}{B_0} = \dfrac{172}{55} = 3{,}127$ m; $\quad v_W = \sqrt{g\cdot h_m} = \sqrt{9{,}81\cdot 3{,}127} = 5{,}54$ m/s;

$n = \dfrac{A_K}{a_S} = \dfrac{172}{23{,}75} = 7{,}24$; $\quad b_S = 9{,}50$ m; $B_0 = 55$ m; $m_B = 3$ und $t_S = 2{,}50$ m

wird aus Gl. (3.19)

$$\frac{2{,}5}{5{,}54} = \sqrt{\frac{\dfrac{z_A}{3{,}127}\cdot 2\cdot\left(1-\dfrac{1}{7{,}24}\right)-\left(\dfrac{z_A}{3{,}127}\right)^2\cdot\left(1-\dfrac{9{,}5}{55}\right)+\dfrac{2}{3}\cdot\left(\dfrac{z_A}{3{,}127}\right)^3\cdot\dfrac{3\cdot 3.127}{55}}{\left(\dfrac{2{,}5}{3{,}127}\right)^2\cdot\left(\dfrac{1}{7{,}24}+\dfrac{z_A}{3{,}127}\cdot\dfrac{9{,}5}{55}\right)+2\cdot\left[\dfrac{1}{1-\dfrac{z_A}{3{,}127}+\dfrac{3\cdot 3{,}127}{55}\cdot\left(\dfrac{z_A}{3{,}127}\right)^2-\dfrac{1}{7{,}24}}-1\right]}}$$

$z_A = 0{,}25$ m

Die beachtenswerte Abweichung von 8 cm für die Absenkung zeigt, daß die o. g. Einflüsse bei dieser Schiffsgeschwindigkeit nicht mehr vernachlässigt werden sollten.

Die Gl. (3.20) für die Rückstromgeschwindigkeit lautet:

$$v_R = \left[\frac{\dfrac{z_A}{h_m}-\dfrac{3\cdot h_m}{B_0}\cdot\left(\dfrac{z_A}{h_m}\right)^2+\dfrac{a_S}{A_K}}{1-\dfrac{z_A}{h_m}+\dfrac{m_B\cdot h_m}{B_0}\cdot\left(\dfrac{z_A}{h_m}\right)^2-\dfrac{a_S}{A_K}}\right]\cdot v_S \qquad (3.20)$$

Mit den Werten dieser Aufgabe wird:

$$v_R = \left[\frac{\dfrac{0,25}{3,127} - \dfrac{3 \cdot 3,127}{55} \cdot \left(\dfrac{0,25}{3,127}\right)^2 + \dfrac{23,75}{172}}{1 - \dfrac{0,25}{3,127} + \dfrac{3 \cdot 3,127}{55} \cdot \left(\dfrac{0,25}{3,127}\right)^2 - \dfrac{23,75}{172}}\right] \cdot 2,5 = \frac{0,217}{0,783} \cdot 2,5$$

$$v_R = 0,69 \text{ m/s}$$

b. Als Ausgangswerte sind jetzt gegeben:

$$A_K = 172 \text{ m}^2; \quad a_S = 11,4 \cdot 2,8 = 31,92 \text{ m}^2; \quad z_A \leq 0,25 \text{ m}; \quad B_m = 54,25 \text{ m}; \quad v_R \leq 0,69 \text{ m/s};$$

$$n = \frac{172}{31,92} = 5,39 .$$

Aus Gl. (3.19) kann zunächst v_S ermittelt werden.

$$v_S = \sqrt{\frac{\left(\dfrac{0,25}{3,127}\right) \cdot 2 \cdot \left(1 - \dfrac{1}{5,39}\right) - \left(\dfrac{0,25}{3,127}\right)^2 \cdot \left(1 - \dfrac{11,4}{55}\right) + \dfrac{2}{3} \cdot \left(\dfrac{0,25}{3,127}\right)^3 \cdot \dfrac{3 \cdot 3,127}{55}}{\left(\dfrac{2,8}{3,127}\right)^2 \cdot \left(\dfrac{1}{5,39} + \dfrac{0,25}{3,127} \cdot \dfrac{11,4}{55}\right) + 2 \cdot \left[\dfrac{1}{1 - \dfrac{0,25}{3,127} + \dfrac{3 \cdot 3,127}{55} \cdot \left(\dfrac{0,25}{3,127}\right)^2 - \dfrac{1}{5,39}} - 1\right]}} \cdot 5,54$$

$$v_S = \sqrt{\frac{0,130 - 0,00507 + 0,00006}{0,162 + 0,719}} \cdot 5,54 = 2,09 \text{ m/s}$$

Aus Gl. (3.20) würde sich ergeben:

$$v_S = 0,69 \cdot \left[\frac{1 - \dfrac{0,25}{3,127} + \dfrac{3 \cdot 3,127}{55} \cdot \left(\dfrac{0,25}{3,127}\right)^2 - \dfrac{31,92}{172}}{\dfrac{0,25}{3,127} - \dfrac{3 \cdot 3,127}{55} \cdot \left(\dfrac{0,25}{3,127}\right)^2 + \dfrac{31,92}{172}} \right]$$

$$v_S = 0,69 \cdot \frac{0,7356}{0,2644} = 1,92 \text{ m/s} < 2,09 \text{ m/s}$$

Maßgebend ist v_S = 1,92 m/s (6,9 km/h) als zulässige Geschwindigkeit für die größeren Schiffe bei den genannten Bedingungen.

c Die Größe der Kanalquerschnittsfläche ändert sich wegen der Baustelle auf:

$$A_K = 27 \cdot 4 + \frac{1}{2} \cdot 4 \cdot 12 = 132 \text{ m}^2$$

B_m wird zu $B_m = 39 - \dfrac{1}{2} \cdot 3 \cdot 0,25 = 38,63$ m

$$h_m = \frac{132}{39} = 3,38 \text{ m}; \quad v_W = \sqrt{9,81 \cdot 3,38} = 5,76 \text{ m/s}; \quad n = \frac{132}{23,75} = 5,56$$

Somit wird v_S nach Gl. (3.19):

$$v_S = 5,76 \cdot \sqrt{ \frac{\dfrac{0,25}{3,38} \cdot 2 \cdot \left(1 - \dfrac{1}{5,56}\right) - \left(\dfrac{0,25}{3,38}\right)^2 \cdot \left(1 - \dfrac{9,5}{39}\right) + \dfrac{2}{3} \cdot \left(\dfrac{0,25}{3,38}\right)^3 \cdot \dfrac{3 \cdot 3,38}{39}}{\left(\dfrac{2,5}{3,38}\right)^2 \cdot \left(\dfrac{1}{5,56} + \dfrac{0,25}{3,38} \cdot \dfrac{9,5}{39}\right) + 2 \cdot \left[\dfrac{1}{1 - \dfrac{0,25}{3,38} + \dfrac{3 \cdot 3,38}{39} \cdot \left(\dfrac{0,25}{3,38}\right)^2 - \dfrac{1}{5,56}} - 1 \right]} }$$

$$v_S = 5,76 \cdot \sqrt{\frac{0,1174}{0,7835}} = 2,23 \text{ m/s}$$

Aus Gl. (3.20) ergibt sich:

$$v_S = 0,69 \cdot \left[\frac{1 - \dfrac{0,25}{3,38} + \dfrac{3 \cdot 3,38}{39} \cdot \left(\dfrac{0,25}{3,38}\right)^2 - \dfrac{23,75}{132}}{\dfrac{0,25}{3,38} - \dfrac{3 \cdot 3,38}{39} \cdot \left(\dfrac{0,25}{3,38}\right)^2 + \dfrac{23,75}{132}} \right]$$

$$v_S = 0,69 \cdot \frac{0,7475}{0,2525} = 2,04 \text{ m/s} < 2,09 \text{ m/s}$$

An der Baustelle beträgt die zulässige Höchstgeschwindigkeit für das 2,5 m tiefgehende Schiff 2,04 m/s bzw. 7,3 km/h.

3.3 Propellerstrahl

In einem Schiffahrtskanal mit Abmessungen der europäischen Wasserstraßenklasse IV (Abb. 3.6) fährt ein 2,5 m tief abgeladenes Ausbaumaßschiff, angetrieben durch einen Propeller am Heck (Schiffsschraube). Der Propeller hat einen Durchmesser von D = 1,50 m und arbeitet mit 6 Umdrehungen pro Sekunde. Der Schubbeiwert des freien (nicht ummantelten) Propellers, allg. zwischen 0,25 und 0,50 liegend, wird mit k_T = 0,4 angenommen. Gesucht ist:

a.   Welche Sohlbelastung ergibt sich aus dem Propellerstrahl beim mit v_S = 2,5 m/s (9 km/h) fahrenden Schiff?

b.   Welche Sohlbelastung ruft ein aus dem Stand anfahrendes Schiff hervor?

Lösungen

a. Hinter dem Schiff breitet sich der Propellerstrahl aus, wie es die Abb. 3.9 zeigt.

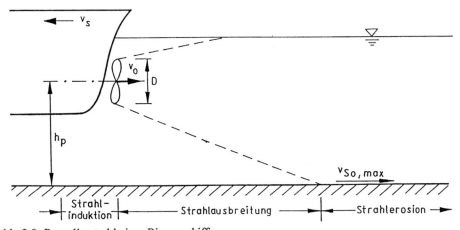

Abb. 3.9: Propellerstrahl eines Binnenschiffes

Für den Bestand von Kanalsohle und -böschung ist wichtig, daß im Bereich der Strahlerosion keine für die dort liegenden Schutzschichten unzulässig großen Geschwindigkeiten auftreten.

Im Bereich der Strahlinduktion wird das dem Propeller zuströmende Wasser auf die Geschwindigkeit v_0 beschleunigt. Das erfolgt durch die Rotation der Schiffsschraube (Propeller) mit der Drehzahl n in s^{-1}. Die Form des Propellers bzw. seiner Schaufeln kann durch den Schubbeiwert k_T ausgedrückt werden. Die Geschwindigkeit v_0 kann für den freien Propeller nach Gl. (3.21) ermittelt werden:

$$v_0 = 1,6 \cdot n \cdot D \cdot \sqrt{k_T} \cdot \left(2 \cdot \frac{v_A}{v_0} + 1 \right)^{-0,5} \tag{3.21}$$

$$v_A = v_S \cdot (1 - w) \tag{3.22}$$

w... Nachstromziffer ($\approx 0,8$)

Mit den gegebenen Werten erhält man:

$$v_0 = 1,6 \cdot 6 \cdot 1,50 \cdot \sqrt{0,4} \cdot \left(2 \cdot \frac{2,5 \cdot 0,2}{v_0} + 1 \right)^{-0,5}$$

$$v_0 = 8,63 \text{ m/s}$$

Die Strahlausbreitung ist an der Strahlbegrenzung mit intensiven Mischvorgängen zwischen dem rotierenden Strahl mit der errechneten Anfangsgeschwindigkeit und der ruhigen Flüssigkeit der Umgebung verbunden. Für die Sohlsicherung ist die maximale Auftreffgeschwindigkeit $v_{So,max}$ wichtig. Sie kann nach Untersuchungen, u. a. von *Römisch* [23], nach Gl. (3.23) ermittelt werden.

$$\frac{v_{So,max}}{v_0} = E \cdot \left(\frac{h_P}{D} \right)^{-1,0} \cdot \left(1,0 - \frac{v_S}{n \cdot D} \right) \tag{3.23}$$

Mit den o.g. Werten und E = 0,25, einem für Binnenschiffe mit Tunnelheck ermittelten Beiwert, erhält man:

$$v_{So,max} = 8,63 \cdot 0,25 \cdot \frac{1,50}{2,00} \cdot \left(1 - \frac{2,5}{6 \cdot 1,5} \right)$$

$$v_{So,max} = 1,17 \text{ m/s}$$

b. Jetzt kann die Schiffsgeschwindigkeit $v_S = 0$ gesetzt werden. Aus Gl. (3.21) ergibt sich v_0 zu:

$$v_0 = 1,6 \cdot 6 \cdot 1,50 \cdot \sqrt{0,4} = 9,11 \text{ m/s}$$

Nach Gl. (3.23) wird $v_{So,max}$ errechnet:

$$v_{So,max} = 9,11 \cdot 0,25 \cdot \left(\frac{1,50}{2,25} \right)$$

$v_{So,max} = 1,52$ m/s

Geschwindigkeiten zwischen $v_{So,max}$ und v_0 sind Einbauten oder Böschungssicherungen ausgesetzt, die sich im Bereich der Strahlausbreitung befinden. Vor allem im mittleren Teil, der sog. Kernzone, bleibt v_0 in voller Größe erhalten.

3.4 Belastung und Bemessung von Kanalsohlen

Die Sohle eines Schiffahrtskanals besteht in den ungedichteten Strecken aus dem anstehenden Bodenmaterial, das oft im Bereich des Feinsandes liegt. Belastet wird das Sohlenmaterial vor allem durch die Rückstromgeschwindigkeit, hervorgerufen vom fahrenden Schiff, und den Propellerstrahl, vor allem vom anfahrenden Schiff verursacht. Diese Belastungen verlagern die oben liegenden Schichten, wenn sie größer als aufnehmbare Belastungen sind. Unterhalb der Kanalsohle kommt es zu Druckausbildungen im Sohlenmaterial, die durch den schnellen Absunk z_A erzeugt werden. Dieser Druckabbau von innen nach außen führt zu einer Potentialströmung aus dem Grund- ins Kanalwasser und kann zum hydraulischen Grundbruch führen. Das Sohlenmaterial in der ungedichteten Strecke wird folglich vertikal (Liftwirkung) und horizontal (Rückstromgeschwindigkeit, Propellerstrahl) beansprucht. Im folgenden Beispiel ist eine Kanalstrecke gegeben, auf der Großmotorgüterschiffe mit 2,80 m Tiefgang zum Einsatz kommen sollen. Zu vergleichen ist die Belastung der Sohle für eine 4,00 m tiefe und eine 5,00 m tiefe Kanalstrecke, Abb. 3.10.

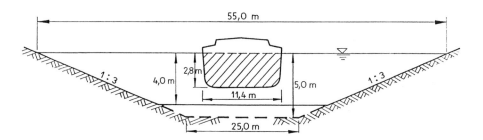

Abb. 3.10: Kanalquerschnitte und Großmotorgüterschiff

Die Sohle besteht aus einem Sand mit $d_{50} = 0,2$ mm, dem Bodentyp 3 der Einteilung nach *List* [22], S. 52. Seine Werte: $\gamma_B = 18$ kN/m³, $\gamma_B' = 10$ kN/m³,   cal $\phi = 32,5°$, c = 0, k = $6 \cdot 10^{-5}$ m/s,

Das Großmotorgüterschiff soll mit $v_S = 2,5$ m/s (9,0 km/h) fahren.

Gesucht sind:

a. Rückstromgeschwindigkeit v_R und Wasserspiegelabsenkung z_A bei mittiger Einzelfahrt für beide Querschnitte

b. Sohlbeanspruchungen bei diesen Schiffsdurchfahrten mit Bemessung einer evtl. erforderlich werdenden Schutzschicht.

Lösungen

a. Für das 5,00 m tiefe Kanalprofil kann ermittelt werden:

$$A_K = \frac{25+55}{2} \cdot 5 = 200 \text{ m}^2; \quad h_m = \frac{200}{55} = 3,64 \text{ m}; \quad v_W = \sqrt{9,81 \cdot 3,64} = 5,98 \text{ m/s}$$

Somit ergibt sich nach *Bouwmeester*, Gl. (3.19), für die Absenkung z_A (vgl. auch die Aufgabe 3.2)

$$\frac{2,5}{5,98} = \sqrt{\frac{\frac{z_A}{3,64} \cdot 2 \cdot \left(1 - \frac{31,92}{200}\right) - \left(\frac{z_A}{3,64}\right)^2 \cdot \left(1 - \frac{11,4}{55}\right) + \frac{2}{3} \cdot \left(\frac{z_A}{3,64}\right)^3 \cdot \frac{3 \cdot 3,64}{55}}{\left(\frac{2,8}{3,64}\right)^2 \cdot \left(\frac{31,92}{200} + \frac{z_A}{3,64} \cdot \frac{11,4}{55}\right) + 2 \cdot \left[\frac{1}{1 - \frac{z_A}{3,64} + \frac{3,64}{55} \cdot \left(\frac{z_A}{3,64}\right)^2 - \frac{31,92}{200}} - 1\right]}}$$

$z_A = 0,29$ m

Die Rückstromgeschwindigkeit v_R errechnet sich nach Gl. (3.20) zu:

$$v_R = \left[\frac{\frac{0,29}{3,64} - \frac{3 \cdot 3,64}{55} \cdot \left(\frac{0,29}{3,64}\right)^2 + \frac{31,92}{200}}{1 - \frac{0,29}{3,64} + \frac{3 \cdot 3,64}{55} \cdot \left(\frac{0,29}{3,64}\right)^2 - \frac{31,92}{200}}\right] \cdot 2,5$$

$v_R = 0,78$ m/s

Für das 4,00 m tiefe Kanalprofil sind die entsprechenden Werte

$$\frac{2,5}{5,54} = \sqrt{\frac{\dfrac{z_A}{3,127} \cdot 2 \cdot \left(1 - \dfrac{31,92}{172}\right) - \left(\dfrac{z_A}{3,127}\right)^2 \cdot \left(1 - \dfrac{11,4}{55}\right) + \dfrac{2}{3}\left(\dfrac{z_A}{3,127}\right)^3 \cdot \dfrac{3 \cdot 3,127}{55}}{\left(\dfrac{2,8}{3,127}\right)^2 \cdot \left(\dfrac{31,92}{172} + \dfrac{z_A}{3,127} \cdot \dfrac{11,4}{55}\right) + \dfrac{2}{1 - \dfrac{z_A}{3,127} + \dfrac{3 \cdot 3,127}{55}\cdot\left(\dfrac{z_A}{3,127}\right)^2 - \dfrac{31,92}{172}}}} - 2$$

$z_A = 0,55 \text{ m}$

Für die Rückstromgeschwindigkeit unter und neben dem Großmotorgüterschiff ergibt sich nach Gl. (3.20):

$$v_R = \left[\frac{\dfrac{0,55}{3,127} - \dfrac{3 \cdot 3,127}{55}\cdot\left(\dfrac{0,55}{3,127}\right)^2 + \dfrac{31,92}{172}}{1 - \dfrac{0,55}{3,127} + \dfrac{3 \cdot 3,127}{55}\cdot\left(\dfrac{0,55}{3,127}\right)^2 - \dfrac{31,92}{172}}\right] \cdot 2,5$$

$v_R = 1,38 \text{ m/s}$

Wie weitere Messungen und ihre Auswertungen gezeigt haben [24] und [25], kommt es durch Vertrimmung und andere Erscheinungen (sowie auch bei Begegnungen) zu größeren Werten für z_A als nach Gl. (3.19) ermittelt werden. Gegenwärtig wird empfohlen, die errechneten Werte mindestens mit 1,3, höchstens mit 1,5 zu multiplizieren. Im Teil b. der Aufgabe werden deshalb $z_A = 0,40$ m und $z_A = 0,80$ m verwendet.

b.   Beim schnellen Absenken des Wasserspiegels im Kanal um z_A vermindert sich der Druck an der Sohle um Δp. Im Inneren des Sohlenmaterials macht sich der Druckabbau weniger bemerkbar, wenn man tiefer in den Boden eindringt. Die Abb. 3.11 zeigt diesen Druckabbau.

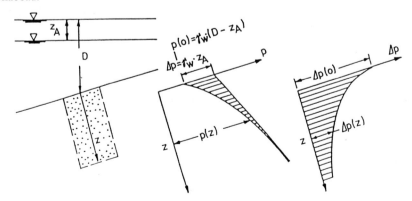

Abb. 3.11: Druckabbau beim schnellen Senken des Wasserspiegels um z_A nach [22]

Wie die Auswertung von Messungen gezeigt hat, folgt der Druckabbau etwa der Gl. (3.24).

$$\Delta p(z) = \Delta p(0) \cdot e^{-c \cdot (z-0,05)}$$

(3.24)

Die Größe für c ist abhängig vom Bodenmaterial sowie der Größe und Geschwindigkeit der Absenkung.

$$c = f\left(k; z_A; \frac{dz_A}{dt} \right)$$

(3.25)

Für "normale" Verhältnisse kann c - wie in Abb. 3.12 besonders hervorgehoben - mit c = 3 eingesetzt werden. "Normal" sind hier der Bodentyp 3 und eine Absenkgeschwindigkeit von 12 cm/s.

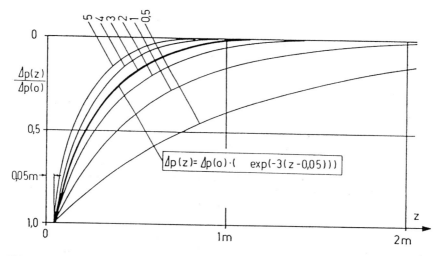

Abb. 3.12: Porenwasserdruck abhängig von der Tiefe z nach *Knieß* [22]

Für den mittleren Strömungsdruck, der auf einen Körper zwischen der Kanalsohle und der Tiefe z wirkt, kann geschrieben werden:

$$\overline{i}_p(z) = \frac{(\Delta p_0 - \Delta p(z))}{z}$$

(3.26)

bzw. mit $\Delta p_0 = z_A \cdot \gamma_W$ und $\Delta p(z)$ nach Gl. (3.24)

$$\overline{i}_p(z) = \frac{10 \cdot z_A \left(1 - e^{-3 \cdot (z-0,05)} \right)}{z}$$

(3.27)

Allgemein ergibt die Auswertung der Gl. (3.27) für verschiedene Werte für z_A den Strömungsdruck nach Abb. 3.13.

Für z_A = 0,80 m bzw. z_A = 0,40 m werden die vorhandenen Strömungsdrücke in der Abb. 3.14 dargestellt. Diesen sind zulässige gegenüberzustellen, die von der Bodenart abhängig sind. Aus dem Gleichgewicht aller am Bodenelement angreifenden und haltenden Kräfte kann für den zulässigen Strömungsdruck geschrieben werden:

$$\text{zul } i_p(z) = \frac{\gamma_B' \cdot \cos\beta}{\eta_A} \tag{3.28}$$

mit β ... Böschungswinkel, auf der Sohle ist natürlich β = 0,

  η_A ... Sicherheit gegen Aufbrechen des Bodens.

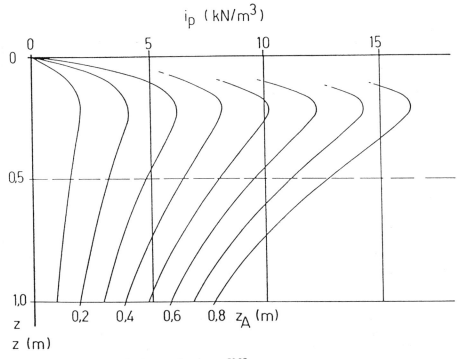

Abb. 3.13: Vorhandener Strömungsdruck aus [22]

Mit η_A = 1 (Beginn des Aufbrechens von Bodenmaterial) wird zul $i_p(z)$ = γ_B' = 10 kN/m³. Das Eintragen dieses Wertes in die Abb. 3.14 zeigt, daß $i_{vorh} < i_{zul}$ ist, wenn z_A = 0,40 m eingesetzt wird. Der Abstand zwischen beiden Linien weist noch eine Sicherheit gegenüber dem Aufbrechen von Bodenmaterial aus. Ganz anders ist das Ergebnis für z_A = 0,80 m. In dem recht großen Bereich von 10 bis 70 cm unter der Kanalsohle ist der vorhandene Strömungsdruck größer als der zulässige. Es kommt zum intensiven Aufbrechen des Bodenmaterials. Die Rückstromgeschwindigkeit, ebenfalls größer als für Feinsand zulässig, vergrößert noch den Sandtransport an der Kanalsohle.

Soll bei gleichen Bedingungen für die Schiffahrt kein Aufbrechen des Sohlenmaterials eintreten (z. B. über Dükern), dann muß die Sohle mit geeignetem Material beschwert werden.

Für ein Bodenelement mit Deckwerk kann der zulässige Strömungsdruck gegen Abheben nach Gl. (3.29) berechnet werden.

$$zul\, i_p(z) = \left(\frac{g_D{}'}{z} + \gamma_B{}'\right) \cdot \frac{\cos\beta}{\eta_A} \tag{3.29}$$

mit $g_D{}'$ ... Flächengewicht der Deckschicht unter Auftrieb in kN/m²

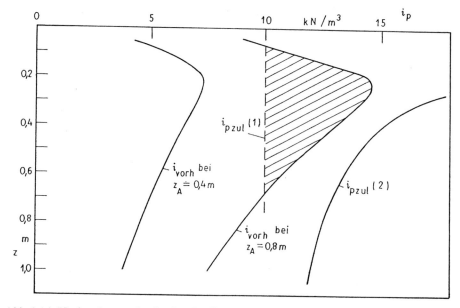

Abb. 3.14: Vorhandene und zulässige Gradienten im Sohlenmaterial

Für die Sohle ($\beta = 0$) und den Grenzwert des Gleichgewichts ($\eta = 1$) wurde für eine Deckschicht aus Kupferschlacke ($\gamma' = 20$ kN/m³) mit nur 10 cm Dicke erneut zul i_p errechnet. Das Flächengewicht dieser Schicht beträgt 2,0 kN/m². Als Ergebnis kann die mit $i_{p,zul\,(2)}$ bezeichnete Linie in Abb. 3.14 angesehen werden. Sie weist aus, daß der zulässige Gradient stets größer als der vorhandene ist, eine mit Kupferschlacke bedeckte Sohle also auch im nur 4,00 m tiefen Kanal stabil bleibt, wenn Schiffe fahren, die Absenkungen bis $z_A = 0,80$ m hervorrufen.

3.5 Schüttsteindeckwerk auf einer Kanalböschung

Böschungen von Schiffahrtskanälen werden heute oft mit Schüttsteinen vor Zerstörungen geschützt. Immer wieder vorkommende Schäden an Deckwerken aus losen (nicht verklammerten) Schüttsteinen zeigen, daß die auftretenden Belastungen oft größer als die aufnehmbaren sind. Es soll deshalb ein Schüttsteindeckwerk bemessen werden, das mit großer Sicherheit keine oder nur geringe Schäden zeigen wird. Ein vollkommenes Ausschließen von Schäden ist bei dieser Problematik nicht möglich.

Das in der Abb. 3.15 dargestellte Schüttsteindeckwerk soll auf sandigem Untergrund aufliegen. Es ist 1 : 3 geneigt, für den Sand wurde cal ϕ' = 35° ermittelt. Die Belastung des Deckwerkes durch fahrende Schiffe soll hier nach [22], S. 45 für eine Ereignishäufigkeit von 99 % ausgewählt werden: Absunk des Wasserspiegels z_A = 0,62 m; Rückstromgeschwindigkeit $\bar{v}_x$ = 1,70 m/s; Absunkgeschwindigkeit $\bar{v}_y$ = 0,97 m/s; resultierende Strömungsgeschwindigkeit $\bar{v}_{res}$ = 1,95 m/s; zugehörige Beschleunigungen $\dfrac{d\,v_y}{d\,t}$ = 2,50 m/s²;

$\dfrac{d\,v_{res}}{d\,t}$ = 3,53 m/s².

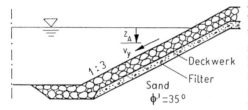

Als Deckwerksmaterial steht zur Auswahl: Steine mit einer Trockenrohdichte von 2,65 t/m³ und eine Kupfererzschlacke mit ρ_S = 3,60 t/m³. Für beide Materialien sind die erforderlichen repräsentativen Durchmesser der oberen Schüttsteinlage und die Dicke des Deckwerkes zu bestimmen.

Abb. 3.15: Schüttsteindeckwerk und seine Belastung

Lösungen

a. Belastung durch Strömung

Ein durch Strömungen belastetes Deckwerk muß nach [22], S. 66 aus Steinen mit einem repräsentativen Durchmesser D_r bestehen, der nach Gl. (3.30) ermittelt werden kann.

$$D_r = D_{r,0} \cdot k_n \cdot k_t \cdot k_m \qquad (3.30)$$

Darin sind:

- $D_{r,0}$ ... die Steingröße für Steine mit ρ_S = 2,65 t/m³, auf waagerechter Sohle liegend und durch nur geringe Turbulenz belastet, zu bestimmen nach Gl. (3.31)
- k_n ... der Faktor, der die Böschungsneigung berücksichtigt, zu bestimmen nach den Gleichungen (3.32) bis (3.34)
- k_t ... ein Korrekturfaktor, der die Liftwirkung beim Auftreffen der hochturbulenten Strömung auf die Steine berücksichtigt, die Gl. (3.35) ermöglicht seine Bestimmung
- k_m ... ein Beiwert für eine abweichende Rohdichte des Schüttmaterials, nach Gl. (3.36) zu berechnen

Zur Bestimmung der Ausgangsgröße $D_{r,0}$ kann Gl. (3.31) verwendet werden.

$$D_{r,0} = 0,046 \cdot v_s^2 \qquad (3.31)$$

Für die im Beispiel vorliegende größte Strömungsgeschwindigkeit von 1,95 m/s wird
$$D_{r,0} = 0,046 \cdot 1,95^2 = 0,175 \text{ m}.$$

Der Faktor k_n wird bei freier Strömungsrichtung unter dem Winkel λ zur Horizontalen nach Gl. (3.32) bestimmt.

$$k_{n,\lambda} = \sqrt{k_{n,0}^2 \cdot \cos^2 \lambda + k_{n,90}^2 \sin^2 \lambda} \qquad (3.32)$$

Der Winkel λ zwischen der Strömung und der Horizontalen ergibt sich für die besonders ungünstige resultierende Strömung zu $\lambda = 29,7°$, da $\tan \lambda = \dfrac{v_y}{v_x} = \dfrac{0,97}{1,70}$ ist.

Für $k_{n,0}$, d. h. daß die Strömungsrichtung mit der Streichrichtung der Böschung identisch ist, kann geschrieben werden:

$$k_{n,0} = \frac{\mu^2}{\cos\alpha \cdot (\mu^2 - 1)} \qquad (3.33)$$

mit μ nach Gl. (2.1)

Für $k_{n,90}$, d. h. eine geneigte Sohlenbefestigung, bei der die Strömungsrichtung mit der Rollrichtung der Steine identisch ist, ergibt sich nach [22], S. 58

$$k_{n,90} = \frac{1}{\cos\alpha \cdot \left(1 - \dfrac{\tan\alpha}{\tan\phi}\right)} \qquad (3.34)$$

Mit den Werten der Aufgabenstellung werden

$$k_{n,90} = \frac{1}{0,95 \cdot \left(1 - \dfrac{0,33}{0,70}\right)} = 1,99$$

$$k_{n,0} = \frac{2,1^2}{0,95 \cdot (2,1^2 - 1)} = 1,36$$

$$k_{n,\lambda} = \sqrt{1,36^2 \cdot 0,75 + 1,99^2 \cdot 0,25} = 1,54$$

Der Beiwert k_t ergibt sich aus Gl. (3.35) zu

$$k_t = \frac{1}{1 - \dfrac{\Delta\gamma}{\gamma'}} \tag{3.35}$$

wenn zur Ermittlung von $\Delta\gamma$ die Abb. 3.16 verwendet wird.

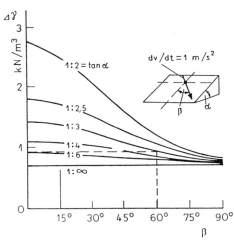

Das abgelesene $\Delta\gamma = 0,92$ gilt für eine Beschleunigung von 1 m/s². In der Aufgabe wurde in λ-Richtung der Wert für die Beschleunigung mit 3,53 m/s² angegeben, so daß $\Delta\gamma = 3,53 \cdot 0,92 = 3,25$ kN/m³ wird. Nach Gl. (3.35) wird

$$k_t = \frac{1}{1 - 0,325} = 1,48$$

Abb. 3.16: Diagramm zur Ermittlung von $\Delta\gamma$ aus [22]

Wird anderes Schüttmaterial als natürliche Steine verwendet, so muß deren Rohdichte nach Gl. (3.36) beachtet werden.

$$k_m = \frac{\rho_s - 1}{\rho - 1} \tag{3.36}$$

Für die Kupferschlacke mit $\rho = 3,6$ t/m³ wird $k_m = 0,63$. Für die Strömungsbelastung kann nun die Größe des repräsentativen Korndurchmessers der Schutzschicht bestimmt werden. Sie ergibt sich nach Gl. (3.30) für die Steinschüttung zu

$$D_r = 0,175 \cdot 1,54 \cdot 1,48 = 0,40 \text{ m}$$

und bei Verwendung von Kupfererzschlacke zu

$$D_r = 0,175 \cdot 1,54 \cdot 1,48 \cdot 0,63 = 0,25 \text{ m}.$$

Die Schichtdicke - allgemein mindestens gleich dem 1,5-fachen Steindurchmesser - beträgt für die Varianten also 0,60 m bzw. 0,40 m.

b. Belastung durch Wellen

Mit Gl. (2.18) kann das Gewicht eines Steines aus dem Deckwerk bestimmt werden. Für den Formbeiwert der Bruchsteine wird aus der Tabelle 2.4 $K_D = 3{,}2$ ausgewählt. Als Bemessungswelle wird für den Schiffahrtskanal die 95-%-Welle empfohlen [22], S. 70, deren Höhe 77 % der Wellenhöhe H_{99} beträgt. Diese Wellenhöhe H_{99} setzt sich aus dem Absunk ($z_A = 0{,}62$ m) und einer Wasserspiegelerhöhung im Heckbereich von maximal 50 % des Absunks zusammen. Abgemindert werden darf die Welle, weil der Wellenauflauf der Heckwelle schräg zur Böschungsfallinie erfolgt. Abminderungsfaktor ist die dritte Wurzel aus 1,5, was aus Modellversuchen ermittelt wurde. Damit wird die Bemessungswelle

$$H_{Bem} = 1{,}5 \cdot 0{,}62 \cdot 0{,}77 \cdot \frac{1}{\sqrt[3]{1{,}5}} = 0{,}63 \text{ m}.$$ Mit dieser Wellenhöhe kann die repräsentative

Steingröße D_r aus Gl. (3.37) berechnet werden.

$$D_r = \frac{H_{Bem}}{\left(\dfrac{\rho_S}{\rho_W} - 1\right)} \cdot \sqrt[3]{\frac{\tan\alpha}{0{,}784}} \tag{3.37}$$

Für die Natursteine wird folglich

$$D_r = \frac{0{,}63}{(2{,}65 - 1)} \cdot \sqrt[3]{\frac{1}{3 \cdot 0{,}784}} = 0{,}29 \text{ m} \quad \text{bzw.} \quad d \geq 0{,}45 \text{ m}$$

Für die Kupfererzschlacke ergibt sich

$$D_r = \frac{0{,}63}{(3{,}6 - 1)} \cdot \sqrt[3]{\frac{1}{3 \cdot 0{,}784}} = 0{,}18 \text{ m} \quad \text{bzw.} \quad d \geq 0{,}27 \text{ m}$$

c. Belastung aus Druckänderungen im Böschungsboden

Die auftretenden Druckänderungen in der Böschung können ebenfalls nach Gl. (3.27) berechnet werden. Mit $z_A = 0{,}62$ m erhält man die Werte, die in der Tabelle 3.2 festgehalten sind.

Tabelle 3.2: Vorhandener Druckgradient $i_{p,vorh}$

z in m	0,1	0,2	0,3	0,4	0,5	0,6	0,7	0,8	0,9	1,0
i_p in kN/m³	8,6	11,2	10,9	10,1	9,2	8,35	7,6	6,9	6,35	5,8

In der Abb. 3.17 ist dieser Verlauf des Druckgradienten dargestellt. Diesem muß ein zulässiger Druckgradient gegenübergestellt werden, der mit einer Deckschicht als Schutzschicht für die Böschung nach Gl. (3.38) ermittelt werden kann. Maßgebend ist ein mögliches Abgleiten.

$$i_{p,zul} = \left(\frac{g'}{z} + \gamma_B'\right) \cdot \cos\alpha \cdot \left(1 - \eta_y \cdot \frac{\tan\alpha}{\tan\phi}\right) \qquad (3.38)$$

Für den kritischen Fall des Gleichgewichts $\left(\eta_y = 1{,}0\right)$ wurden erforderliche Flächengewichte g' angenommen und in Gl. (3.38) eingesetzt. Mit g' = 6,5 kN/m² ergaben sich die Werte der Tabelle 3.3, die auf Abb. 3.17 mit der Kurve für $i_{p,zul}$ dargestellt sind.

Tabelle 3.3: Zulässiger Druckgradient $i_{p,zul}$

z in m	0,1	0,2	0,3	0,4	0,5	0,6	0,7	0,8	0,9	1,0
$i_{p,zul}$ in kN/m²	30,8	17,4	13,0	10,8	9,4	8,5	7,9	7,4	7,1	6,8

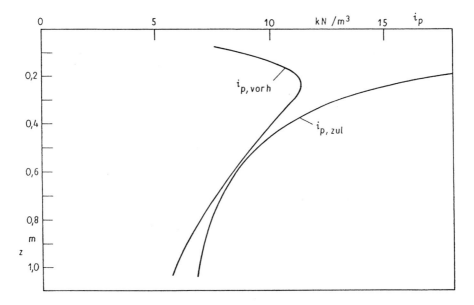

Abb. 3.17: Vorhandener und zulässiger Druckgradient für die Böschung

Ein Flächengewicht von 6,5 kN/m² kann unter Beachtung des Auftriebes etwa von 35 cm Kupfererzschlacke oder von 65 cm Steinschüttung erreicht werden. Mit den in der Aufgabe getroffenen Annahmen ist damit der dritte Belastungsfall, die Druckänderung im Böschungsboden, für die Auswahl des Deckwerkes maßgebend.

3.6 Wabenplatten als Böschungsbefestigung

In einem Schiffahrtskanal ist der obere Abschnitt der Böschung mit Beton-Wabenplatten befestigt. Abb. 3.18 zeigt diese Böschungsausbildung.

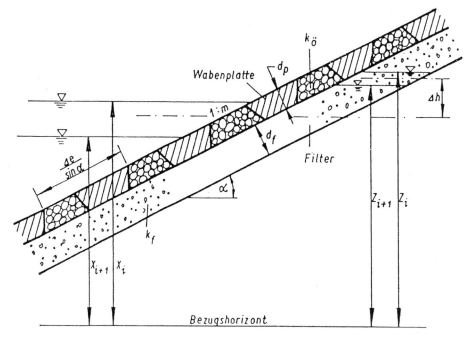

Abb. 3.18: Böschungsbefestigung mit Wabenplatten

$k_f = 10^{-2}$ m/s; $\cot \alpha = 3$; $\alpha = 18,43°$; $\sin \alpha = 0,316$; $\cos \alpha = 0,95$; $n_f = 0,25$; $n_1 = 0,20$;
$\Delta e = 0,4 \sin \alpha$

Die Wabenplatten sind $d_p = 20$ cm dick und liegen auf $d_f = 20$ cm Kiesfilter auf. Bekanntlich entsteht bei jeder Schiffsdurchfahrt eine Bugwelle, danach ein schnelles Absinken des Wasserspiegels, bevor die Heck-Querwelle den Wasserspiegel wieder ansteigen läßt. Es soll die Frage beantwortet werden, ob die Wabenplatten in der Lage sind, Schiffsdurchfahrten gefahrlos zu überstehen,·die die in der Tabelle 3.4 angegebene Wasserspiegelbewegung (X_i-Werte) hervorrufen.

a.   In den Waben wird ein Bitumensplitt mit $k_{\ddot{o}} = 0,1$ m/s eingebaut, alle anderen Werte gehen aus Abb. 3.18 hervor.

b.   Nach einigen Betriebsjahren ist der Bitumensplitt in den Waben weniger durchlässig ($k_{\ddot{o}} = 1,5 \cdot 10^{-2}$ m/s). Welcher Innenwasserüberdruck tritt dann auf, wenn die gleiche Wasserspiegelbewegung im Kanal vorhanden ist?

Lösungen

a. Mit den Bezeichnungen der Abb. 3.18 kann das Filtergesetz von *Darcy* in folgender Form geschrieben werden:

$$\frac{Z_i - Z_{i+1}}{\Delta t} = k_ö \cdot \frac{\dfrac{Z_i + Z_{i+1}}{2} - \dfrac{X_i + X_{i+1}}{2}}{\Delta L} \tag{3.39}$$

Multipliziert man diese Filtergeschwindigkeiten mit den zugehörigen Flächen (Fließfläche im Filter bzw. durch die Waben), so setzt man die im Filter abfließende Wassermenge der durch die Waben ins Außenwasser hindurchtretenden gleich. Das erfolgt in Gl. (3.40).

$$\frac{Z_i - Z_{i+1}}{\Delta t} \cdot n_S \cdot \frac{d_f}{\sin \alpha} \cdot 100 = n_1 \cdot L'_W \cdot 100 \cdot k_ö \cdot \frac{0,5 \cdot (Z_i + Z_{i+1} - X_i - X_{i+1})}{\Delta L} \tag{3.40}$$

Δt ... Zeit in s, kann beliebig gewählt werden

n_S ... mit Wasser gefüllter Porenraum im Filter

n_1 ... Anteil der Wabenfläche an der Gesamtoberfläche der Wabenplatte

L'_W ... Wabenplattenlänge unterhalb des Außenwasserspiegels in cm

$k_ö$ ... Durchlässigkeit des Materials, mit dem die Waben verfüllt sind, in cm/s.

Nach [26] kann näherungsweise $\Delta L = L'_W$ gesetzt werden. Mit dieser Annahme und der Zusammenfassung konstanter Werte zu

$$C = \frac{k_ö \cdot \sin \alpha \cdot n_1}{n_S} \quad \text{bzw.} \quad C = \frac{k_f \cdot \sin \alpha}{n_S} \tag{3.41}$$

entsteht aus Gl. (3.40) nach einfacher Umformung

$$Z_{i+1} = \frac{Z_i \cdot \left(\dfrac{2 \cdot d_f}{\Delta t} - C \right) + C \cdot (X_i + X_{i+1})}{C + \dfrac{2 \cdot d_f}{\Delta t}} \tag{3.42}$$

Welcher Wert für C in Gl. (3.42) einzusetzen ist, ergibt sich aus dem Vergleich. Ist $n_1 \cdot k_ö > k_f$, dann ist k_f in Gl. (3.41) einzusetzen, d. h., daß durch die Waben mehr abgeführt werden könnte als im Filter nachströmt. Andernfalls sind die Waben die Engstelle.

Mit den gegebenen Werten der Aufgabe und $\Delta t = 1$ s wird:

für **a**

$$C = \frac{0,1 \cdot 0,316 \cdot 0,2}{0,25} = 2,53 \cdot 10^{-2} \text{ m/s bzw.}$$

$$C = \frac{10^{-2} \cdot 0,316}{0,25} = 1,26 \cdot 10^{-2} \text{ m/s}$$

Maßgebend ist der Filter mit $C = 1,26$ cm/s.

für **b**

$$C = \frac{1,5 \cdot 10^{-2} \cdot 0,316 \cdot 0,2}{0,25} = 0,38 \cdot 10^{-2} \text{ m/s bzw. } 0,38 \text{ cm/s}$$

Maßgebend sind bei b die weniger durchlässigen Waben. Somit wird:
bei Aufgabe **a**

$$Z_{i+1} = \frac{Z_i \cdot \left(\frac{40}{1} - 1,26\right) + 1,26 \cdot (X_i + X_{i+1})}{1,26 + \frac{40}{1}} = 0,939 \cdot Z_i + 0,03 \cdot (X_i + X_{i+1})$$

bei Aufgabe **b**

$$Z_{i+1} = \frac{Z_i \cdot \left(\frac{40}{1} - 0,38\right) + 0,38 \cdot (X_i + X_{i+1})}{0,38 + \frac{40}{1}} = 0,981 \cdot Z_i + 0,00941 \cdot (X_i + X_{i+1})$$

Beim Auflaufen der Bugwelle strömt zunächst Wasser durch die Waben in den Filter (Zunahme des X_i-Wertes in Tabelle 3.4). Für das Ansteigen des Wasserspiegels kann die Gl. (3.40) abgewandelt werden zu Gl. (3.43):

$$\frac{Z_{i+1} - Z_i}{\Delta t} \cdot n_s \cdot \frac{d_f}{\sin \alpha} \cdot 100 = n_1 \cdot L'_w \cdot 100 \cdot k_\delta \cdot \frac{0,5 \cdot (X_{i+1} + X_i - Z_{i+1} - Z_i)}{\Delta L} \qquad (3.43)$$

Nach entsprechenden Umformungen entsteht

$$Z_{i+1} = \frac{Z_i \cdot (1 - K) + K \cdot (X_i + X_{i+1})}{1 + K} \qquad (3.44)$$

mit

$$K = \frac{C \cdot \Delta t \cdot L'_w}{d_f \cdot \Delta L} \quad \text{und} \quad \Delta L = d_p + \frac{d_f}{2} + \frac{\Delta e}{\sin \alpha} \qquad (3.45);(3.46)$$

und C nach Gl. (3.41)

Für K kann ermittelt werden:

bei **a**

$$K = \frac{1,26 \cdot 1 \cdot 500}{20 \cdot (20 + 10 + 40)} = 0,45$$

bei **b**

$$K = \frac{0,38 \cdot 1 \cdot 500}{20 \cdot (20 + 10 + 40)} = 0,136$$

Daraus wird mit Gl. (3.44) für das Einströmen des Wassers in den Filter ($X_i > Z_i$ bzw. für $\Delta h < 0$):

a

$$Z_{i+1} = \frac{Z_i \cdot (1 - 0,45) + 0,45 \cdot (X_i + X_{i+1})}{1,45} = 0,379 \cdot Z_i + 0,31 \cdot (X_i + X_{i+1})$$

b

$$Z_{i+1} = \frac{Z_i \cdot (1 - 0,36) + 0,136 \cdot (X_i + X_{i+1})}{1,136} = 0,76 \cdot Z_i + 0,12 \cdot (X_i + X_{i+1})$$

Für die Innenwasserüberdruckhöhen Δh ergeben sich die in der Tabelle 3.4 angegebenen Werte.

Tabelle 3.4: Bewegung des Kanalwasserspiegels und des Wasserspiegels im Filter bei Schiffsdurchfahrt

Kanalwasserspiegel		Wasserstand im Filter			
		Aufgabe a		Aufgabe b	
t_i	X_i	Z_i	Δh	Z_i	Δh
s	cm	cm	cm	cm	cm
0	400	400	0	400	0
1	415	404	<0	402	<0
2	400	406 *	6	403 *	3
3	390	405	15	403	13
4	380	403	23	403	23
5	372	401	29	402	30
6	364	399	35	401	37
7	359	396	37	400	41
8	355	391	**38**	399	**44**
9	360	390	30	398	38
10	370	388	18	397	27

* ab hier Gl. (3.42), vorher nach Gl. (3.44)

Vorausgesetzt, die Wabenplatte kann mit einer Wichte von 24 kN/m³ hergestellt werden, dann würde nach Gl. (2.4) die Sicherheit gegen Abheben gerade 1,0 sein, was für die Häufigkeit der auftretenden Belastung natürlich nicht ausreichend ist. Im Fall b würde es bei Schiffsdurchfahrten zu unzulässigen Bewegungen (Abheben) und somit Verformungen der Böschungsbefestigung kommen können.

3.7 Absperrsunk durch Pumpenausfall

Ein Schiffahrtskanal mit den Abmessungen der europäischen Wasserstraßenklasse IV hat Trapezquerschnitt mit $B_0 = 55$ m Wasserspiegelbreite und $1 : m_b = 1 : 3$ geneigten Böschungen und 4,0 m Wassertiefe, $A_K = 172$ m². Seine 21,4 km lange Scheitelhaltung wird an einer Schleuse durch Pumpen gespeist, um Schleusungswasser zu ersetzen und andere wasserwirtschaftliche Aufgaben zu erfüllen. Die Pumpen leisten bei vollem Betrieb 70 m³/s. Durch einen Blitzeinschlag fallen alle Pumpen gleichzeitig aus. Es ist zu ermitteln, welcher Absperrsunk durch die Scheitelhaltung läuft und wann er an der gegenüberliegenden Schleuse eintrifft.

Lösung

Durch den plötzlichen Pumpenausfall wird sich ein Absperrsunk mit der Geschwindigkeit c im Vergleich zum Ufer durch die Haltung bewegen. Die Sunktiefe soll mit z bezeichnet werden. Nach [27], S. 570 kann diese Aufgabe nur iterativ gelöst werden. Die Fließgeschwindigkeit im Kanal während des Pumpbetriebes sei v_0. Für den ersten Iterationsschritt werden die Ausgangswerte des Kanalquerschnittes eingesetzt, um z zu berechnen. Mit dem jeweils errechneten z werden danach die neuen geometrischen und hydraulischen Verhältnisse ermittelt.

Die Geschwindigkeit, mit der sich der Absperrsunk durch die Scheitelhaltung bewegt, kann mit Gl. (3.47) bestimmt werden.

$$c = v_0 + \sqrt{g \cdot \frac{A_K}{B_0}} \tag{3.47}$$

Im ersten Schritt wird

$$c_1 = \frac{70}{172} + \sqrt{9,81 \cdot \frac{172}{55}} = 5,946 \text{ m/s}$$

Mit dem Kontinuitätsgesetz kann ΔA, die anteilige Kanalquerschnittsfläche, die nicht mehr durchströmt wird, nach Gl. (3.48) bestimmt werden.

$$\Delta A = \frac{\Delta Q}{c} \tag{3.48}$$

Somit wird für den zweiten Schritt (im ersten wurde c_1 aus den Ausgangswerten ermittelt)

$$\Delta A_2 = \frac{70}{5,946} = 11,773 \text{ m}^2$$

Aus ΔA kann nach Gl. (3.49) ein Absunk z ermittelt werden.

$$z = \frac{B_0}{2 \cdot m_B} - \sqrt{\frac{B_0^2}{4 \cdot m_B^2} - \frac{\Delta A}{m_B}} \tag{3.49}$$

Also wird

$$z_2 = \frac{55}{2 \cdot 3} - \sqrt{\frac{55^2}{4 \cdot 3^2} - \frac{11,773}{3}} = 0,217 \text{ m}$$

Für diese Absenkung kann eine neue Wasserspiegelbreite B' ermittelt werden.

$$B' = B_0 - 2 \cdot m_B \cdot z = 55 - 2 \cdot 3 \cdot 0,217 = 53,698 \text{ m} \tag{3.50}$$

$$\text{Mit} \quad \frac{F_K}{\rho} = g \cdot \frac{z^2}{6} \cdot (2 \cdot B' + B_0) \tag{3.51}$$

kann schließlich die verbesserte Geschwindigkeit für den Absperrsunk gefunden werden.

$$c = v_0 + \sqrt{g \cdot z \cdot \frac{(A_K - \Delta A)^2}{A_K \cdot \Delta A} + \frac{F_K}{\rho} \cdot \frac{A_K - \Delta A}{A_K \cdot \Delta A}} \tag{3.52}$$

Mit den bisher ermittelten Werten ergibt sich:

$$\frac{F_K}{\rho} = 9,81 \cdot \frac{0,217^2}{6} \cdot (2 \cdot 53,698 + 55) = 12,503 \text{ m}^4/\text{s}^2$$

$$c_2 = \frac{70}{172} + \sqrt{9,81 \cdot 0,217 \cdot \frac{(172 - 11,773)^2}{172 \cdot 11,773} + 12,503 \cdot \frac{172 - 11,773}{172 \cdot 11,773}} = 5,696 \text{ m/s}$$

Mit c_2 beginnt der neue Iterationsschritt. Zusammengefaßt sind die Schritte in der Tabelle 3.5. Selbstverständlich ist die Rechengenauigkeit mit zwei Stellen vollkommen ausreichend.

Tabelle 3.5: Ermittlung des Absperrsunks

i	Einheit	1	2	3	4
ΔA	m²	0	11,773	12,289	12,329
z	m	0	0,217	0,226	0,227
B'	m	55,00	53,698	53,643	53,638
$\frac{F_K}{\rho}$	m⁴/s²	0	12,503	13,552	13,672
c	m/s	5,946	5,696	5,678	5,68

Mit einer Geschwindigkeit von c = 5,68 m/s bewegt sich ein 0,23 m tiefer Sunk durch die Kanalhaltung. Nach

$$t = \frac{21400}{5,68 \cdot 60} = 62,8 \text{ Minuten}$$

erreicht die Sunkwelle die gegenüberliegende Schleuse. Einflüsse aus Uferrauheit, Querschnittsänderungen beim Kanal und Schiffahrt wurden hier nicht beachtet.

3.8 Absperrschwall in einem Zulaufkanal

Der Zulaufkanal zu einem Kraftwerk hat Trapezquerschnitt mit $B_S = 20$ m; $1 : m = 1 : 2$; $h_0 = 5{,}00$ m Wassertiefe. In ihm fließen 97,6 m³/s dem Kraftwerk zu. Durch eine Havarie (z. B. Blitzschlag oder Eisversetzung) kommt es zum plötzlichen Unterbrechen des Wasserzulaufes.

a. Durch welche Wasserspiegeländerungen wird das Uferdeckwerk im Zulaufkanal beansprucht?

b. Welche Wasserspiegeländerungen gibt es im Filter, wenn das Deckwerk die in der Abb. 3.19 dargestellte Böschungsbefestigung hat?

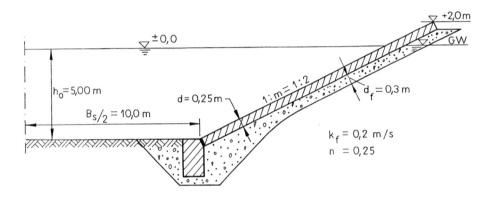

Abb. 3.19: Querschnitt des Kraftwerkskanals

Lösungen

a. Durch das plötzliche Abschalten der Turbinen kommt es im Zulaufkanal zu einem Absperrschwall und unterhalb der Turbinen, also im Ablauf- oder Unterwasserkanal, zu einem Absperrsunk. Hier ist die Wasserspiegeländerung im Zulaufkanal gesucht. Zunächst kommt es infolge der Trägheit des nachfließenden Wassers zum Aufstau vor den Absperrorganen. Dann läuft eine Schwallwelle entgegen der ursprünglichen Fließrichtung durch den Kanal.

Mit den Bezeichnungen bzw. gegebenen Werten wird errechnet:

$B_S = 20$ m (Sohlenbreite des Kanals),

$A_K = 20 \cdot 5 + 5 \cdot 10 = 150$ m² (Querschnittsfläche des Kanals),

$$v_0 = \frac{Q}{A_K} = \frac{97,6}{150} = 0,65 \text{ m/s (Fließgeschwindigkeit vor dem Absperren)}$$

Aus umfangreichen theoretischen Untersuchungen von *Martin* [27] und aus im Modellversuch sowie auch in der Natur gemessenen Werten zur Größe und zum Ablauf von Schwallwellen können die angeführten Gleichungen (3.53) bis (3.66) entnommen und verwendet werden. Mit

w ... Wellengeschwindigkeit relativ zur ungestörten Strömungsgeschwindigkeit v_0 in m/s

   und

c ... absolute Wellengeschwindigkeit in bezug auf einen festen Punkt am Ufer

kann zunächst geschrieben werden:

$$c = v_0 - w \tag{3.53}$$

weil die Stoßwelle gegen die ursprüngliche Strömung zurückläuft.

Die Berechnung der Schwallwelle erfolgt iterativ. Die Indizes 0,1,2,3 weisen auf die jeweiligen Schritte hin.

Der Stauschwall im Zulaufkanal kann im ersten Schritt nach Gl. (3.54) errechnet werden:

$$c_1 = v_0 - \sqrt{g \cdot \frac{A_0}{B_0}} = 0,65 - \sqrt{9,81 \cdot \frac{150}{40}} = -5,42 \text{ m/s} \tag{3.54}$$

Der Stauschwall läuft gegen die ursprüngliche Fließrichtung, c_1 hat ein negatives Vorzeichen. Schrittweise kann nun für die jeweils neuen Bedingungen der Wert für c verbessert werden, bis er sich ausreichend wenig verändert. Das erfolgt nach den Gleichungen (3.55) bis (3.59).

$$\Delta A_{i+1} = \left| \frac{\Delta Q}{c_1} \right| \tag{3.55}$$

$$z_{i+1} = -\frac{B_0}{2 \cdot m} + \sqrt{\frac{B_0^2}{4 \cdot m^2} + \frac{\Delta A_{i+1}}{m}} \tag{3.56}$$

$$B_{i+1} = B_0 + 2 \cdot m \cdot z_{i+1} \tag{3.57}$$

$$\frac{F_{K,i+1}}{\rho} = g \cdot \frac{z_{i+1}^2}{6} \cdot \left(2 \cdot B_0 + B_{i+1}\right) \tag{3.58}$$

$$c_{i+1} = v_0 - \sqrt{g \cdot z_{i+1} \cdot \frac{(A_0 + \Delta A_{i+1})}{\Delta A_{i+1}} + \frac{F_{K,i+1}}{\rho} \cdot \frac{(A_0 + \Delta A_{i+1})}{A_0 \cdot \Delta A_{i+1}}} \qquad (3.59)$$

Aus c_1 wird c_2 wie folgt ermittelt:

$$\Delta A_2 = \frac{97,6}{5,42} = 18,01 \text{ m}^2$$

$$z_2 = -\frac{40}{2 \cdot 2} + \sqrt{\frac{40^2}{4 \cdot 4} + \frac{18,01}{2}} = 0,44 \text{ m}$$

$$B_2 = 40 + 2 \cdot 2 \cdot 0,44 = 41,76 \text{ m}$$

$$\frac{F_{K,2}}{\rho} = 9,81 \cdot \frac{0,44^2}{6} \cdot (2 \cdot 40 + 41,76) = 38,54 \, \text{m}^4/\text{s}^2$$

$$c_2 = 0,65 - \sqrt{9,81 \cdot 0,44 \cdot \frac{(150 + 18,01)}{18,01} + 38,54 \cdot \frac{(150 + 18,01)}{150 \cdot 18,01}}$$

$$c_2 = 0,65 - 6,53 = -5,88 \text{ m/s}$$

Mit diesem Wert beginnt der folgende Iterationsschritt. Er ergibt folgende Werte:

$$\Delta A_3 = 16,60 \text{ m}^2; \quad z_3 = 0,41 \text{m}; \quad B_3 = 41,64 \text{ m}; \quad \frac{F_{K,3}}{\rho} = 33,43 \, \text{m}^4/\text{s}^2; \quad c_3 = -5,88 \text{ m/s},$$

also keine Änderung gegenüber c_2.

Gefunden sind somit:

$z = 0,41$ m - die Höhe der Stoßwelle;

$c = -5,88$ m/s - die absolute Wellengeschwindigkeit;

$w = -6,53$ m/s - die relative Wellengeschwindigkeit.

Durch das Unterbrechen des gesamten Zuflusses auf Q = 0 kommt es zur Reflexion der Stoßwelle, was in der Abb. 3.20 gezeigt ist. Durch diese Reflexion vergrößert sich die Welle auf etwa das Doppelte.

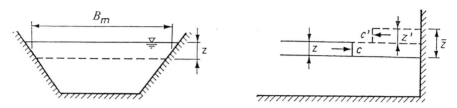

Abb. 3.20: Reflexion der Stoßwelle

Aus der Gleichung (3.60) geht die zusätzliche Wellenhöhe hervor, eine Anwendung des Kontinuitätsgesetzes. Auch hier muß eine schrittweise Berechnung erfolgen.

$$c \cdot B_m \cdot z = -c' \cdot B_m' \cdot z' \qquad (3.60)$$

Zunächst muß untersucht werden, ob die Schwallwelle mit brandendem Schwallkopf zurückläuft oder sich in Einzelwellen auflöst. Aus experimentellen Untersuchungen weiß man, daß der Grenzwert nach Gl. (3.61) ermittelt werden kann. Ist

$$Fr_1 = \frac{w}{\sqrt{g \cdot h_0}} > 1,28, \qquad (3.61)$$

dann brandet die Welle. Mit

$$Fr_1 = \frac{6,53}{\sqrt{9,81 \cdot \frac{150}{40}}} = 1,08 < 1,28$$

ist die Auflösung in Einzelwellen gegeben.

Für den Bestand eines Uferdeckwerkes sind vor allem die Höhe und die Geschwindigkeiten interessant, mit denen die erste Welle (ggf. auch weitere Wellen) am Ufer auf- und wieder abläuft. Weitere Wellen schwingen dann um die mittlere Höhe z_m, erreichen aber nicht wieder die Höhe z_{max} der ersten Welle. Um die Höhe der Kopfwelle (der ersten Hebungswelle) im Trapezprofil zu bestimmen, werden die für den Rechteckquerschnitt abgeleiteten Gleichungen verwendet, nur müssen alle Wassertiefen als mittlere Tiefe

$$h* = \frac{A(h)}{B(h)} \qquad (3.62)$$

nach Gleichung (3.62) verwendet werden. Nach [27] führt das zu den Gleichungen (3.63) bis (3.65).

$$\frac{h_{max}*}{h_0*} = Fr_1^2 = \frac{\dfrac{(B_S + m \cdot h_{max}) \cdot h_{max}}{B_S + 2 \cdot m \cdot h_{max}}}{\dfrac{(B_S + m \cdot h_0) \cdot h_0}{B_S + 2 \cdot m \cdot h_0}} \qquad (3.63)$$

$$\frac{h_m*}{h_0*} = \frac{1 + 2 \cdot Fr_1^2}{3} = \frac{\dfrac{(B_S + m \cdot h_m) \cdot h_m}{B_S + 2 \cdot m \cdot h_m}}{\dfrac{(B_S + m \cdot h_0) \cdot h_0}{B_S + 2 \cdot m \cdot h_0}} \qquad (3.64)$$

Mit $Fr_1 = 1{,}08$ kann aus Gl. (3.63) gefunden werden:

$$1{,}17 = \frac{\dfrac{(20 + 2 \cdot h_{max}) \cdot h_{max}}{20 + 4 \cdot h_{max}}}{\dfrac{(20 + 2 \cdot 5) \cdot 5}{20 + 2 \cdot 2 \cdot 5}}$$

$h_{max} = 6{,}02$ m

$$z_{max} = h_{max} - h_0 = 6{,}02 - 5{,}00 = 1{,}02 \text{ m} \qquad (3.65)$$

$$\frac{1 + 2 \cdot 1{,}08^2}{3} = \frac{\dfrac{(20 + 2 \cdot h_m) \cdot h_m}{20 + 4 \cdot h_m}}{\dfrac{(20 + 2 \cdot 5) \cdot 5}{20 + 4 \cdot 5}}$$

$h_m = 5{,}67$ m; $z_m = 0{,}67$ m

Die Kopfwelle läuft mit der Geschwindigkeit

$$w = \sqrt{9{,}81 \cdot 6{,}02} = 7{,}68 \text{ m/s bzw. absolut mit}$$

$c = 7{,}68 - 0{,}65 = 7{,}03$ m/s durch den **Kanal**

b. Für die Standsicherheit des Deckwerkes ist die Geschwindigkeit des Auf- und vor allem des Ablaufens der Welle von Bedeutung. Die Form der ersten Hebungswelle kann nach [27] aus der Gl. (3.66) bestimmt werden, wenn man den Ursprung eines Koordinatensystems unter die maximale Erhebung der ersten Welle legt, Abb. 3.21.

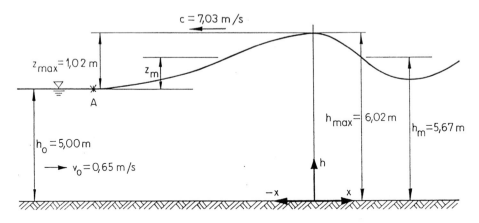

Abb. 3.21: Form der ersten Hebungswelle

$$x = -\frac{2 \cdot h_0}{\sqrt{3}} \cdot \frac{Fr_1}{\sqrt{Fr_1^2 - 1}} \cdot \text{arc tanh} \left(\sqrt{\frac{Fr_1^2 - \dfrac{h}{h_0}}{Fr_1^2 - 1}} \right) \tag{3.66}$$

Für einen Punkt am Ufer, z. B. den Punkt A bedeutet das, daß unter Beachtung von $c = 7{,}03$ m/s und den jeweiligen Differenzen der h-Werte mit den in der Zeile 3 der Tabelle 3.6 angegebenen Wasserspiegelanstiegen zu rechnen ist.

Tabelle 3.6: Wasserspiegelanstieg am festen Punkt A

h in m	6,02	5,82	5,62	5,42	5,22	5,04	5,02
x in m	0	-2,89	-4,23	-8,60	-14,53	-28,5	-33,9
v_a in cm/s	-	49	105	32,2	23,7	9,0	2,6

Form und Geschwindigkeit der ablaufenden Welle wurden bisher kaum untersucht. Nach Abb. 3.21 geht der Wasserspiegel am Punkt A zurück um die doppelte Differenz zwischen z_{max} und z_m, also um 70 cm. Für diesen Vorgang soll hier vereinfachend angenommen werden, daß der Ablauf spiegelbildlich zum Auflauf erfolgt. Dadurch lassen sich Wasserstände für den Punkt A auch beim Ablaufen der Welle errechnen, vgl. Tabelle 3.7, Zeile 6 bis 10. Nach Erreichen des Wasserstandes von 5,32 m läuft eine weitere Einzelwelle auf.

Die Berechnung der Wasserstände im Kiesfilter erfolgt ebenfalls in der Tabelle 3.7. Für das Auflaufen der Welle und das Ablaufen bis zum Gleichstand der Wasserspiegel im Kanal und im Filter muß die im Zusammenhang mit der Aufgabe 3.6 gegebene Gl. (3.43) abgewandelt werden. Die Gl. (3.43) gilt für den Wasserspiegelanstieg im Filter bei einem höheren Außenwasserstand.

Nach Abb. 3.19 wird mit $k_f = 0,2$ m/s; $\sin \alpha = 0,447$; $S = 2,00$ m;

$$C = \frac{0,2 \cdot 0,447}{0,25} = 0,36 \text{ m/s}$$

Im Filter bilden sich die in der Tabelle 3.7 ermittelten Wasserstände aus.

Tabelle 3.7: Ermittlung der Wasserstände im Filter

i	t_i	X_i	Z_i	Δh
-	s	m	m	m
0	0	5,02	5,02	0
1	0,8	5,04	5,02	-0,02
2	2,8	5,22	5,03	-0,19
3	3,6	5,42	5,04	-0,38
4	4,2	5,62	5,05	-0,57
5	4,4	5,82	5,05	-0,77
6	4,8	6,02	5,06	**-0,96**
7	5,2	5,82	5,07	-0,75
8	5,4	5,62	5,07	-0,55
9	6,0	5,42	5,08	-0,34
10	6,4	5,32	5,08	-0,24

Wie kaum anders zu erwarten war, steigt der Wasserspiegel im Filter nur langsam an gegenüber dem schnellen Wellenauflauf. Auch beim Ablauf der Welle gibt es keinen Innenwasserüberdruck. Wenn nicht aus anderen Gründen (Entnahmesunk beim Einschalten der Turbinen!) eine Gefährdung des Deckwerkes vorliegt und wenn keine Entlastungsöffnungen oder Wabenplatten vorgesehen sind, entsteht keine Gefahr für die fugenlosen Platten.

3.9 Seehafenzufahrt

Der Zufahrtskanal zu einem Seehafen an der Ostsee soll für 65000-tdw-Schüttgutschiffe ausgebaut werden. Der Kanal muß an 98 % aller Tage befahrbar sein, soll einschiffig ausgebaut werden und bis zu einem Seitenwind von $v_W = 15$ m/s benutzt werden können. Festzulegen sind die erforderliche Tiefe und die notwendige Breite des Kanals auf der geraden Strecke. Im Querschnitt ist ein Trapezprofil vorgesehen.

Lösungen

a. Abmessungen des Bemessungsschiffes

Aus der Tabelle 3.8 kann für das 65000-tdw-Schiff abgelesen werden: Tiefgang 12,8 m; Länge 250 m; Breite 34 m. Diese Maße werden den weiteren Berechnungen zugrundegelegt.

b. Zulässige Schiffsgeschwindigkeit

Es wird allgemein empfohlen, die zulässige Schiffsgeschwindigkeit v_S in Seekanälen und Hafenzufahrten auf 50 % der kritischen Geschwindigkeit v_S^* festzulegen. Diese kann für ein Trapezprofil nach Gl. (3.67) ermittelt werden zu

$$v_{S,T}^* = k \cdot \sqrt{g \cdot h_m} \tag{3.67}$$

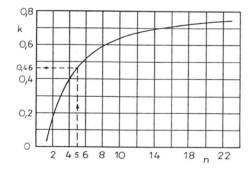

Der Beiwert k kann der Abb. 3.22 entnommen werden.

Das n-Verhältnis liegt zunächst noch nicht fest. Es ist folglich ein Kanalquerschnitt zu wählen. Nach Abb. 3.23 soll folgender Kanal untersucht werden:

Abb. 3.22: k-Beiwert, abhängig vom n-Verhältnis
        des Kanals

Tabelle 3.8: Tiefgang, Länge und Breite von Schiffen gewählter Tragfähigkeit nach [28], S. 13

Tragfähig-keit in dwt	Tiefgang in m			Länge in m			Breite in m		
	min.	max.	Bem.	min.	max.	Bem.	min.	max.	Bem.
1	2	3	4	5	6	7	8	9	10
500	2,0	3,8	3,0	35	52	45	6,0	9,0	8,0
1000	3,0	4,1	3,8	50	74	70	8,7	10,7	10,0
1500	3,8	4,8	4,5	60	84	80	9,8	11,9	11,0
2000	4,4	5,4	5,0	67	92	90	10,8	12,8	12,0
3000	5,2	6,3	6,0	81	106	100	12,1	14,4	14,0
4000	5,7	6,9	6,5	90	116	110	13,1	15,4	15,0
5000	6,2	7,4	7,0	100	125	120	13,9	16,4	16,0
6000	6,5	7,6	7,2	107	133	130	14,6	17,3	17,0
8000	7,1	8,4	8,0	119	145	140	15,7	18,9	18,5
10000	7,6	8,9	8,7	130	155	150	16,7	20,4	20,0
12000	7,9	9,3	9,0	138	164	160	17,7	21,3	21,0
15000	8,3	9,7	9,5	148	176	170	18,8	22,4	22,0
20000	9,1	10,3	10,0	163	190	180	20,7	23,8	23,0
25000	9,5	10,7	10,3	175	200	190	22,5	25,3	24,0
30000	9,9	11,0	10,5	186	210	200	24,1	27,0	26,0
35000	10,2	11,2	11,0	195	220	210	25,3	28,1	27,0
40000	10,6	11,6	11,2	202	228	220	26,8	29,7	29,0
45000	11,0	11,9	11,5	210	235	230	28,0	31,3	31,0
50000	11,2	12,2	11,8	216	242	235	29,0	32,3	32,0
55000	11,5	12,5	12,0	223	250	240	30,4	33,3	33,0
60000	11,9	12,8	12,5	230	254	245	31,0	34,1	33,5
65000	12,1	13,1	12,8	219	260	250	32,1	36,0	34,0
70000	12,6	13,4	13,0	240	264	260	33,2	36,0	35,0
80000	13,2	14,1	14,0	247	271	268	34,7	37,5	37,0
90000	13,6	14,7	14,5	255	280	275	36,3	38,6	38,0
100000	14,3	15,0	15,0	263	285	280	37,8	40,1	39,0

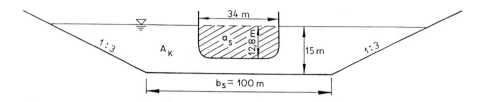

Abb. 3.23: Querschnitt des Seekanals

Für ihn wird

$$n = \frac{100 \cdot 15 + 15 \cdot 45}{34 \cdot 12,8} = 5,0$$

Aus Abb. 3.22 ist $k = 0,46$ abzulesen.

Die mittlere Tiefe h_m des Trapezprofils kann nach Gl. (3.68) errechnet werden

$$h_m = h \cdot \left(1 + \frac{h^2}{A_K} \cdot m\right)^{-\frac{1}{2}} = 15 \cdot \left(1 + \frac{15^2}{2175} \cdot 3\right)^{-\frac{1}{2}} = 13,1 \text{ m} \qquad (3.68)$$

$$v_S{}^* = 0,46 \cdot \sqrt{9,81 \cdot 13,1} = 5,2 \text{ m/s}$$

$$v_S = 0,5 \cdot 5,2 = 2,6 \text{ m/s} \quad (9,4 \text{ km/h})$$

c. Erforderliche Fahrwassertiefe

Die erforderliche Fahrwassertiefe kann nach [28] als Summe aus dem Tiefgang des Bemessungsschiffes (hier 12,8 m), sechs schiffahrtsbedingten Reserven z_1 bis z_6 und einer Niedrigwasserreserve Δh berechnet werden, Gl. (3.69).

$$h_{erf} = T + \sum_{n=1}^{n=6} z_n \pm \Delta h \qquad (3.69)$$

Die einzelnen Reserven sind:

z_1 ... Navigationsreserve, ein Sicherheitsabstand gegen Grundberührung nach Abzug von allen anderen Reserven

$$z_1 = k_B \cdot T \tag{3.70}$$

Der bodenartabhängige Beiwert k_B kann der Tabelle 3.9 entnommen werden, hier wird $k_B = 0,05$ gewählt.

Tabelle 3.9: Beiwert k_B nach [28]

Bodenart	k_B
Schlamm	0,04
verschlammter Sand, Muscheln, Kies	0,05
festgelagerter Sand, Fels	0,06

Somit wird $z_1 = 0,05 \cdot 12,8 = 0,64$ m.

z_2 ... die Wellenreserve, ein von der Wellenausbildung abhängiger Wert

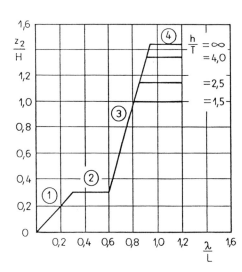

In einem vor Wellen geschützten Kanal kann dieser Wert auf 0 zurückgehen, im nicht geschützten Bereich (z. B. am seeseitigen Ende des Kanals) können Wellenhöhen H und Wellenlänge λ mit ausreichender Genauigkeit dem Wellenatlas entnommen werden. Hier seien die entsprechenden Werte der jetzt maßgebenden 3-%-Welle: H = 3,3 m; λ = 72 m. Nach Abb. 3.24 kann z_2 abgelesen werden zu:

$$\frac{\lambda}{L} = \frac{72}{250} = 0,29 \qquad \frac{h}{T} = \frac{15}{12,8} = 1,17$$

Abb. 3.24: Linearisierte Tauchungsfunktion nach [28]

$$\frac{z_2}{H} = 0,3 \rightarrow z_2 = 0,3 \cdot 3,3 = 1,0 \text{ m}$$

z_3 ... die Tiefgangszunahme infolge Fahrt, auch als Squat bezeichnet. Der Squat kann nach Gl. (3.71) berechnet werden.

$$z_3 = C_v \cdot C_F \cdot \frac{k_{Sq}}{\left(\frac{h}{T}-1\right)} \cdot (h-T) \tag{3.71}$$

$$C_v = 8 \cdot \left(\frac{v_S}{v_S *}\right)^2 \cdot \left[\left(\frac{v_S}{v_S *}-0,5\right)^4 + 0,0625\right] \tag{3.72}$$

C_F kann gleich 1 für die Tauchung am Heck gesetzt werden

$$k_{Sq} = 0,155 \cdot \sqrt{\frac{h}{T}} \tag{3.73}$$

Mit den bisher ermittelten Werten wird der Squat

$$k_{Sq} = 0,155 \cdot \sqrt{\frac{15}{12,8}} = 0,17$$

$$C_v = 8 \cdot \left(\frac{2,6}{5,2}\right)^2 \cdot \left[\left(\frac{2,6}{5,2}-0,5\right)^4 + 0,0625\right] = 0,125$$

$$z_3 = 0,125 \cdot 1 \cdot \frac{0,17}{\left(\frac{15}{12,8}-1\right)} \cdot (15-12,8) = 0,27 \text{ m}$$

z_4 ... die Tiefgangszunahme durch Trimm und Krängung entsteht durch ungleichmäßige Beladung. Sie kann nach Gl. (3.74) berechnet werden zu

$$z_4 = 0,75 \cdot \left(\frac{L}{2} \cdot 0,001 + \frac{B}{2} \cdot 0,018\right) \tag{3.74}$$

$$z_4 = 0,75 \cdot \left(\frac{250}{2} \cdot 0,001 + \frac{34}{2} \cdot 0,018 \right) \doteq 0,32 \text{ m}$$

z_5 ... eine Versandungsreserve und Baggertoleranz. Sie hängt von der Versandungsintensität ab, ebenso auch von der Häufigkeit der Baggerungen. Im Ostseebereich (Rostock) wird $z_5 = 0,3$ m angesetzt, was hier übernommen werden soll.

z_6 ... Reserve für die Veränderung des Tiefgangs beim Übergang vom Salz- ins Süßwasser. Allgemein kann die Reserve nach Gl. (3.75) berechnet werden.

$$z_6 = T_S \cdot \left(\frac{\rho_S}{\rho_W} - 1 \right) \tag{3.75}$$

mit T_S ... Tiefgang im Salzwasser und ρ_S bzw. ρ_W ... Dichte des Salzwasser bzw. des Süß- oder Brackwassers. Beim Übergang von der Nord- zur Ostsee wird mit 2,2 cm Tiefgangser-höhung pro Meter Tiefgang gerechnet. Folglich ergibt sich für diesen Fall z_6 zu

$$z_6 = 2,2 \cdot 12,8 = 28 \text{ cm bzw. } 0,28 \text{ m.}$$

Δh ... die Niedrigwasserreserve ist standortbedingt und muß vom Meteorologischen Dienst erfragt werden. Hier soll mit $\Delta h = 0,5$ m gerechnet werden, was dem Wert für Warnemünde entspricht. Somit wird die erforderliche Fahrwassertiefe nach Gl. (3.69)

$$h_{erf} = 12,8 + 0,64 + 1,00 + 0,27 + 0,32 + 0,30 + 0,28 + 0,50 = 16,1 \text{ m.}$$

Es ist zu erwarten, daß eine geringere Tiefe gewählt wird, da das Zusammentreffen der an-genommenen Ereignisse (z. B. Niedrigwasser und Bemessungswelle) sehr unwahrscheinlich ist.

d. Erforderliche Fahrwasserbreite

Die Sohlenbreite b_S eines trapezförmigen Kanals kann nach Gl. (3.76) bestimmt werden.

$$b_S = n \cdot b_M + (n-1) \cdot \Delta C_S + 2 \cdot \Delta C_U \tag{3.76}$$

Für den nur einschiffig (ohne Begegnungen) zu befahrenden Kanal wird $n = 1$. Somit braucht ΔC_S, der Sicherheitsabstand zwischen zwei sich begegnenden Schiffen, nicht weiter beachtet zu werden.

ΔC_U, der Sicherheitsabstand zwischen Schiff und Ufer, wird oft gleich der halben Schiffsbreite (hier also 17 m) gesetzt.

b_M, die Breite des Manövrierstreifens auf der Höhe des Navigationstiefgangs, kann nach Gl. (3.77) bestimmt werden. Der Navigationstiefgang ist der Schiffstiefgang einschließlich aller Reserven außer der Navigationsreserve, also hier 16,1 - 0,64 $\cong$ 15,5 m. In dieser Tiefe sollte der Kanal die Breite b_M haben.

$$b_M = 2 \cdot \left[\Delta x_{90\%} + \frac{B}{2} + \frac{L}{2} \cdot \sin\left(\beta_W + \beta_Q + \beta_{U,90\%}\right) \right] \tag{3.77}$$

$\Delta x_{90\%}$ ist der Querversatz des Schiffes gegenüber der Kanalachse, der mit 90-prozentiger Häufigkeit erreicht oder unterschritten wird.

$\beta_{U,90\%}$ ist der Driftwinkel infolge Unsymmetrie des Kanals, der mit 90-prozentiger Häufigkeit erreicht oder unterschritten wird.

Beide können aus Natur- oder Modellmessungen bestimmt werden. Größenordnungen für einen Kanal im Ostseebereich sind $\Delta x_{90\%}$ = 10 bis 12 m (hier sollen 10 m gewählt werden), $\beta_{U,90\%}$ = 2 bis 3,5° (hier sollen 2,5° gewählt werden); β_W und β_Q sind die Driftwinkel aus Seitenwind und Querströmungen. In dem hier vorliegenden Kanal mit festen Ufern sollen Querströmungen ausgeschlossen sein (β_Q = 0). Sie können wesentlich werden, wenn Fahrrinnen auf offener See ausgebaggert werden müssen.

Der Driftwinkel aus dem Seitenwind kann der Abb. 3.25 entnommen werden.

Mit den Werten v_W = 15 m/s; v_S = 2,6 m/s wird $\dfrac{v_W}{v_S}$ = 5,8 und $\beta \cong 1°$ für das auf 12,8 m abgeladene Schiff und $\beta \cong 6°$ für das nur unter Ballast fahrende Schiff, T = 7,5 m.

Für das Schiff mit 12,8 m Tiefgang wird:

$$b_M = 2 \cdot \left[10 + \frac{34}{2} + \frac{250}{2} \cdot \sin(1 + 0 + 2,5) \right] = 69,3 \text{ m} \quad (\approx 70 \text{ m})$$

Die Sohlenbreite ergibt sich zu $b_S = 70 + 2 \cdot 17 = 104$ m.

Für das unter Ballast fahrende Schiff wird

$$b_M = 2 \cdot \left[10 + 17 + 125 \cdot \sin(6 + 0 + 2,5) \right] = 91 \text{ m}$$

$$b_S = 91 + 34 = 125 \text{ m}$$

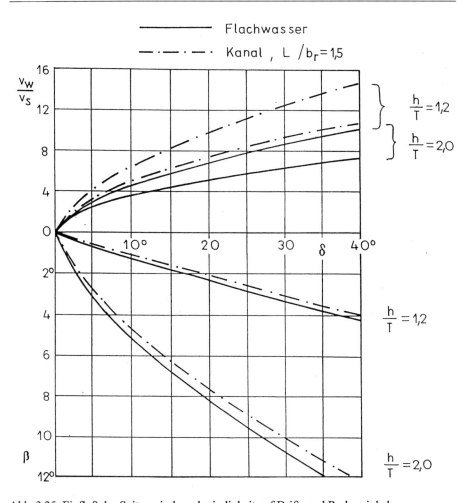

Abb. 3.25: Einfluß der Seitenwindgeschwindigkeit auf Drift- und Ruderwinkel

Bei Verwendung von Fahrwassermarkierungen, die im Bereich der Böschungsfüße angebracht werden, sind die 125 m maßgebend. Dabei wird nicht berücksichtigt, daß in der geringeren Tauchtiefe eine größere Breite zur Verfügung steht.

4 Grundwasser, Sickerwasser

4.0 Überblick

Nicht nur der Wasserbauer im engeren Sinne, auch der Bauingenieur, der Wasserversorger oder der Landschaftsarchitekt macht mit dem Grundwasser Bekanntschaft. Der eine muß es nur loswerden, um trocken bauen zu können, der andere gewinnt es, um die Wasserwerke zu beliefern. Wieder andere fürchten um Erträge oder Bestände an Bäumen oder Bauwerken, wenn Grundwasser abgesenkt oder plötzlich nicht mehr abgesenkt wird.

Sickerwasser kann sehr unangenehm werden, wenn es das durchsickerte Medium angreift oder wenn es nicht schnell genug abgeleitet werden kann. Dabei soll in diesem Buch nicht auf das Lösen von Stoffen, z. B. Kalk, aus durchsickertem Beton oder Mauerwerk eingegangen werden. Auf dem Sickerweg durch einen Erdstoff kann das Wasser feinste Bestandteile mechanisch herauslösen und mitnehmen (Suffosion), nach und nach auch etwas gröbere, bis schließlich durch Erosion kleine Hohlräume (Fugen, Spalten, Gänge, Röhren) entstehen können. Solch ein schleichender Vorgang mit herabgesetzter Standsicherheit als Folge kann deshalb sehr gefährlich sein, weil er sich oft unbemerkt abspielt und plötzlich zur Zerstörung führen kann. Gleiche Auswirkungen - Zerstörung durch Herabsetzen der Standsicherheit - kann es geben, wenn Sickerwasser nicht abgeführt werden kann, sich also ein Wasserdruck im oder unter dem Bauwerk aufbauen kann.

Während Wasser in Rohrleitungen oder im Fließgewässer sich fast immer turbulent bewegt, erfolgt die Bewegung des Grund- oder Sickerwassers laminar. Für die Fließbewegung des Wassers durch poröse Medien erkannte *Darcy*, daß die Fließgeschwindigkeit v dem Gefälle I direkt proportional ist. Proportionalitätsfaktor ist der Durchlässigkeitsbeiwert k (auch oft mit k_f bezeichnet) des durchsickerten Mediums.

Die Angabe des Durchlässigkeitsbeiwertes und auch der sehr kleinen Fließgeschwindigkeiten in m/s und negativen Zehnerpotenzen ist schwer vorstellbar, hat sich aber eingebürgert. Die Größe der negativen Zehnerpotenz sagt dem Fachmann schon viel über den anstehenden oder eingebauten Erdstoff aus. Leichter vorstellbar ist die oft in der russischen Literatur verwendete Angabe, nämlich m/s, was aber dort oft Meter pro sutki heißt, und sutki sind 24 Stunden.

Die "undurchlässige Schicht" spielt bei vielen Sickervorgängen eine große Rolle. Diese gebräuchliche Bezeichnung darf nicht wörtlich genommen werden. Exakter wäre "viel schwerer durchlässig", denn undurchlässig ist im Erdreich praktisch nichts. Im Zusammenhang mit Größenordnungen und Genauigkeiten, die beim Berechnen von Sickervorgängen erzielt werden können, erhält das "undurchlässig" seine Bedeutung im Sinne von "zum Vernachlässigen kleine Durchlässigkeit". Sehr oft wird eine Schicht als undurchlässig angesehen, wenn ihre Durchlässigkeit weniger als ein Hundertstel von der Durchlässigkeit der benachbarten Schicht beträgt, also wenn sich die Durchlässigkeitsbeiwerte um zwei Zehnerpotenzen oder mehr unterscheiden.

Grenzen zwischen zwei Schichten sind im Bauwerk meist eindeutig, im Untergrund natürlich Annahmen bzw. durch Interpolation aus punktförmig festgestellten Werten gewonnen. Insofern ist auch die Genauigkeit durchzuführender Berechnungen immer mit Grenzen verbunden, die natürlich auch aus den Möglichkeiten zur Bestimmung der Erdstoffeigenschaften sich ergeben. Wenn im folgenden Kapitel trotzdem hier und da scheinbar recht genau gerechnet wird, dient das weniger dazu, eine übertriebene Genauigkeit vorzutäuschen. Vielmehr soll es dem Leser die Möglichkeit geben bzw. erleichtern, den einen oder anderen Wert schneller wiederzufinden.

Der Erkenntniszuwachs auf den Gebieten der Bodenmechanik und der Grundwasserströmungen war in letzter Zeit besonders hoch. Nicht so rasch reifte mitunter die Erkenntnis eines Betreibers von zwei Teichen oder zwei Abwasserbecken, wie schnell er aus dem Trenndamm zwischen den Anlagen einen Staudamm gemacht hat.

4.1 Durchsickerung eines homogenen Dammes und seines Untergrundes

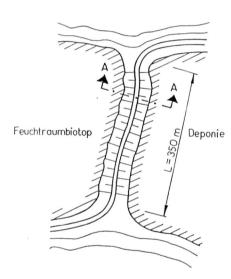

Durch ein Teichgebiet wurde einst ein 14 m hoher Verkehrsdamm mit einem 6,0 m breiten Weg aus Feinsand geschüttet. In der Abb. 4.1 ist die Lage des Dammes, in der Abb. 4.2 sein Querschnitt dargestellt. Der Damm ist 350 m lang und steht auf 10 m tiefem, durchlässigem Untergrund aus festgelagertem Feinsand. Darunter ist eine Tonschicht, die als undurchlässig angesehen werden kann.

Abb. 4.1: Draufsicht auf Damm und Teiche

Während das eine Teichgebiet fast unberührt blieb, wurde das andere als Deponie genutzt. Eine Beseitigung der deponierten Stoffe und eine Dichtung der Deponiesohle sind nunmehr vorgesehen. Aus diesem Grund wird das Wasser bis zur Sohle der Deponie ausgepumpt. Im übrigen Teichgebiet - inzwischen zum Feuchtbiotop von europäischer Bedeutung geworden - muß der Wasserspiegel unverändert bleiben. Aus dem Verkehrsdamm wird während der Deponiesanierung ein homogener Staudamm auf durchlässigem Untergrund, der natürlich durchsickert wird.

Es ist zu ermitteln, welche Wassermengen durch Damm und Untergrund sickern und folglich zurückzupumpen sind und wie die Standsicherheit des Dammes beeinträchtigt wird.

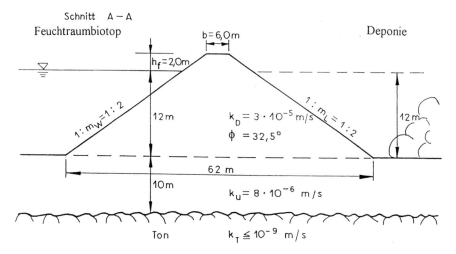

Abb. 4.2: Querschnitt durch Damm und Untergrund

Lösungen

a. Durchsickerung durch den Staudamm

Zur Berechnung der Sickervorgänge im Damm wird zunächst der Untergrund als undurchlässig angenommen. Die durch den Untergrund versickernde Wassermenge wird später mit der Annahme, der Damm sei undurchlässig, errechnet und dazugezählt.

Die Durchsickerung des Dammes erfolgt zwischen der Gründungssohle und der Sickerlinie. Folglich ist zunächst die Sickerlinie zu entwerfen. Sie wird durch eine Parabel dargestellt, deren Brennpunkt der luftseitige Dammfuß ist. In diesen Fußpunkt legt man ein Koordinatensystem, wie das die Abb. 4.3 zeigt.

Die allgemeine Gleichung dieser von *Kozeny* gefundenen Parabel lautet:

$$x^2 + y^2 = (x + y_0)^2 \tag{4.1}$$

Für $y = H$ (Höhe des Stauspiegels) und $x = d$ wird:

$$y_0 = \sqrt{H^2 + d^2} - d \tag{4.2}$$

Casagrande fand, daß der Schnittpunkt der *Kozeny*-Parabel mit dem Stauspiegel um $0,3 \cdot s$ vom Ufer entfernt ist; s ist die Projektion der benetzten Böschung in die Horizontale. Somit ergibt sich d zu

$$d = (0,3 \cdot m_W + m_L) \cdot H + (m_W + m_L) \cdot h_F + b \tag{4.3}$$

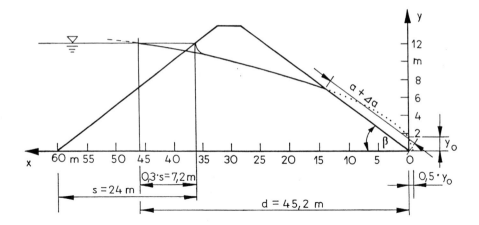

Abb. 4.3: *Kozeny*-Parabel

Mit $H = 12$ m; $h_F = 2,0$ m; $m_W = m_L = 2$; $b = 6,0$ m und $s = m_W \cdot H = 2 \cdot 12 = 24$ m
wird

$$d = (0,3 \cdot 2 + 2) \cdot 12 + (2 + 2) \cdot 2 + 6 = 45,2 \text{ m}$$

$$y_0 = \sqrt{12^2 + 45,2^2} - 45,2 = 1,57 \text{ m}$$

Mit diesen Werten kann die Sickerlinie nach Gl. (4.1) entworfen und auch gezeichnet werden. Die Tabelle 4.1 zeigt die zusammengehörenden Werte.

Der Schnittpunkt der *Kozeny*-Parabel mit dem Stauspiegel ist ein theoretischer Punkt. Praktisch beginnt die Sickerlinie am Schnittpunkt zwischen Wasserspiegel und Dammböschung senkrecht zur Dammböschung. Die Annäherung wird ohne Berechnung gezeichnet und in die Abb. 4.3 eingetragen.

Tabelle 4.1: Koordinaten der Sickerlinie

x	y	x	y	x	y
m	m	m	m	m	m
0	1,57	16	7,26	32	10,15
2	2,96	18	7,68	34	10,45
4	3,88	20	8,08	36	10,75
6	4,62	22	8,46	38	11,04
8	5,25	24	8,82	40	11,32
10	5,82	26	9,17	42	11,59
12	6,34	28	9,51	44	11,86
14	6,81	30	9,83	45	≈ 12

Der Schnittpunkt der *Kozeny*-Parabel mit der luftseitigen Dammböschung liegt um $a + \Delta a$ vom Böschungsfuß entfernt, vgl. Abb. 4.3. Die Größe Δa stellt dabei einen Anteil dar, um den die Sickerlinie abgesenkt werden kann, so daß Sickerwasser nur noch unterhalb von a aus der Böschung austritt. Das Absenken der Sickerlinie kann mit einem Entlastungsprisma erfolgen, das aber hier auf dem Boden der Deponie und unter Wasser nicht eingebaut werden kann. Somit tritt auf der Länge $a + \Delta a$ Sickerwasser aus. Diese Länge kann mit Gl. (4.4) errechnet werden.

$$a + \Delta a = \frac{y_0}{1 - \cos\alpha} \tag{4.4}$$

Da hier die luftseitige Böschung die Entlastungsebene ist, ist der Winkel α gleich dem Böschungswinkel β, also $\alpha = \beta = \arctan 0,5 = 26,56°$.

$$a + \Delta a = \frac{1,57}{1 - \cos 26,56°} = 14,88 \text{ m}$$

Auf dieser Länge tritt das Sickerwasser aus der deponieseitigen Böschung aus, wenn die Deponie leergepumpt ist.

Das austretende Sickerwasser gefährdet die Standsicherheit der Sandböschung. Während diese im Trockenen bzw. auch unter Wasser (aber nicht durchströmt) mit [vgl. Gl. (2.1)]

$$\eta = \frac{\tan\phi}{\tan\beta} = \frac{0,637}{0,5} = 1,27$$

gegeben ist (wenn auch nicht allen Vorschriften genügend), muß sie beim böschungsparallelen Sickerwasseraustritt nach Gl. (2.1, a) aus [29], S. 269, bestimmt werden.

$$\eta = \frac{\tan\phi}{2 \cdot \tan\beta} = \frac{0,637}{1} = 0,637 < 1 \tag{2.1,a}$$

Durch den Austritt des Sickerwassers tritt also eine Zerstörung der deponieseitigen Dammböschung ein, auf Probleme des Durchfrierens braucht also hier nicht noch extra eingegangen zu werden. Eine mit dem Winkel $\beta = 17,67°$ (tan $\beta = 0,3185 = \frac{\tan\phi}{2}$) oder 1 : 3,2 geneigte Böschung würde gerade standsicher bleiben ($\eta = 1$).

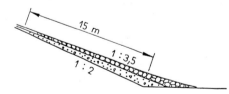

Folglich muß vor dem Absenken des Wasserspiegels in der Deponie filterförmig eine Schüttung aufgebracht werden, die etwa in der Neigung 1 : 3,5 abschließt, Abb. 4.4.

Abb. 4.4: Sicherung des Böschungsfußes

Die Abweichung Δa der Sickerlinie vom Austrittspunkt der *Kozeny*-Parabel kann für $\alpha = 10$ bis $60°$ mit den Werten der Tabelle 4.2 errechnet werden.

Tabelle 4.2: Werte für die Korrektur der Sickerlinie

α [°]	10	20	30	45	60
$\dfrac{\Delta a}{a + \Delta a}$	0,35	0,345	0,34	0,33	0,32

Für $\alpha = 26{,}56\,°$ kann $\dfrac{\Delta a}{a + \Delta a} = 0{,}342$ angesetzt werden. Damit wird

$$0{,}342 = \frac{\Delta a}{14{,}88} \rightarrow \Delta a = 5{,}09 \text{ m}$$

Sickerlinie und Böschung schneiden sich folglich bei

$$a^2 = y^2 + (2 \cdot y)^2 = (14{,}88 - 5{,}09)^2 \rightarrow y = 4{,}38 \text{ m}; \ x = 8{,}76 \text{ m}.$$

Die Sickermenge durch den Damm kann mit Gl. (4.5) errechnet werden:

$$q_D = y_0 \cdot k_D \tag{4.5}$$

Folglich wird:

$$q_D = 1{,}57 \cdot 3 \cdot 10^{-5} = 4{,}7 \cdot 10^{-5} \text{ m}^3/\text{s,m}$$

Eine weitere Möglichkeit, die Sickerwassermenge durch einen homogenen Damm zu bestimmen, ist das Zeichnen eines Netzes aus Strom- und Potentiallinien. Je nach Höhe des Dammes wird zu diesem Zweck die Stauhöhe in mindestens vier gleiche Abschnitte auf der y-Achse eingeteilt. Hier sind 6 Abschnitte zu je $\Delta h = 2{,}0$ m Höhe gewählt, Abb. 4.5.

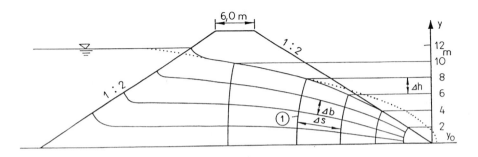

Abb. 4.5: Strom- und Potentialliniennetz

Von diesen Höhenmarken auf der y-Achse geht man horizontal auf die Sickerlinie und erhält dort 6 Schnittpunkte. Beginnend mit einer mittleren Linie (auf Abb. 4.5 mit (1) gekennzeichnet), wird eine Potentiallinie entworfen. Sie steht senkrecht auf der Sickerlinie und auch senkrecht auf der undurchlässig angenommenen Gründungssohle des Dammes. Weitere Potentiallinien und die Stromlinien werden so konstruiert, daß
- alle Stromlinien senkrecht auf allen Potentiallinien stehen,
- alle Stromlinien senkrecht zur wasserseitigen Dammböschung beginnen und
- alle Stromlinien mit den Potentiallinien ähnliche rechteckförmige Flächen bilden, was am schwierigsten ist und etwas Übung erfordert.

Die durch den Damm sickernde Wassermenge kann nunmehr nach Gl. (4.6) bestimmt werden

$$q_D = k_D \cdot n \cdot \Delta h \cdot \frac{\Delta b}{\Delta s} \tag{4.6}$$

mit n ... Anzahl der Stromröhren

Aus der Abb. 4.5 geht hervor, daß n = 4 gewählt wurde. Für das Seitenverhältnis $\frac{\Delta b}{\Delta s}$ kann in Abb. 4.5 etwa 0,2 ermittelt werden (verzerrten Maßstab beachten). Somit wird

$$q_D = 3 \cdot 10^{-5} \cdot 4 \cdot 2 \cdot 0,2 = 4,8 \cdot 10^{-5} \text{ m}^3/\text{s,m}$$

b. Durchsickerung durch den Untergrund

Die durch den Untergrund sickernde Wassermenge wird unter der Annahme berechnet, daß der Damm undurchlässig sei. Unter Verwendung des *Darcy*-Gesetzes fließt pro lfd. Meter Dammlänge durch den Untergrund:

$$q_U = k_U \cdot \frac{H}{n_1 \cdot l} \cdot T \tag{4.7}$$

Der Beiwert n_1 berücksichtigt, daß in größeren Tiefen der ansonsten als gleichmäßig verteilt angenommene Sickerdurchfluß geringer wird. Er kann der Tabelle 4.3 entnommen werden.

Tabelle 4.3: Beiwert n_1

$\frac{l}{T}$	20	5	4	3	2	1
n_1	1,18	1,21	1,25	1,33	1,47	2,00

Durch den Untergrund fließen

$$q_U = 8 \cdot 10^{-6} \cdot \frac{12}{1,21 \cdot 62} \cdot 10 = 1,28 \cdot 10^{-5} \text{ m}^3/\text{s,m}$$

c. Gesamte Sickerwassermenge

Der Gesamtabfluß durch Damm und Untergrund wird

$$q = 4,80 \cdot 10^{-5} + 1,28 \cdot 10^{-5} \cong 6,1 \cdot 10^{-5} \text{ m}^3/\text{s,m}$$

$$Q = 6,1 \cdot 10^{-5} \cdot 350 = 2,14 \cdot 10^{-2} \text{ m}^3/\text{s bzw. } 21,4 \text{ l/s.}$$

Neben den Standsicherheitsproblemen an der deponieseitigen, also "luftseitigen" Böschung des Dammes ist dem kontinuierlichen Ersetzen dieser Wassermengen Aufmerksamkeit zu schenken, solange der Wasserspiegel in der Deponie gesenkt ist.

4.2 Durchsickerung eines Dammes mit geneigter Innendichtung

Ein in der Abb. 4.6 dargestellter homogener Damm mit einer Länge von L = 312 m dient bisher als Hochwasserrückhaltebecken. Sein Dammschüttmaterial hat eine Durchlässigkeit von $k_{f1} = 5 \cdot 10^{-6}$ m/s. Es ist vorgesehen, den Staudamm künftig für Dauerstau zu nutzen und auf H = 16,0 m anzustauen. Zu diesem Zweck muß der Damm eine Dichtung erhalten, die wasserseitig aufgebracht werden kann. In wirtschaftlicher Entfernung steht nur ein Lehm mit $k_{f2} = 8 \cdot 10^{-8}$ m/s als Dichtungsmaterial zur Verfügung. Die bisher 1 : 2 geneigte Wasserseite des Dammes soll durch die Dichtung auf 1 : 2,5 verringert werden, um auch die Standsicherheit der wasserseitigen Böschung zu erhöhen. Der Untergrund ist wesentlich geringer durchlässig, so daß er rechnerisch als undurchlässig angenommen wird.

Zu ermitteln ist,

a. welche Wassermenge durch den Damm sickert, wenn die in der Abb. 4.6 dargestellte Lehmdichtung in Wasserspiegelhöhe 2,0 m dick ist und

b. ob (oder wie) eine gestellte Bedingung, nämlich $h_0 = 2,50$ m, eingehalten werden kann.

Lösungen

a. Die durch die neue Dichtung sickernde Wassermenge kann berechnet werden, indem diese Dichtung in beliebig viele Elemente zerteilt wird (im Beispiel werden sieben Elemente gewählt) und für jedes Element der Durchfluß ermittelt wird. Der Gesamtdurchfluß ergibt sich aus der Summe der Teildurchflüsse, Gl. (4.8).

$$q_{ges} = \sum_i q_i = k_{f2} \cdot \sum_i \Delta x_i \cdot \left(\frac{h_{xi}}{t_{xi}} + \cos\alpha \right) \tag{4.8}$$

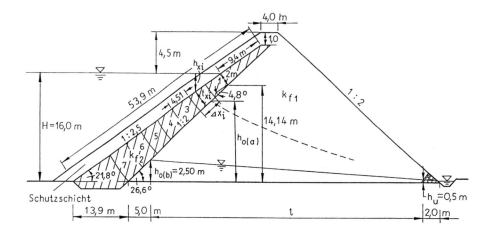

Abb. 4.6: Querschnitt des Staudammes mit geneigter Innendichtung

Aus der Geometrie des Dammes und der Dichtungsschicht erhält man für $\cos \alpha = \cos 21{,}8°$
$= 0{,}93;$ Δx_i wird $\dfrac{1}{7} \cdot \dfrac{14{,}14}{\sin 26{,}6°} = 4{,}51$ m; z. B. für das zweite Element wird
$h_{x2} = 1{,}5 \cdot 4{,}51 \cdot \sin 21{,}8° = 2{,}51$ m; $t_{x2} = 2{,}0 + 1{,}5 \cdot 4{,}51 \cdot \tan 4{,}8° = 2{,}57$ m.

In der Tabelle 4.4 sind die Einzelwerte für die sieben durchströmten Elemente der Dichtung
zusammengestellt. Aus der entsprechenden Summe kann nach Gl. (4.8) die versickernde
Wassermenge errechnet werden.

Tabelle 4.4: Geometrische Werte der Elemente

i	l_i in m	h_i in m	t_i in m	$\left(\dfrac{h_i}{t_i} + 0{,}93\right) \cdot 4{,}51$
1	2,25	0,84	2,19	5,92
2	6,76	2,51	2,57	8,60
3	11,27	4,19	2,95	10,60
4	15,78	5,86	3,33	12,13
5	20,29	7,54	3,70	13,38
6	24,80	9,21	4,08	14,37
7	29,31	10,88	4,46	15,20

Summe **80,21**

$q_{ges} = 8 \cdot 10^{-8} \cdot 80{,}21 = 6{,}4 \cdot 10^{-6}$ m³/s;m

$Q_{ges} = 6{,}4 \cdot 10^{-6} \cdot 312 = 2 \cdot 10^{-3}$ m³/s bzw. 2 l/s

Die Höhe h_0 kann nach Gl. (4.9) ermittelt werden.

$$h_0 = \sqrt{\frac{q_{ges} \cdot 2 \cdot l}{k_{f1}} + h_u^2} \qquad (4.9)$$

Die Länge l hängt von h_0 ab, kann aber nicht kleiner sein als
$l = 20,5 \cdot 2 + 4 - 2 + 9,4 \cdot \cos 21,8° - 2 \cdot \cos 68,2° \cong 51$ m. Damit würde

$$h_0 \geq \sqrt{\frac{6,4 \cdot 10^{-6} \cdot 2 \cdot 51}{5 \cdot 10^{-6}} + 0,5^2} = 11,44 \text{ m.}$$

Diese sehr hohe Lage der Sickerlinie erklärt sich aus dem nur geringen Unterschied zwischen den Werten für k_{f1} und k_{f2}. Damit ist natürlich die bei b gestellte Bedingung nicht erfüllt. Da praktisch nur das oberste der sieben Elemente frei durchströmt wird, für alle anderen Elemente der hydraulische Gradient wesentlich kleiner wird, sind auch die Voraussetzungen nicht gegeben, die zum Verwenden der Gl. (4.8) notwendig wären. Es sickert also auch weniger Wasser durch den Damm als bisher berechnet. Das wiederum senkt die Höhe von h_0. Diese iterative Berechnung soll hier nicht weiter verfolgt werden, da mit Sicherheit der Wert $h_0 = 2,50$ m nicht erreicht wird.

b.   Vernachlässigt man die Tatsache, daß bei $h_0 = 2,50$ m das Element 7 und etwa ein Meter vom Element 6 nicht frei durchströmt werden, so kann aus Gl. (4.9) zunächst q_{ges} berechnet werden, wobei für $h_0 = 2,50$ m nunmehr

$$l = 2 \cdot 20,5 + 4 + 53,9 \cdot \cos 21,8° - 18,9 = 76,1 \text{ m wird}$$

$$2,50 = \sqrt{\frac{q_{ges} \cdot 2 \cdot 76,1}{5 \cdot 10^{-6}} + 0,5^2} \quad \rightarrow \quad q_{ges} = 2 \cdot 10^{-7} \text{ m}^3/\text{s;m}$$

Aus der Gl. (4.8) kann mit dieser höchstzulässigen Sickerwassermenge die notwendige Güte der Dichtung errechnet werden.

$$k_{f2} = \frac{2 \cdot 10^{-7}}{80,21} = 2,5 \cdot 10^{-9} \text{ m/s}$$

Der Durchlässigkeitsbeiwert der Dichtungsschicht darf also nicht größer sein als $k_{f2} = 2,5 \cdot 10^{-9}$ m/s, andernfalls würde mehr Stützkörpermaterial unter Auftrieb stehen als unter der Bedingung b gestattet wurde.

Die durchgeführten Berechnungen zeigen auch recht gut die Brauchbarkeit einer Faustregel: die Durchlässigkeit der gröberen Schicht (Stützkörper) soll mindestens zwei Zehnerpotenzen größer sein als die der dichteren (hier als Dichtung bezeichnet), damit die dichtere Schicht als "dicht" angesehen werden kann, damit also die Berechnungsverfahren angewendet werden können. Zunächst betrug dieses Verhältnis nur 62,5, im Fall b kann 2000 errechnet werden.

Die durch den gesamten Damm sickernde Wassermenge beträgt unter den neuen Voraussetzungen nur noch 0,06 l/s. Das laut Aufgabenstellung anzutreffende Material müßte also noch aufbereitet oder durch ein geeigneteres ersetzt werden.

4.3 Suffosionsbeständigkeit eines Erdstoffes

Ein Kleinspeicher für die Landwirtschaft für Beregnungszwecke soll mit möglichst geringem Aufwand errichtet werden. Geplant ist ein homogener Erddamm, dessen luftseitiger Stützfuß auf der Abb. 4.7 dargestellt ist.

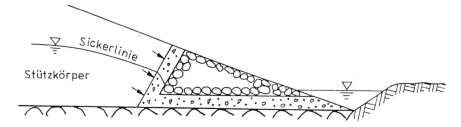

Abb. 4.7: Luftseitiger Stützfuß

Bei längerem Anstau tritt die Sickerlinie durch den Filter ins Dränprisma ein. Aus dem hydrodynamischen Netz kann als größtes Sickerwassergefälle I_{vorh} = 0,4 entnommen werden. Zur Gewinnung des Schüttmaterials für den Stützkörper stehen zwei Entnahmestellen zur Auswahl. Im Stauraum kann Boden A gewonnen werden, kurz unterhalb der geplanten Sperrstelle ist der Boden B zu gewinnen. Die Kornverteilungskurven beider Böden gehen aus der Abb. 4.8 hervor. Der Porenanteil des Bodens A wurde zu n = 0,42, der des Bodens B zu n = 0,37 ermittelt. Beide Böden sollen auf ihre Sicherheit gegen Suffosion untersucht werden.

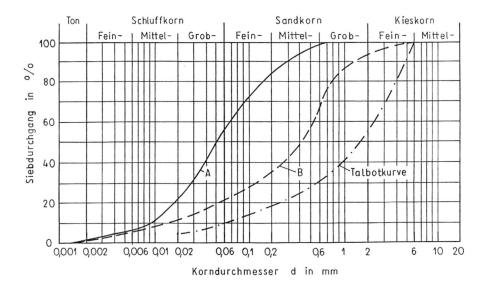

Abb. 4.8: Kornverteilungskurven für die Böden A und B

Lösungen

Die Untersuchung eines nichtbindigen Bodens auf Suffosion kann nach Regeln erfolgen, die *Ziems* 1969 formulierte [30]. Ein Erdstoff gilt als suffosionssicher, wenn er eine der folgenden Regeln erfüllt.

Regel 1: Homodisperse Erdstoffe (U ≈ 1) sind unabhängig von ihrer Lagerungsdichte sicher gegen innere Suffosion.

Beide Erdstoffe sind nicht ausreichend homodispers, erfüllen also Regel 1 nicht.

Regel 2: Ungleichförmige Erdstoffe mit geraden Kornverteilungslinien im semilogarithmischen Maßstab sind bei U ≤ 10 unabhängig von ihrer Lagerungsdichte sicher gegen innere Suffosion.

Erdstoff A hat eine ziemlich gerade Kornverteilungskurve und ein

$$U = \frac{d_{60}}{d_{10}} = \frac{0,068}{0,009} = 7,6 < 10 \tag{4.10}$$

Damit ist er sicher gegen innere Suffosion und scheidet aus den weiteren Untersuchungen aus. Er kann als Stützkörper verwendet werden. Boden B hat ein U von

$$U = \frac{0,53}{0,016} = 33,1 > 10, \text{ erfüllt Regel 2 nicht.}$$

Regel 3: Ungleichförmige Erdstoffe mit geraden Kornverteilungslinien im semilogarithmischen Maßstab und U > 10 sind bei mindestens mitteldichter Lagerung

$$D_\varepsilon = \frac{\varepsilon_0 - \varepsilon}{\varepsilon_0 - \varepsilon_D} = 0,3 \text{ bis } 0,6 \tag{4.11}$$

sicher gegen innere Suffosion, wenn ihre Homogenität durch technologische Vorschriften gesichert wird.

Unter der Annahme, daß die mitteldichte Lagerung oder die Homogenität nicht garantiert werden kann, ist auch Regel 3 nicht erfüllt.

Regel 4: Ungleichförmige Erdstoffe mit stetigen Kornverteilungslinien ohne Ausfallkörnung sind bei U < 8 praktisch sicher gegen innere Suffosion, wenn mindestens mitteldichte Lagerung D_ε = 0,3 bis 0,6 garantiert ist.

Die Stetigkeit in der Kornverteilungskurve (keine scharfen Krümmungen oder Knicke) ist zwar gegeben, nicht aber U < 8, also ist Regel 5 zu prüfen.

Regel 5: Ungleichförmige Erdstoffe mit stetiger Kornverteilungslinie ohne Ausfallkörnung sind sicher gegen innere Suffosion, wenn

$$d_{min} \geq 0,4815 \cdot \sqrt[6]{U} \cdot e \cdot d_{17} \qquad ist. \tag{4.12}$$

Im vorliegenden Fall ist mit

$$e = \frac{n}{1-n} = \frac{0,37}{1-0,37} = 0,587 \qquad (4.13)$$

$$d_{min} \geq 0,4815 \cdot \sqrt[6]{33,1} \cdot 0,587 \cdot 0,04 = 0,02 \text{ mm}$$

Auch diese Regel ist nicht erfüllt, da Erdstoff B noch ca. 11 % feinere Bestandteile aufweist.

Regel 6: Ungleichförmige Erdstoffe mit Kornverteilungslinien, die der Talbotkurve entsprechen oder dieser nahekommen, sind unabhängig von ihrer Lagerungsdichte sicher gegen innere Suffosion. Jedoch muß ihre Homogenität durch technologische Vorschriften gesichert werden.

Die *Talbot*kurve kann nach Gl. (4.14) aufgestellt werden.

$$p_i = \left(\frac{d_i}{d_{max}}\right)^{0,5} \qquad (4.14)$$

Für den Erdstoff B wird die *Talbot*kurve mit in die Abb. 4.8 eingetragen. Sie kommt der Kornverteilungskurve für den Erdstoff B nicht nahe, so daß auch Regel 6 als nicht erfüllt angesehen werden muß.

Regel 7: Ungleichförmige Erdstoffe mit mitteldichter Lagerung und mit stetig gekrümmten Kornverteilungslinien, die vollständig im Grenzbereich der Abb. 4.9 verlaufen, sind sicher gegen innere Suffosion. Ihre Homogenität muß durch technologische Vorschriften gesichert werden.

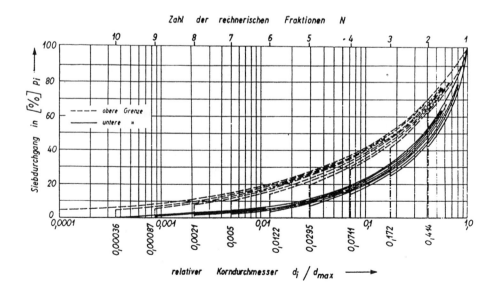

Abb. 4.9: Grenzkornverteilungskurven für suffosionssichere nichtbindige Erdstoffe nach *Lubočkov*

Der Erdstoff B wird auch dieser Regel nicht gerecht. Wird ein Erdstoff, z. B. der Boden A, einer der genannten Regeln gerecht, gilt er bereits als sicher gegen innere Suffosion. Ein Erdstoff, dessen Suffosionssicherheit nicht nach den Regeln 1 bis 7 nachgewiesen werden kann, kann mit dem analytischen Verfahren nach *Lubočkov*, hier als Regel 8 bis Regel 10 zusammengefaßt, oder auch nach grafischen Verfahren auf geometrische Suffosionssicherheit und den Grad der Suffosionsgefährdung des Erdkörpers überprüft werden.

Regel 8: *Die Abschnittsgrenzen zur Berechnung des Krümmungsparameters K_W der Kornverteilungslinie des wirklichen Erdstoffs werden wie folgt bestimmt:*

$$d_{n+1} = \frac{d_n}{5} \quad und \quad d_{n-1} = 5 \cdot d_n \tag{4.15}$$

Daraus ergeben sich p_{n+1} und p_{n-1}.

Regel 9: *Der Krümmungsparameter K_W wird nach der Gl. (4.16) errechnet.*

$$K_W = \frac{p_{n-1} - p_n}{p_n - p_{n+1}} \tag{4.16}$$

Regel 10: *Das Suffosionskriterium des analytischen Verfahrens wird nach der Gleichung*

$$S = 0,4 \cdot K_W \quad berechnet. \tag{4.17}$$

Ist $S \leq 1$, besteht im untersuchten Abschnitt der Kornverteilungslinie $\left(d_{n+1} \leq d_n \leq d_{n-1} \right)$ keine Suffosionsgefahr. Bei $S > 1$ ist der untersuchte Abschnitt nicht genügend suffosionssicher.

Für d_n = 0,1; 0,4 und 0,5 werden die in der Tabelle 4.5 angegebenen Ergebnisse erzielt.

Tabelle 4.5: Ermittlung des Suffosionskriteriums S

d_n	d_{n-1}	d_{n+1}	p_n	p_{n-1}	p_{n+1}	K_W	S
mm	mm	mm	-	-	-	-	-
0,1	0,5	0,02	28,5	57	12	1,73	0,69
0,4	2,0	0,08	48	94	25	2,00	0,80
0,5	2,5	0,10	57	95	28,5	1,33	0,53

Für drei Abschnitte konnte nachgewiesen werden, daß keine Suffosionsgefahr besteht. Besonders in Bereichen mit plötzlichem Anstieg der Kornverteilungskurve kann das anders werden. Hier ist der Erdstoff B also doch noch einsetzbar als Stützkörpermaterial. Wenn es Abschnitte auf der Kornverteilungskurve gibt, die keine genügende Suffosionssicherheit haben, muß der Erdstoff abgelehnt werden, da nach Abb. 4.7 zwischen der Erdschwere und der Strömungsrichtung nur ein kleiner Winkel gegeben ist. Nur wenn die Sickerwasserströmung annähernd der Erdschwererichtung entgegen erfolgt, also nach oben gerichtet ist, kann eine Untersuchung auf hydraulische Suffosionssicherheit evtl. noch zur Verwendbarkeit des Erdstoffes führen.

4.4 Kontakterosion/Filterbemessung

Am luftseitigen Fuß eines zeitweilig eingestauten Dammes aus homogenem Material (Basiserdstoff) ist eine Dräneinrichtung mit Filter vorgesehen, um die Sickerlinie soweit abzusenken, daß sie an der Luftseite des Dammes nicht austreten kann. Die Abb. 4.10 zeigt die Ausbildung des Dammfußes.

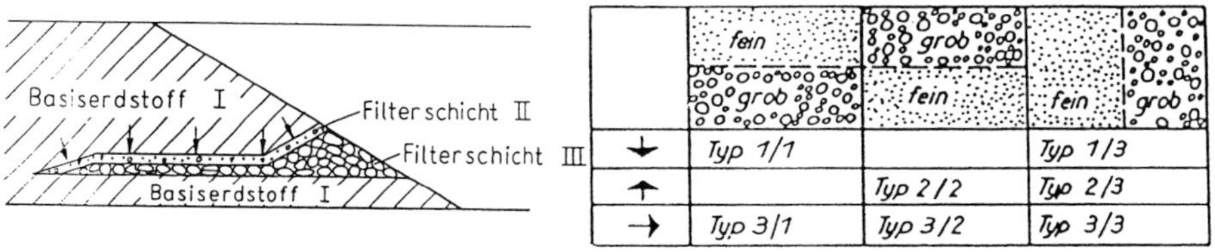

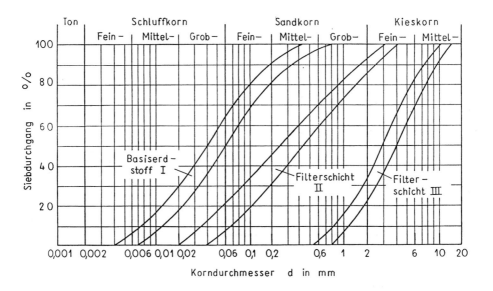

Abb. 4.10: Luftseitiger Dammfuß (links) und Typen der Kontakterosion (rechts)

Das Material, das zum Einsatz kommen soll, hat Kornverteilungskurven, die in der Abb. 4.11 dargestellt sind.

Abb. 4.11: Kornverteilungskurven der drei Erdstoffe

Es ist zu untersuchen, ob die vorhandenen Erdstoffe eine gegen Kontakterosion ausreichend sichere Konstruktion ergeben. Es wird dabei vorausgesetzt, daß sowohl Basiserdstoff als auch Filtermaterialien ausreichend suffosionssicher sind (vgl. auch Aufgabe 4.3) und daß mindestens mitteldichte Lagerung beim Einbau erreicht wird.

Lösungen

a. Ermittlung der Ausgangswerte

Aus der Abb. 4.11 können Werte für die drei Erdstoffe entnommen werden, die in den Tabellen 4.6 bis 4.8 zusammengestellt sind.

Tabelle 4.6: Ausgangswerte für den Basiserdstoff I

	min.		mittl.		max.
d_{10}^{I}	0,0075		0,01		−0,013
d_{50}^{I}	0,04				0,06
d_{60}^{I}	0,053		0,067		−0,08
U^{I}	7,1		6,7		6,2
		4,1		10,7	

Tabelle 4.7: Ausgangswerte für die Filterschicht II

	min.		mittl.		max.
d_{10}^{II}	0,034		0,05		−0,067
d_{50}^{II}	0,24				0,44
d_{60}^{II}	0,40		0,51		−0,62
U^{II}	11,8		10,2		9,3
		6,0		18,2	

Tabelle 4.8: Ausgangswerte für die Filterschicht III

	min.		mittl.		max.
d_{10}^{III}	0,82		1,0		−1,2
d_{50}^{III}	2,9				4,0
d_{60}^{III}	3,5		4,2		−4,9
U^{III}	4,3		4,2		4,1
		2,9		6,0	

b. Kontakterosion Typ 1/1

Mit Abb. 4.12 und den nachfolgend aufgeführten Filterregeln aus [31] wird überprüft, ob an den Kontaktstellen feinerer Erdstoff in die Poren des gröberen gelangen kann, also eine Gefahr der Kontakterosion besteht.

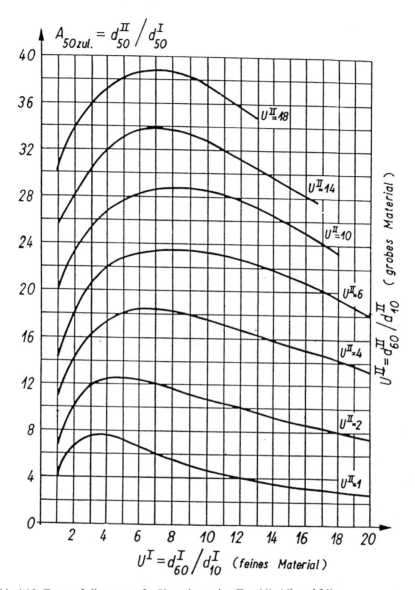

Abb. 4.12: Entwurfsdiagramm für Kontakterosion Typ 1/1; 1/3 und 3/1

Im Entwurfsdiagramm hat jede U^{II} - Kurve ein Maximum. Für die Erdstoffe I und II kann aus den Tabellen 4.6 und 4.7 entnommen werden: U^I = 7,1 bzw. 6,7 bzw. 6,2. Die U^{II}-Werte sind 11,8 bzw. 10,2 bzw. 9,3. Die Werte für U^I liegen links von den Maxima der entsprechenden U^{II}-Werte. Deshalb sind die folgenden ungünstigen Kombinationen möglich:

a. $\dfrac{\text{mittl } U^I}{\text{min } d_{50}^{\,I}} - \dfrac{\text{mittl } U^{II}}{\text{max } d_{50}^{\,II}}$ (4.18)

Der Abstand für die beiden Korngrößen ergibt sich aus Abb. 4.12 für $U^{II} = 10,2$ und $U^{I} = 6,7$ zu $A_{50,zul} = 29$.

$$\text{b.} \quad \frac{\text{mittl}\,U^{I}}{\min d_{50}{}^{I}} - \frac{\min U^{II}}{\min d_{50}{}^{II}} \tag{4.19}$$

Der Abstand wird für $U^{II} = 11,8$ und $U^{I} = 6,7$ ermittelt zu $A_{50,zul} = 31$.

$$\text{c.} \quad \frac{\min U^{I}}{\min d_{50}{}^{I}} - \frac{\text{mittl}\,U^{II}}{\max d_{50}{}^{II}} \tag{4.20}$$

Hier wird $A_{50,zul}$ für $U^{II} = 10,2$ und $U^{I} = 7,1$ gleich $A_{50,zul} = 29$.

$$\text{d.} \quad \frac{\min U^{I}}{\min d_{50}{}^{I}} - \frac{\min U^{II}}{\min d_{50}{}^{II}} \tag{4.21}$$

$A_{50,zul}$ ergibt sich für $U^{II} = 11,8$ und $U^{I} = 7,1$ zu $A_{50,zul} = 31$.

Die vorhandenen Abstände sollen stets kleiner als die zulässigen sein. Sie ergeben sich bei

$$\text{a.} \quad A_{50,vorh} = \frac{0,44}{0,04} = 11 < 29 \quad \text{(Sicherheit } \eta = 2,64\text{)}$$

$$\text{b.} \quad A_{50,vorh} = \frac{0,24}{0,04} = 6 < 31 \quad (\eta = 5,2)$$

$$\text{c.} \quad A_{50,vorh} = \frac{0,44}{0,04} = 11 < 29 \quad (\eta = 2,64)$$

$$\text{d.} \quad A_{50,vorh} = \frac{0,24}{0,04} = 6 < 31 \quad (\eta = 5,2)$$

Um für die Schichtgrenze zwischen den Schichten II und III ebenfalls die Abb. 4.12 verwenden zu können, rücken die römischen Zahlen jeweils eine Stelle nach vorn, mit U^{I} wird der jeweils feinere Erdstoff charakterisiert usw. Somit gilt jetzt $U^{I} = 11,8$; $10,2$; $9,3$ bzw. $U^{II} = 4,3$; $4,2$; $4,1$. Die Werte für U^{I} liegen jetzt rechts von den Maxima der entsprechenden U^{II} - Werte. Deshalb sind jetzt folgende ungünstige Kombinationen möglich:

$$\text{a.} \quad \frac{\text{mittl}\,U^{I}}{\min d_{50}{}^{I}} - \frac{\text{mittl}\,U^{II}}{\max d_{50}{}^{II}} \tag{4.22}$$

Hier wird $A_{50,zul}$ für $U^{II} = 4,2$ und $U^{I} = 10,2$ gleich $A_{50,zul} = 18$.

$$\text{b.} \quad \frac{\text{mittl}\,U^{I}}{\min d_{50}{}^{I}} - \frac{\min U^{II}}{\min d_{50}{}^{II}} \tag{4.23}$$

$A_{50,zul}$ wird jetzt für $U^{II} = 4,3$ und $U^{I} = 10,2$ $A_{50,zul} = 18$.

c. $\dfrac{\max U^{I}}{\max d_{50}{}^{I}} - \dfrac{\text{mittl } U^{II}}{\max d_{50}{}^{II}}$ (4.24)

Hier wird für $U^{II} = 4,2$ und $U^{I} = 9,3$ der Abstand $A_{50,zul} = 19$.

d. $\dfrac{\max U^{I}}{\max d_{50}{}^{I}} - \dfrac{\min U^{II}}{\min d_{50}{}^{II}}$ (4.25)

$A_{50,zul} = 19$ für $U^{II} = 4,3$ und $U^{I} = 9,3$.

Die vorhandenen Abstände der Kornverteilungslinien betragen bei

a. $A_{50,vorh} = \dfrac{4,0}{0,24} = 16,7 < 18 \quad (\eta = 1,08)$

b. $A_{50,vorh} = \dfrac{2,9}{0,24} = 12,1 < 18 \quad (\eta = 1,49)$

c. $A_{50,vorh} = \dfrac{4,0}{0,44} = 9,1 < 19 \quad (\eta = 2,09)$

d. $A_{50,vorh} = \dfrac{2,9}{0,44} = 6,6 < 19 \quad (\eta = 2,88)$

Erwartungsgemäß ergibt sich hier im Fall a der geringste Sicherheitsbeiwert.

c. An der Grenzfläche zwischen Filterschicht III (Dränage) und unterem Basiserdstoff I kann eine Kontakterosion nach Typ 2/2 auftreten, vgl. auch Abb. 4.10. Für diese Art der Erosion ist die Sicherheit nach einigen Regeln nachzuweisen.

Regel 1: Bei der Kontakterosion Typ 2/2 und 3/2 ist die Anwendung weiterer Erosionsregeln unnötig, wenn das vorhandene mittlere Sickerwassergefälle im Basiserdstoff

$$I^{I}{}_{,vorh} \leq (0,7 \text{ bis } 0,8) \cdot \frac{(1-n) \cdot (\gamma_S - 1)}{\gamma_W}$$ (4.26)

ist und die Randbedingungen nach Regel 2 erfüllt sind. Setzt man in diese Gleichung die ungünstigsten Erdstoffkennwerte ein, so ergibt sich als grober Näherungswert:

$$I^{I}{}_{,vorh} \leq 0,66.$$

Mit $I_{vorh} = 0,7$ aus einem (hier nicht gezeigten) hydrodynamischen Netz soll die erste Regel nicht erfüllt sein.

Regel 2: Die Anwendung aller Regeln für die Kontakterosion Typ 2/2 und 3/2 setzt voraus, daß:

a. *das in die Berechnung eingeführte Sickerwassergefälle im Basiserdstoff $I^I_{,vorh}$ auch bei instationärer Sickerwasserströmung nicht überschritten wird,*

b. *die Filterkombination nicht durch dynamische Kräfte belastet wird, z. B. Erdbeben, Erschütterungen in der unmittelbaren Nähe von Tosbecken, Straßen, bei Pulsationsbetrieb von Brunnen, durch Wellenschlag und Wellensog,*

c. *im Basiserdstoff keine bevorzugten Sickerwege vorhanden sind und*

d. *der Filtererdstoff die Kontaktfläche homogen berührt.*

Diese Bedingungen sollen in der Aufgabe als erfüllt angesehen werden.

Regel 3: Werden die Regeln 1 und 2 erfüllt, so kann das Abstandsverhältnis $A_{50} = d^{II}_{,50}/d^I_{,50}$ zwischen Basis- und Filtererdstoff beliebig gewählt werden.

Regel 4: Werden die Regeln 1 oder 2 nicht erfüllt, so kann die Filterbemessung in jedem Fall nach Abb. 4.12 erfolgen. Ein danach bemessener Filter ist also auch für die Kontakterosion Typ 2/2 und 3/2 bei praktisch beliebigem Sickerwassergefälle $I^I_{,vorh}$ im Basiserdstoff sicher genug.

Regel 5: Wird die Regel 1 nicht erfüllt, können jedoch die Randbedingungen der Regel 2 eingehalten werden, so kann der Filterentwurf nach den folgenden Regeln 6 oder 7 erfolgen. In diesem Falle wird die hydraulische Sicherheit gegen Kontakterosion nach folgender Gleichung bestimmt:

$$\eta_{K,H,vorh} = \frac{I^I_{,krit}}{I^I_{,vorh}} \leq \eta_{K,H,erf} \qquad (4.27)$$

Der erforderliche Sicherheitsgrad beträgt $\eta_{K,H,erf} = 1,5$, wenn das vorhandene Sickerwassergefälle im Basiserdstoff $I^I_{,vorh}$ nur näherungsweise bestimmt bzw. $\eta_{K,H,erf} = 1,1$, wenn das vorhandene Sickerwassergefälle im Basiserdstoff $I^I_{,vorh}$ aus einem exakten hydrodynamischen Sickerwasserströmungsnetz entnommen werden kann.

Regel 6: Das kritische Sickerwassergefälle im Basiserdstoff $I^I_{,krit}$ wird bei der Kontakterosion Typ 2/2 und 3/2, unter Beachtung der in Regel 8 genannten Randbedingungen, mit Hilfe des Bemessungsdiagramms in Abb. 4.13 bestimmt, das die funktionelle Abhängigkeit $I^I_{,krit} = f(A_{50}; d^I_{,50})$ enthält.

Regel 7: Ist $\eta_{K,H,erf} \cdot I^I_{,vorh} \leq 1,5$, so wird das zulässige Abstandsverhältnis $A_{50,zul}$, unter Beachtung der in Regel 8 genannten Randbedingungen mit Hilfe des Bemessungsdiagramms in Abb. 4.14 wirtschaftlicher als nach Regel 6 erhalten. Es enthält die funktionelle Abhängigkeit $A_{50,zul} = f(U^{II}, d^I)$.

Mit $A_{50} = \dfrac{d^{III}_{,50}}{d^I_{,50}} = \dfrac{3,4}{0,05}$ und $d^I = 0,05$ mm kann aus Abb. 4.13 $I^I_{,krit} \cong 1,6$ ermittelt werden.

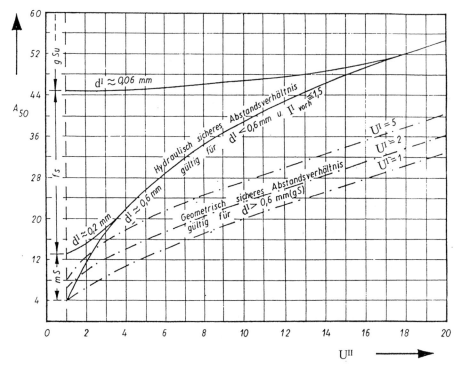

Abb. 4.13: Entwurfsdiagramm für die Kontakterosion Typ 2/2 und 3/2
$A_{50,zul} = f(U^{II}; d^I)$ bei $U^I \leq 5$ und $\eta_{K,H,erf}\, I^I_{,vorh} \leq 1,5$

Mit $I_{vorh} = 0,7$ wird $1,5 \cdot 0,7 = 1,05 < 1,5$.

Regel 8: *Die Anwendung der Bemessungsdiagramme in den Abb. 4.13 und 4.14 erfordert die Einhaltung folgender Randbedingungen (zusätzlich zu Regel 2):*

a. *Normalspannung in der Kontaktfläche*

$$\sigma \geq \gamma_W \cdot t \cdot I_{I,vorh} \tag{4.28}$$

b. *Suffosionssicherer Basiserdstoff mit $U^I \leq 5$*

c. *Suffosionssicherer Filtererdstoff mit $U^{II} \leq 20$*

d. *Beliebige Lagerungsdichte beider Erdstoffe*

e. *Kornform des Filtererdstoffes kugelähnlich, abgerundet (bei Filtererdstoffen mit scharfkantig-eckiger Kornform ist das Abstandsverhältnis $A_{50,zul}$ mit einem zusätzlichen Sicherheitsgrad von $\eta = 1,3$ zu belegen).*

f. *Kornform des Basiserdstoffes beliebig*

g. *Keine Beeinträchtigung der Entwässerungswirkung des Filters durch die Belastung.*

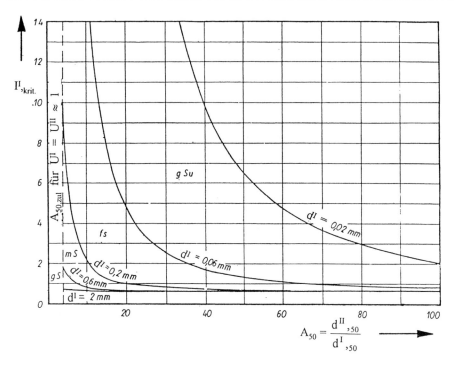

Abb. 4.14: Entwurfsdiagramm für Kontakterosion Typ 2/2 und 3/2
$$I^I_{,krit} = f(A_{50}; d^I) \text{ bei } U^I \leq 5 \text{ und } U^{II} \leq 20$$

Mit $U^{II} = 4,1$ und $d^I = 0,05$ mm wird die Kontaktfläche hydraulisch sicher.

Die Regel 8 soll hier als erfüllt angenommen werden. Somit kann der luftseitige Stützfuß wie in Abb. 4.10 vorgeschlagen ausgebildet werden, vorausgesetzt die Entwässerung des Basiserdstoffes kann gewährleistet werden.

d. Der Nachweis ausreichender Entwässerung kann mit Hilfe der Abb. 4.15 erfolgen.

Aus $U^I = 6,7$ und $U^{II} = 10,2$ wird $\omega = 1,05$.

Mit $A_{10} = \dfrac{d_{10}^{II}}{d_{10}^{I}} = \dfrac{0,05}{0,01} = 5$ kann κ bestimmt werden zu

$$\kappa = \left(\frac{A_{10}}{\omega}\right)^2 = \left(\frac{5}{1,05}\right)^2 = 22,7 \tag{4.30}$$

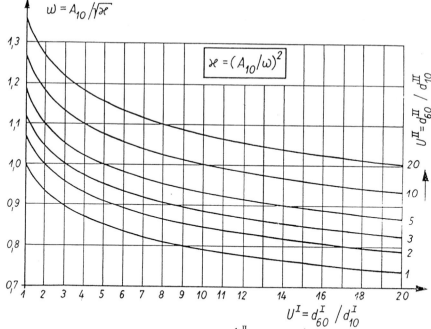

Abb. 4.15: Diagramm zur Bestimmung von $\kappa = \dfrac{k^{II}}{k^{I}}$

Zwischen den Schichten II und III ergibt sich:

$U^{II} = 4,2$; $U^{I} = 10,2$; $\omega = 0,91$; $d_{10}^{II} = 1,0$ mm; $d_{10}^{I} = 0,05$ mm; $A_{10} = 20$; $\kappa = 483$. Beide κ - Werte sind größer als 15 und folglich ausreichend.

4.5 Hydraulischer Grundbruch vor einer Spundwand

Zum Bau eines Brückenpfeilers wird im Fluß eine Baugrube aus Spundwänden errichtet. Die Baugrubensohle soll 4,00 m tiefer als die Flußsohle liegen. Der MW-Stand ist 2,00 m über der Flußsohle. Die Abb. 4.16 zeigt einen Schnitt durch die Baugrube.

In Höhe der Flußsohle wird ein Gurt angebracht, der über Eck und zur Baugrubensohle durch die Stützen S ausgesteift ist, so daß eine "Ankerkraft" A möglich ist.

Der Untergrund soll aus Sand bestehen und homogen sein. Zunächst ist für den Normalfall (Mittelwasser), bei dem die Bauarbeiten beginnen, die Spundwand zu berechnen und nachzuweisen, daß kein hydraulischer Grundbruch auftritt. Nachdem die Bauarbeiten fortgeschritten sind und die Stützen bereits in die Lage S' gebracht wurden, steigt der Wasserstand im Fluß. Er wird bis auf + 5,00 m vorausgesagt, so daß nur noch ein geringer Freibord bleibt. Für den Hochwasserfall ist nachzuweisen, ob in der Baugrube hydraulischer Grundbruch auftritt. Die anfallende und abzupumpende Wassermenge bei Hochwasser ist zu ermitteln, wenn die Baugrube 60 m mal 20 m groß sein soll.

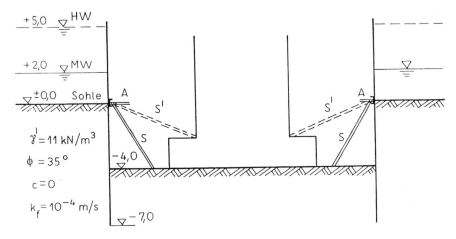

Abb. 4.16: Querschnitt durch die Baugrube mit Brückenpfeiler

Lösungen

a. Die Berechnung der Spundwand erfolgt nach [32] hier nur für den Mittelwasserstand. Die Wand ist verankert und wird mit freier Auflagerung angenommen. Die Erddruckbeiwerte ergeben sich für ebene Gleitflächen zu $K_{ah} = 0,22$ und $K_{ph} = 9,15$. Die Belastung der Spundwand geht aus der Tabelle 4.9 hervor.

Tabelle 4.9: Erddruck und Erdwiderstand für die Spundwand

S	Kote					Erddruck				Erdwiderstand			Res.
		h	γ	$h \cdot \gamma$	g	K_{ah}	$g \cdot K_{ah}$	$w_{\ddot{u}}$	$e_{ah}+w_{\ddot{u}}$	g	K_{ph}	e_{ph}	
		m	kN/m³	kN/m²	kN/m²	-	kN/m²	kN/m²	kN/m²	kN/m²	-	kN/m²	kN/m²
	+ 2						0		0				0
1		2	-	-	-	-	-				-	-	-
	± 0							20	20				20
	± 0				-	0,22	0	20	20				20
2		4	11	44									
	- 4				44	0,22	9,7	60	69,7				69,7
	- 4				44	0,22	9,7	60	69,7				
3		3	11	33									
	- 7				77	0,22	16,9	60	76,7	33	9,15	- 302	-225,1

$$c = \gamma \cdot \left(K_{ph} - K_{ah}\right) = 11 \cdot \left(9,15 - 0,22\right) = 98,2 \qquad (4.31)$$

$$u = \frac{e_{ah}}{c} = \frac{69,7}{98,2} = 0,71 \text{ m} \tag{4.32}$$

Für diese Belastung der Spundwand werden in der Tabelle 4.10 Rammtiefe, Ankerkraft und Maximalmoment ermittelt.

Tabelle 4.10: Spundwandbemessung

1	2	3	4	5	6	7	8	9
n	P_n	Δa	a_n	$P_n \cdot a_n$	Q_n	$Q_n \cdot \Delta a$	M_n	Bem.
-	kN/m	m	m	kNm/m	kN/m	kNm/m	kNm/m	-
		0,5						
1	5		- 1,5	- 7,5				
		1,0			- 5	- 5		
2	15		- 0,5	- 7,5			- 5	
		0,5			- 20	- 10		
A	131,8		-	-			- 15	M_A
		0,5			+ 111,8	+ 55,9		
3	26,2		0,5	13,1			+ 40,9	
		1			85,6	85,6		
4	38,6		1,5	57,9			126,5	
		1			47,0	47,0		
5	51,0		2,5	127,5			173,5	M_{max}
		1			- 4,0	- 4,0		
6	63,5		3,5	222,3			169,5	
		0,74			- 67,5	- 50,0		
7	24,7		4,24	104,7			119,5	
		0,47			- 92,2	- 43,3	76,2	
Σ	224	6,71	4,71	510,5	-	-	-	

Nach Gl. (4.33) und den Werten der Tab. 4.10 kann zunächst die Hilfsgröße m errechnet werden.

$$m = \frac{6}{c \cdot l^3} \cdot \sum_{-l_0}^{+l} P \cdot a = \frac{6}{98,2 \cdot 4,71^3} \cdot 510,5 = 0,3 \tag{4.33}$$

Aus dem Nomogramm in [32] wird $\xi = 0,29$ abgelesen. Somit wird

$$x = \xi \cdot l = 0,29 \cdot 4,71 = 1,37 \text{ m} \tag{4.34}$$

Die Rammtiefe ergibt sich nach Gl. (4.35) zu

$$t = \alpha \cdot (u + x) = 1,15 \cdot (0,71 + 1,37) = 2,40 \text{ m} \tag{4.35}$$

Der Wert für α wird hier mit 1,15 eingesetzt, da die Belastung überwiegend durch Wasserdruck entsteht [32], S. 105.

Nunmehr kann die Ankerkraft A aus Gl. (4.36) bestimmt werden und danach in die Tabelle 4.10 eingetragen werden.

$$A = \sum_{-l_0}^{+l} P - \frac{c}{2} \cdot x^2 = 224 - \frac{98,2}{2} \cdot 1,37^2 = 131,8 \text{ kN/m} \qquad (4.36)$$

Mit dieser Ankerkraft wird der rechte Teil (ab Spalte 6) der Tabelle 4.10 ausgefüllt. Das Maximalmoment ist für diesen Lastfall 173,5 kNm/m. Die erforderliche Rammtiefe von 2,40 m ist kleiner als die vorhandene. Vorausgesetzt, daß andere Lastfälle nicht größere Werte fordern, wäre für die ermittelten Größen ein Spundwandprofil auszuwählen und die Aussteifung zu bemessen.

b. Für die Berechnung der Sickerwassermenge und der Gefahr eines hydraulischen Grundbruchs wird zunächst das Sickerwasserströmungsnetz gezeichnet. In der Abb. 4.17 ist dieses Netz abgebildet.

So gut es geht, sollten Stromlinien und Potentiallinien senkrecht aufeinander stehen. Besonders günstig ist es, wenn die Seiten a und b weitgehend gleich sind, also Quadraten zumindest sehr ähnlich sehen. Etwa auf Höhe der unteren Stromlinie soll eine geringer durchlässige Schicht beginnen, die allg. als "undurchlässige Schicht" angesprochen wird.

Aus der Abb. 4.17 ergibt sich:

$n_1 = 16$ (Anzahl der gleichen Standrohrspiegelhöhenunterschiede)
$n_2 = 8$ (Anzahl der Stromröhren)

Bei Mittelwasser im Fluß fließt je Sekunde folgende Gesamtwassermenge Q den Pumpen zu:

$$Q = n_2 \cdot q = n_2 \cdot k \cdot \Delta h \cdot \frac{b}{a} \qquad (4.37)$$

Δh, der Standrohrspiegelunterschied je Netzfeld ergibt sich zu

$$\Delta h = \frac{6}{16} = 0,375 \text{ m; für } \frac{b}{a} \text{ wird 1 gesetzt (Quadrate). Somit wird:}$$

$$Q = 8 \cdot 10^{-4} \cdot 0,375 \cdot 1 = 3 \cdot 10^{-4} \text{ m}^3\text{/s,m}$$

bzw. über den Gesamtumfang der Baugrube von 160 m: $Q = 48$ l/s.

Für den Hochwasserfall muß kein neues Grundwasser-Strömungsnetz gezeichnet werden. Jetzt wird $\Delta h = \frac{9}{16} = 0,56$. Je Stromröhre fließt bei Hochwasser ab:

$q = 0,56 \cdot 10^{-4} \cdot 1 \ \mathrm{m^3/s,m}$ bzw. 9 l/s auf dem gesamten Umfang. Da die Stromröhren gleichmäßig viel Wasser abführen, wird Q = 9 · 8 = 72 l/s.

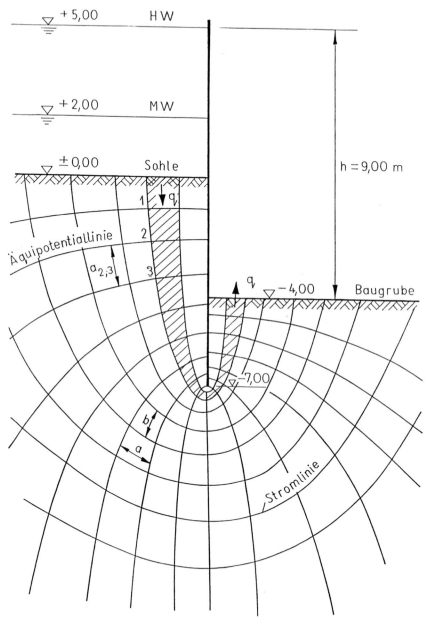

Abb. 4.17: Grundwasser-Strömungsnetz

Ob hydraulischer Grundbruch auftritt, kann überschläglich mit den Gleichungen (4.38) und (4.39) überprüft werden.

$$\eta \approx \frac{\gamma'}{i_m \cdot \gamma_w} \tag{4.38}$$

$$i_m = \frac{h_{\ddot{u}}}{h_d + 2 \cdot t} \tag{4.39}$$

Im Fall des Mittelwasser wird $\quad i_m = \dfrac{6}{4 + 2 \cdot 3} = 0,6$

$$\eta = \frac{11}{0,6 \cdot 10} = 1,83 > 1,5$$

Bei Hochwasser wird $\quad i_m = \dfrac{9}{4 + 2 \cdot 3} = 0,9 \quad$ und

$$\eta = \frac{11}{0,9 \cdot 10} = 1,22 < 1,5$$

Zumindest für den Hochwasserfall reicht die überschlägige Berechnung nach [29], S. 958 nicht aus.

In den EAU [18] werden mehrere Möglichkeiten vorgestellt, den hydraulischen Grundbruch zu berechnen. Nach *Terzaghi-Peck* wird ein rechteckiger Körper mit der halben Rammtiefe als kleinere und der Rammtiefe als größere Seite herausgeschnitten. Für ihn gilt:

$$\text{erf } \eta = \frac{G_{Br}}{W_{St}} \geq 1,5 \tag{4.40}$$

G_{Br} ... Gewicht des Bruchkörpers unter Auftrieb in kN/m,
W_{St} ... nach oben wirkender Anteil der Strömungskraft des Grundwassers in kN/m.

Für den Rechteckkörper nach *Terzaghi/Peck* wird

$$G_{Br} = 3 \cdot 1,5 \cdot 11 = 49,5 \text{ kN/m}$$

$$W_{St} = 4,5 \cdot 10 \cdot \frac{3,94 - 2,25}{1,5} = 50,7 \text{ kN/m}$$

$$\eta = \frac{49,5}{50,7} = 0,98 < 1,5$$

Der rechts dargestellte Bruchkörper ist beliebig angenommen. Zur Ermittlung von W_{St} wird in der Bruchfuge die an der jeweils betrachteten Stelle gegenüber dem Unterwasserspiegel noch nicht abgebaute Standrohrspiegeldifferenz $n \cdot \Delta h$ multipliziert mit γ_w als ideelle Druckfläche aufgetragen. W_{St} ist dann die lotrechte Teilkraft des Inhalts dieser Druckfläche. Für die vorletzte Teilfläche ergibt sich z. B.

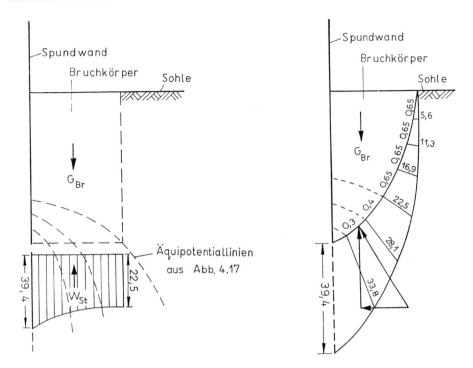

Abb. 4.18: Hydraulische Grundbruchfiguren nach *Terzaghi/Peck* (links) und nach E 115 in [18] (rechts)

$$W_{St} = \frac{28,1 + 33,8}{2} \cdot 0,3 \cdot \sin 58° = 7,87 \text{ kN/m}.$$

Da sowohl die Längen (hier 0,3 m) als auch die Winkel (hier 58 °) aus der Zeichnung abgelesen werden müssen, ist diese Methode sehr von der Genauigkeit der Zeichnung abhängig. Aus den sieben Teilflächen konnte vom Verfasser $W_{St} = 32,1$ kN/m abgelesen und errechnet werden. Mit $G_{Br} = \frac{2}{3} \cdot 3 \cdot 1,5 \cdot 11 = 33$ kN/m wird

$$\eta = \frac{33}{32,1} = 1,03 < 1,5$$

Weitere Gleitkörper zu untersuchen, um den kleinsten η-Wert zu ermitteln, erübrigt sich hier, da die Gefahr eines hydraulischen Grundbruchs bei Hochwasser außerordentlich groß ist, was hiermit nachgewiesen wurde. Ein Auflastfilter (zur Erhöhung von G_{Br}) oder ein Fluten der Baugrube (zum Abbau des Sickerwassergefälles) können das Zusammenstürzen der Baugrubenspundwand vermeiden.

4.6 Stauspiegelsenkung

Ein H = 35 m hoher Staudamm soll errichtet werden. Ein für die Wasserseite kritischer Lastfall ist immer die Stauspiegelsenkung beim Betrieb bzw. bei der Entleerung des Stauraumes.
Gefordert wird im Beispiel, daß der gesamte Stauraum in 350 Stunden entleert werden kann,
d. h. die durchschnittliche Absenkgeschwindigkeit des Wasserspiegels würde $v_a = 0,1$ m/h
($2,8 \cdot 10^{-5}$ m/s) betragen. Wasserseitig der Dichtung, die aus einem schluffigen Ton hergestellt wird, soll ein feiner Sand mit $k = 4 \cdot 10^{-5}$ m/s und einem wirksamen, spannungsfreien
Porengehalt $n_S = 0,25$ eingebaut werden, darauf dann die üblichen Schutzschichten. Die
wasserseitige Neigung des Dammes beträgt 1 : m = 1 : 2,5. Für die beiden Varianten
- Staudamm mit Kerndichtung, wasserseitige Neigung m' = 0,5 und
- Staudamm mit geneigter Innendichtung, wasserseitige Neigung m' = 2,0
soll geklärt werden, wie sich der Wasserspiegel im Sand verhält, wenn der Stauraum entleert
wird.

Lösungen

a. Ermittlung des Ähnlichkeitsfaktors

Der Ähnlichkeitsfaktor Ä nach Gl. (4.41) charakterisiert die Stauspiegelsenkung.

$$\ddot{A} = \frac{k}{n_S \cdot v_a} \qquad\qquad (4.41)$$

Ist Ä < 0,25 bis 1,0, dann wird die Lage der Sickerlinie vernachlässigt und der Dammkörper
als vollkommen wassergesättigt betrachtet. Der Wert 0,25 gilt dabei für steile, der Wert 1,0
für flache wasserseitige Böschungen. Ist Ä > 100, dann sinkt die Sickerlinie im Dammkörper
praktisch mit gleicher Geschwindigkeit wie der Stauspiegel. Bei entleertem Stauraum kann
auch der Dammkörper rechnerisch als entwässert angesetzt werden. Ähnlichkeitsfaktoren
zwischen diesen Grenzen haben zur Folge, daß die Lage der Sickerlinie die Standsicherheit
der wasserseitigen Böschung mehr oder weniger beeinflußt. Hier ist

$$\ddot{A} = \frac{4 \cdot 10^{-5}}{0,25 \cdot 2.8 \cdot 10^{-5}} = 5,7$$

Folglich ist die Sickerlinie zu ermitteln, da sie Einfluß auf die wasserseitige Böschung hat.

b. Sickerlinie für den Staudamm mit Kerndichtung

Am Dichtungskern hat die Sickerlinie die Höhe h_0, an der Böschung die Höhe h_a. Diese Höhen können nach Gl. (4.42) bzw. (4.43) bestimmt werden, die bei *Uhlig* [33] abgeleitet sind.

$$\frac{t}{T} = \frac{e^{1{,}90+0{,}55\cdot m-5{,}35\frac{h_0}{H}}}{\dfrac{k}{n_S \cdot v_a}} + 1 - \frac{h_0}{H} \qquad (4.42)$$

$$\frac{t}{T} = \frac{e^{1{,}28+0{,}49\cdot m-6{,}40\frac{h_a}{H}}}{12{,}5^{\log\frac{k}{n_S \cdot v_a}}} + 1 - \frac{h_a}{H} \qquad (4.43)$$

T ... Zeit vom Beginn bis zum Ende der vollständigen Absenkung
t ... Zeit vom Beginn der Absenkung

Zum Zeitpunkt t = T, also am Ende der Absenkung, tritt die größte Differenz zwischen Sickerlinie und Stauspiegel auf, somit auch die stärkste Beanspruchung der wasserseitigen Böschung. Aus Gl. (4.42) ergibt sich für diesen Moment

$$5{,}7\cdot\frac{h_0}{H} = e^{1{,}9+0{,}55\cdot2{,}5-5{,}35\frac{h_0}{H}} \quad \rightarrow \quad 0{,}163\cdot h_0 = e^{3{,}275-0{,}153\cdot h_0}$$

$h_0 = 15{,}40$ m

Mit Gl. (4.43) wird

$$\frac{h_a}{35} = \frac{e^{1{,}28+0{,}49\cdot2{,}5-\frac{6{,}40}{35}\cdot h_a}}{12{,}5^{0{,}756}} \quad \rightarrow \quad 0{,}193\cdot h_a = e^{2{,}505-0{,}183\cdot h_a}$$

$h_a = 10{,}1$ m

In der Abb. 4.19 ist das hydrodynamische Netz für die ermittelte Situation zu sehen.

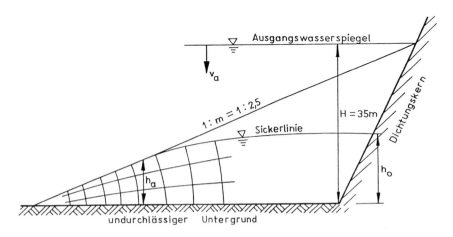

Abb. 4.19: Hydrodynamisches Netz für den Damm mit Kerndichtung bei Entleerung des Stauraumes

c. Sickerlinie für den Staudamm mit geneigter Innendichtung

Die Werte für h_0 und h_a können aus den Gleichungen (4.44) und (4.45) ermittelt werden.

$$\frac{t}{T} = \frac{1 + 0,45 \cdot (m - m') \cdot e^{[0,4 \cdot (m+m') - 3,4] \frac{h_0}{H}}}{4^{\log \frac{k}{n_S \cdot v_a}}} + 1 - \frac{h_0}{H} \qquad (4.44)$$

$$\frac{t}{T} = \frac{0,4 + 0,3 \cdot (m - m') \cdot e^{[0,4 \cdot (m+m') - 3,4] \frac{h_a}{H}}}{2,5^{\log \frac{k}{n_S \cdot v_a}}} + 1 - \frac{h_a}{H} \qquad (4.45)$$

Auch hier ist bei $\dfrac{t}{T} = 1$ die größte Beanspruchung der Böschung durch das Sickerwasser vorhanden. Zu diesem Zeitpunkt beträgt h_0

$$\frac{t}{T} = \frac{1 + 0,225 \cdot e^{-1,6 \cdot \frac{h_0}{H}}}{4^{0,756}} + 1 - \frac{h_0}{H} \quad \rightarrow \quad 0,0815 \cdot h_0 = 1 + 0,225 \cdot e^{-0,0457 \cdot h_0}$$

$h_0 = 13,75$ m

Der Wert für h_a errechnet sich zu

$$\frac{h_a}{H} = \frac{0,4 + 0,15 \cdot e^{-0,0457 \cdot h_a}}{2} \quad \rightarrow \quad 0,0571 \cdot h_a = 0,4 + 0,15 \cdot e^{-0,0457 \cdot h_a}$$

$h_a = 8,75$ m

Auf der Abb. 4.20 ist das hydrodynamische Netz dargestellt.

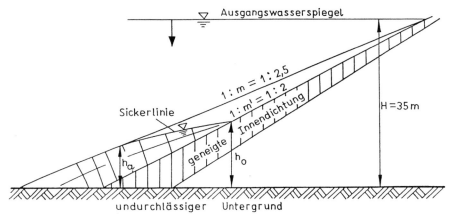

Abb. 4.20: Hydrodynamisches Netz für den Damm mit geneigter Innendichtung bei Entleerung des Stauraumes

4.7 Bemessung eines Brunnens

Zum Einbau eines Fundamentes muß das Grundwasser rund um die künftige Baugrube abgesenkt werden. Der Untergrund besteht in der Umgebung aus Sand, $k = 10^{-4}$ m/s, $n = 0,3$. In etwa 10 m Tiefe steht der sog. undurchlässige Untergrund an. Die Sohle des Fundamentes soll auf - 7,0 m liegen, so daß im Baugrubenbereich das Grundwasser um 7,5 bis 8,0 m abzusenken ist. Zu diesem Zweck ist ein Brunnen vorgesehen, der als vollkommener Brunnen arbeiten soll (bis zur undurchlässigen Schicht reicht) und 1,0 m Durchmesser einschließlich eines Mantels aus Filterkies hat. Etwa 250 m von der künftigen Baugrube entfernt beginnt ein Feuchtraumbiotop. Seine Freunde protestieren gegen die Absenkung des Grundwassers. Sie befürchten eine Beeinflussung des Gebietes. Absenkungstrichter, Pumpenleistung und Reichweite des Brunnens sind nachzuweisen.

Lösungen

a. Ermittlung der Reichweite

Die Reichweite R kann z. B. nach *Sichardt* nach der empirisch gefundenen Gl. (4.46) ermittelt werden.

$$R = 3000 \cdot s \cdot \sqrt{k} \tag{4.46}$$

In dieser nicht dimensionsrichtigen Gleichung ist s die zu erreichende Absenkung in m. Mit $s = H - h = 10 - 2 = 8$ m ergibt sich

$$R = 3000 \cdot 8 \cdot \sqrt{10^{-4}} = 240 \text{ m}$$

Damit können die Freunde des Feuchtbiotops beruhigt werden. Doch sie lassen nicht locker, befürchten Bauverzögerungen und somit Langzeitwirkungen der Grundwasserabsenkung.

Der zeitliche Verlauf des Absenkungsvorganges kann nach Gl. (4.47) bestimmt werden.

$$R_t = 3 \cdot \sqrt{\frac{H \cdot k \cdot t}{n}} \tag{4.47}$$

Hierin ist t die Zeit in Sekunden seit Beginn der Absenkung. Da ein erster Vorschlag des Bauherrn vier Monate Absenkung des Grundwassers vorsah, ergibt sich

$$R_t = 3 \cdot \sqrt{\frac{10 \cdot 10^{-4} \cdot 1,04 \cdot 10^7}{0,3}} \cong 560 \text{ m}$$

Eine Auflösung der entsprechenden Gleichung mit $R_t = 250$ m ergibt eine zulässige Absenkzeit des Grundwassers von 24 Tagen.

b. Ermittlung der Pumpenleistung

Die Leistung der Pumpe im Brunnen, hier mit q bezeichnet, kann nach Gl. (4.48) berechnet werden.

$$q = \frac{\pi \cdot k \cdot \left(H^2 - h^2\right)}{\ln \dfrac{R}{r}} \tag{4.48}$$

Bei einer Absenkung des Grundwassers im Brunnenbereich um s = 8,0 m bleiben h = 2,0 m für den Eintritt des Grundwassers in den Brunnen.

$$q = \frac{3{,}14 \cdot 10^{-4} \cdot (100 - 4)}{\ln \dfrac{240}{0{,}5}} = 4{,}88 \cdot 10^{-3} \text{ m}^3/\text{s bzw. } 4{,}88 \text{ l/s}$$

Diese Grundwassermenge muß dem Brunnen auch zufließen können, also durch den Filter in den Brunnen gelangen können. Nach Gl. (4.49) kann die sog. Brunnenergiebigkeit bestimmt werden.

$$q' = 2 \cdot \pi \cdot r \cdot h \cdot \frac{\sqrt{k}}{15} \tag{4.49}$$

Für h = 2,0 m benetzte Filterhöhe ergibt sich

$$q' = 2 \cdot 3{,}14 \cdot 0{,}5 \cdot 2 \cdot \frac{\sqrt{10^{-4}}}{15} = 4{,}19 \text{ l/s}$$

Das bedeutet, daß die oben ermittelten 4,88 l/s dem Brunnen nicht zufließen können, folglich mit dieser Anlage eine Absenkung um 8 m nicht möglich ist. Da die Baugrubensohle auf minus 7 m liegt, reicht evtl. eine etwas geringere Absenkung auch noch aus. Sie kann mit Hilfe der Abb. 4.21 gefunden werden. Dort werden die Gleichungen (4.48) und (4.49) als Funktionen aufgetragen und zum Schnitt gebracht. Bei h = 2,32 m wird q = 4,85 l/s.

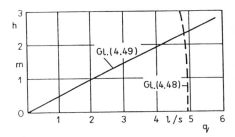

Mit s = 7,68 m ist somit noch eine ausreichende Grundwasserabsenkung erreichbar, auch der Absenktrichter fällt mit R ≅ 230 m geringfügig kleiner aus, vorausgesetzt, die o. g. kurze Absenkzeit kann eingehalten werden.

Abb. 4.21: Ermittlung der wirklichen Absenktiefe

5 Wasserbauten

5.0 Überblick

Erst im 5. Kapitel rücken die "richtigen" Wasserbauwerke ins Blickfeld: Talsperren, Wasser-kraftwerke, Wehre, Schleusen, Häfen. Es sind die Bauwerke, die immer wieder im Schaffen eines Wasserbauers im Mittelpunkt stehen. Daß aber Wasserbau mehr ist als das Bauen gro-ßer Anlagen, kommt in diesem Buch wohl deutlich zum Ausdruck. Auch kleinere Bauwerke, die im oder am Wasser stehen, können interessante und schwierige Probleme mit sich brin-gen.

Wasserbauten sind Bauwerke, die einer mit dem Wasser im Zusammenhang stehenden Auf-gabe dienen oder die im Wasser errichtet wurden. Aber es sind Bauwerke, und deshalb gel-ten für die Wasserbauten natürlich alle Regeln und Vorschriften, die in der Bauindustrie überall anzuwenden sind. Neben der zusätzlichen Belastung, die die Wasserbauten aus dem Wasser erhalten, kann auch das Eis eine bemessungswirksame Belastungsgröße werden.

Im Wasserbau wird nicht nur gebaut, Anlagen sind zu unterhalten (z. B. Ufer), auszuwech-seln (z. B. Dalben), zu rekonstruieren (alte Staumauern) oder zu modernisieren (Wehre u. v. a.), selten zu entfernen. Zum Wasserbau gehört aber auch das Betreiben der Anlagen, einschließlich Überwachen mit Gewinnung und Auswertung von Meßdaten z. B. über Be-wegungen und Wasserdrücke. Hierbei muß der Wasserbauer oft mit Vertretern anderer Fachdisziplinen zusammenarbeiten.

Die Einflüsse, die große Wasserbauten auf die Flora und Fauna der näheren Umgebung ha-ben, werden in diesem Kapitel nicht behandelt. Die negativen Einflüsse werden heute ohne-hin von eifrigen Leuten gern theatralisch überbewertet, die positiven lernt der Außenste-hende erst kennen, wenn ein altes Wasserbauwerk beseitigt werden soll - dann wird es meist doch noch einmal rekonstruiert, schon um die wertvollen Tier- und Pflanzenbestände in sei-ner Umgebung zu erhalten.

Hier sollen die Wasserbauten nur von ihrer technischen Seite gesehen werden. Fragen der Mechanik von großen Wasserbauten werden im 5. Kapitel angesprochen - und zur Mechanik gehört nicht nur die Statik (mit Kräften, Spannungen und Standsicherheiten), auch die Hy-dromechanik und die Bodenmechanik.

Ein besonderes Problem des Wasserbaus ist die spezielle Bautechnologie. Zum einen kom-men Geräte zum Einsatz, die für "trockene" Bauwerke nicht gebraucht werden (Naßbagger, Schuten), zum anderen können neben den üblichen Witterungseinflüssen, die besonders der Winter mit sich bringt, im Wasserbau extreme Abflüsse oder Wasserstände jeden noch so gut ausgearbeiteten Bauablaufplan durcheinanderbringen. Deshalb lebt der Wasserbauer auch von seiner Erfahrung und ist mitunter auch zum Improvisieren, verbunden mit der Übernahme von besonderer Verantwortung, gezwungen.

5.1 Standsicherheit einer Staumauer

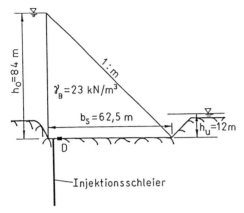

Eine Gewichtsstaumauer hat die in der Abb. 5.1 dargestellten Hauptabmessungen (Grunddreieck ohne Beachtung von Kontrollgängen und Kronendreieck). Sie wurde auf Fels der Felsklasse I errichtet, für den angegeben werden kann: Reibungsbeiwert $\tan \phi' = 0{,}75$; Kohäsion $c = 400$ kN/m². Der Injektionsschleier zur Untergrundverbesserung sollte den hydrodynamischen Sohlwasserdruck auf 40 % abmindern.

Abb. 5.1: Grunddreieck einer Gewichtsstaumauer

Nach vielen Betriebsjahren steigt der Druck an der mit D bezeichneten Druckmeßdose auf zeitweilig bis nahe 840 kN/m² an, was auf Schäden am Injektionsschleier hinweist.

a. Es ist zu überprüfen, ob die Staumauer damals ausreichend kipp- und gleitsicher projektiert wurde.

b. Bis zu welcher Höhe ist der Wasserspiegel zu senken, damit die Staumauer bis zur notwendigen Reparatur des Injektionsschleiers ausreichend standsicher bleibt?

Lösungen

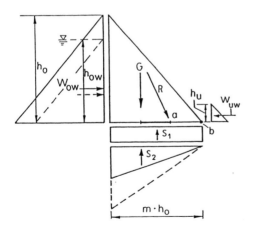

a. Eine Staumauer ist ausreichend kippsicher, d. h. an der Wasserseite der Gründungsfuge zugspannungsfrei, solange die Resultierende aller Kräfte in der Kernfläche die Sohle schneidet. Die Baukosten verlangen, daß der luftseitige Rand der Kernfläche als Durchstoßpunkt gewählt wird. Das in der Abb. 5.1 dargestellte Grunddreieck reicht von der Gründungssohle bis zur Krone des Hochwasserüberlaufs.

Abb. 5.2: Kräfte am Grunddreieck

Für dieses Grunddreieck können die Drücke und ihre Resultierenden gezeichnet werden, Abb. 5.2. Um den luftseitigen Rand der Kernfläche (Punkt a) ergibt das Momentengleichgewicht die Ausgangsgleichung (5.1).

$$\frac{1}{2} \cdot \gamma_B \cdot h_o \cdot m \cdot h_o \cdot \frac{m \cdot h_o}{3} - \gamma_W \cdot \frac{h_o^3}{6} - \gamma_W \cdot m \cdot h_o \cdot h_u \cdot \frac{m \cdot h_o}{3}$$

$$-k \cdot \gamma_W \cdot (h_o - h_u) \cdot \frac{1}{2} \cdot m \cdot h_o \cdot \frac{m \cdot h_o}{3} + \gamma_W \cdot \frac{h_u^3}{6} = 0 \tag{5.1}$$

Nach Umformungen entsteht aus Gl. (5.1):

$$m_{erf} = \sqrt{\frac{1 - \left(\dfrac{h_u}{h_o}\right)^3}{\dfrac{\gamma_B}{\gamma_W} - \dfrac{h_u}{h_o} - k \cdot \left(1 - \dfrac{h_u}{h_o}\right)}} \tag{5.2}$$

Mit den Werten der Aufgabe wird

$$m_{erf} = \sqrt{\frac{1 - \left(\dfrac{12}{84}\right)^3}{2,3 - \dfrac{12}{84} - 0,4 \cdot \left(1 - \dfrac{12}{84}\right)}} = 0,741$$

Die vorhandene Neigung ist

$$m_{vorh} = \frac{62,5}{84} = 0,744 > 0,741,$$

folglich war die Staumauer zugspannungsfrei in der Sohlfuge.

Die Kippsicherheit um den luftseitigen Fußpunkt b kann errechnet werden mit

$$G = \frac{1}{2} \cdot 84 \cdot 62,5 \cdot 23 = 60375 \text{ kN/m}$$

$$S_1 = 12 \cdot 10 \cdot 62,5 = 7500 \text{ kN/m}$$

$$S_2 = \frac{1}{2} \cdot 0,4 \cdot 10 \cdot (84 - 12) \cdot 62,5 = 9000 \text{ kN/m}$$

$$W_o = \frac{1}{2} \cdot 10 \cdot 84^2 = 35280 \text{ kN/m}$$

$$W_u = \frac{1}{2} \cdot 10 \cdot 12^2 = 720 \text{ kN/m}$$

$$\eta_K = \frac{60375 \cdot 41,67 + 720 \cdot 4}{7500 \cdot 31,25 + 9000 \cdot 41,67 + 35280 \cdot 28} = \frac{2518706}{1597245} = 1,58$$

Die Gleitsicherheit ergibt sich aus Gl. (5.3) und (5.4) zu:

$$\eta_{Gl} = \frac{\tan\phi' \cdot \sum V + c \cdot A}{\sum H} \tag{5.3}$$

mit $\sum V = G - S_1 - S_2$ und $\sum H = W_o - W_u$ $\qquad$ (5.4)

$$\eta_{Gl} = \frac{0,75 \cdot (60375 - 7500 - 9000) + 400 \cdot 62,5}{35280 - 720} = 1,67 > 1,5$$

b. In der Gl. (5.1) steht h_o sowohl für die Mauerhöhe als auch für die Höhe des Oberwassers über der Gründungssohle. Beim Absenken wird die Oberwasserhöhe mit h_{OW} bezeichnet, so daß Gl. (5.1) nunmehr ergibt

$$\frac{1}{2} \cdot 23 \cdot 84 \cdot 62,5 \cdot \frac{62,5}{3} - 10 \cdot \frac{h_{OW}^{~3}}{6} - 10 \cdot 62,5 \cdot 12 \cdot \frac{62,5}{6} - 1 \cdot 10(h_{OW} - 12) \cdot \frac{1}{2} \cdot 62,5 \cdot \frac{62,5}{3} + 10 \cdot \frac{12^3}{6} = 0$$

$$h_{OW}^{~3} + 3906,25 \cdot h_{OW} - 756415,5 = 0$$

$$h_{OW} = 76,96 \text{ m}$$

Auf diese Höhe wäre der Oberwasserspiegel abzusenken, wenn die Wasserseite trotz der Havarie am Injektionsschleier zugspannungsfrei bleiben soll.

Die Gleitsicherheit wäre in diesem Falle mit

$$\sum H = \frac{1}{2} \cdot 76,96^2 \cdot 10 - \frac{1}{2} \cdot 10 \cdot 12^2 = 28894,2 \text{ kN/m}$$

$$\sum V = 60375 - 7500 - \frac{1}{2} \cdot 10 \cdot 62,5 \cdot (76,96 - 12) = 32575 \text{ kN/m}$$

$$\eta_{Gl} = \frac{32575 \cdot 0,75 + 400 \cdot 62,5}{28894,2} = 1,71 > 1,5$$

Mit dem vorübergehend auf $h_{OW} = 76,96$ m abgesenkten Stauspiegel würde im Normalfall die Staumauer ausreichend standsicher sein. Kritischer wird es im Fall eines Hochwassers, da der Hochwasserüberlauf erst bei $h_{OW} = 84$ m anspringt.

5.2 Modernisierung eines Wehres

In einem Fluß in Sachsen staut ein altes festes Wehr das Wasser um etwa 4,0 m über Sohle. Das einst für den Mühlenbetrieb genutzte Wehr ist baufällig und dringend zu sanieren, da seine Standsicherheit nicht mehr gegeben ist. Es wurde einst aus noch relativ gut erhaltenem Beton gegossen, auf Lockergestein errichtet, mit einem (evtl. zu kurzen) Tosbecken versehen und ohne Zwischenpfeiler gebaut. Heutigen Anforderungen, z. B. der (n - 1) - Regel, genügt es folglich nicht. Ein Abriß des Wehres scheitert am Widerstand der Verantwortlichen für ein 3 bis 5 km oberhalb des Wehres entstandenes Naturschutzgebiet, das auch Zugvögeln als Rastplatz dient.

Ein Investor plant, das Gebäude der alten Mühle zu einem Wasserkraftwerk umzubauen. Eine wirtschaftliche Energiegewinnung ist aber nur möglich, wenn der Stau um 1,00 m erhöht werden kann. Dem Naturschutzgebiet schadet die vorgesehene Stauerhöhung nicht - im Gegenteil, eine Vergrößerung ist schon mit eingeplant.

Ein erster Entwurf für das neue Wehr sieht den in der Abb. 5.3 vorgestellten Schnitt durch das Wehr vor, das Teile des alten Massivbaues verwendet. Fünf Felder zu je 30 m Breite sind durch je 4 m breite Pfeiler getrennt. Sie erhalten eine Klappe als beweglichen Verschluß. Zur Sickerwegverlängerung wird vor das Wehr eine Spundwand geschlagen, die dicht mit dem Wehrkörper verbunden wird, aber keine senkrechten Kräfte überträgt. Die Fuge zwischen Wehrkörper und Tosbecken soll gedichtet werden und zur Übertragung von Druckkräften in der Lage sein.

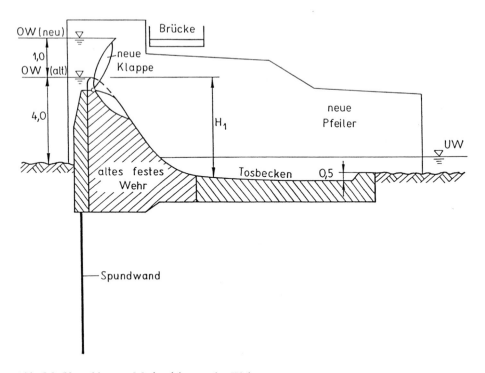

Abb. 5.3: Vorschlag zur Modernisierung des Wehres

Nachzuweisen sind die Stand- und Funktionssicherheit der Wehranlage einschließlich des Tosbeckens. Bekannt bzw. durch Voruntersuchungen ermittelt wurden folgende Werte:
- Größe des Bemessungshochwassers HQ_{100} = 475 m³/s,
- Abflußkurve für das Unterwasser nach Abb. 5.4 mit MQ = 165 m³/s und MNQ = 45 m³/s,
- γ_B = 24 kN/m³ für Wehrkörper und Tosbecken,
- Bodenkennwerte: γ = 20 kN/m³; γ ' = 11 kN/m³; φ' = 30°; λ = 3, d. h. die Durchlässigkeit des Bodens ist wegen der Schichtung in horizontaler Richtung gleich der dreifachen Durchlässigkeit in vertikaler Richtung.

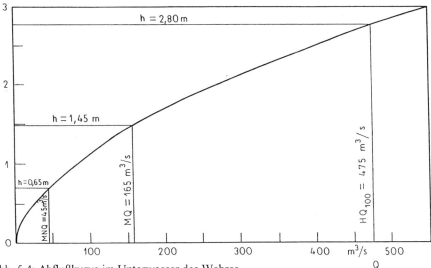

Abb. 5.4: Abflußkurve im Unterwasser des Wehres

Lösungen

a. Hydromechanische Leistungsfähigkeit des Wehres

Die (n - 1) - Bedingung besagt, daß von den fünf Wehrfeldern vier in der Lage sein müssen, das Bemessungshochwasser abzuleiten, ohne daß das höchste Stauziel überschritten wird [34]. Für die vier Wehröffnungen von je 30 m Breite ergeben sich also 120 m Gesamtbreite (Einschnürungen an den Wehrpfeilern können unberücksichtigt bleiben). Der Überfallbeiwert μ kann nach [5], S. 13.35 zu μ = 0,73 für das Überfallprofil mit umgelegter Klappe angesetzt werden. Wird die geringe Anströmgeschwindigkeit im Oberwasser gleich 0 gesetzt, so fließt je Breitenmeter ab

$$q = \frac{2}{3} \cdot \mu \cdot \sqrt{2 \cdot g} \cdot h^{\frac{3}{2}} \tag{5.5}$$

Mit h = 1,50 m als oberem Grenzwert (Stauziel soll nicht überschritten werden) ergibt sich:

$$q = \frac{2}{3} \cdot 0,73 \cdot 4,43 \cdot 1,5^{\frac{3}{2}} = 3,96 \text{ m}^3/\text{s,m}$$

Über die gesamte Wehrbreite von 120 m (vier Felder) können die 475 m³/s also gerade abgeführt werden.

Für das alte feste Wehr (gestrichelte Linie in Abb. 5.3) galt:

$$b = 5 \cdot 30 + 4 \cdot 4 = 166\,\text{m}; \quad \mu = 0,67; \quad \frac{475}{166} = 2,86\,\text{m}^3/\text{s} \cdot \text{m}$$

$$2,86 = \frac{2}{3} \cdot 0,67 \cdot 4,43 \cdot h^{\frac{3}{2}} \rightarrow h = 1,28\,\text{m}; \quad 92,5 + 1,28 = 93,78\,\text{m}$$

Beim Abfluß des HQ_{100} wäre der Wasserstand oberhalb des alten Wehres 28 cm höher gewesen als mit dem neuen Wehr.

b. Ermittlung der Tosbeckenlänge und -dicke

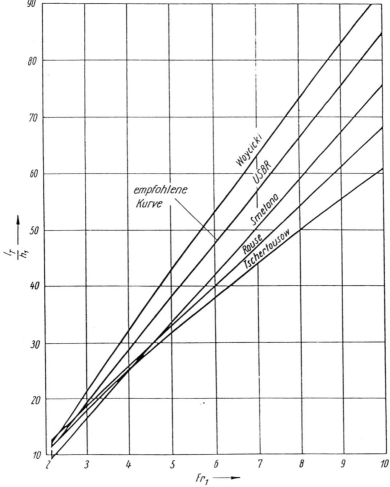

Abb. 5.5: Tosbeckenlänge nach verschiedenen Verfahren aus [7], S. 292

Die Tosbeckenlänge l_T kann z. B. nach Abb. 5.5 ermittelt werden

Zur Benutzung der Abb. 5.5 müssen die Wassertiefe h_1 und die *Froude*zahl Fr_1 bestimmt werden. Die Tiefe h_1 für den schießenden Abfluß wird iterativ aus der Erfüllung der Gleichungen (5.6) und (5.7) ermittelt.

$$q_1 = v_1 \cdot h_1 \tag{5.6}$$

$$v_1 = \sqrt{2 \cdot g \cdot H} \quad \text{mit} \quad H = H_1 - h_1 = \frac{v_1^{\,2}}{2 \cdot g} \tag{5.7}$$

Mit dem ersten Iterationsschritt $H = H_1 = 6{,}5$ m wird

$$v_1 = \sqrt{19{,}62 \cdot 6{,}5} = 11{,}29 \text{ m/s}; \quad h_1 = \frac{3{,}96}{11{,}29} = 0{,}35 \text{ m}$$

Im zweiten Iterationsschritt wird $H = H_1 - h_{1(1)} = 6{,}50 - 0{,}35 = 6{,}15$ m

$$v_{1(2)} = \sqrt{19{,}62 \cdot 6{,}15} = 10{,}98 \text{ m/s}; \quad h_{1(2)} = \frac{3{,}96}{10{,}98} = 0{,}36 \text{ m}$$

3. Schritt: $H = 6{,}50$ m $- 0{,}36$ m $= 6{,}14$ m

$$v_{1(3)} = \sqrt{19{,}62 \cdot 6{,}14} = 10{,}98 \text{ m/s} \rightarrow h_1 = 0{,}36 \text{ m}$$

Die *Froude*zahl kann nach Gl. (5.8) ermittelt werden

$$Fr_1 = \frac{v_1}{\sqrt{g \cdot h_1}} = \frac{10{,}98}{\sqrt{9{,}81 \cdot 0{,}36}} = 5{,}84 \tag{5.8}$$

Die Abb. 5.5 liefert für diese *Froude*zahl und bei Verwendung der empfohlenen Kurve $\frac{l_T}{h_1} = 47$ bzw. wird $l_T = 47 \cdot 0{,}36 = 16{,}92$ m. Gewählt wird ein 17 m langes Tosbecken.

Die Wassertiefe am Tosbeckenende kann aus Gl. (5.9) bestimmt werden.

$$\frac{h_2}{h_1} = \frac{1}{2} \cdot \left(\sqrt{1 + 8 \cdot Fr_1^{\,2}} - 1 \right) \tag{5.9}$$

$$h_2 = 0{,}36 \cdot 0{,}5 \cdot \left(\sqrt{1 + 8 \cdot 5{,}84^2} - 1 \right) = 2{,}80 \text{ m}$$

Durch die Vertiefung des Tosbeckens um 0,5 m (Abb. 5.3) bleibt der Wechselsprung mit Sicherheit im Tosbecken (Ohne Vertiefung wäre die Sicherheit bei diesem Abfluß auch gegeben, da $h_2 = h_u$, der Tiefe unterhalb des Wehres beim Abfluß des HQ_{100} ist, vgl. Abb. 5.4.

Die Dicke des Tosbeckens d_T kann nach [35], S. 279 aus Gl. (5.10) ermittelt werden

$$d_T \geq \frac{\eta_A \cdot m_u \cdot \gamma_W}{\gamma_B - \eta_A \cdot m_u \cdot \gamma_W} \cdot (h_u + \delta) \qquad (5.10)$$

mit $\eta_A = 1,1$ (Sicherheit gegen Auftrieb nach DIN 19702);
$m_u = 1,0$ bis 1,1 (Faktor zur Ausbildung des Sohlenwasserdruckes z. B. infolge von Spundwänden, gewählt 1,05);
$\delta = 0,5$ m (Eintiefung am Tosbeckenende);
$h_u = 1,0$ m bzw. Q = 84 m³/s (eine Betriebsanweisung muß also für dieses Wehr ein Auspumpen des Tosbeckens bei höheren Wasserständen ausschließen).

$$d_T = \frac{1,1 \cdot 1,05 \cdot 10}{24 - 1,1 \cdot 1,05 \cdot 10} \cdot (1,0 + 0,5) = 1,39 \text{ m}$$

Gewählt wird eine Tosbeckendicke von $d_T = 1,4$ m.

c. Ermittlung aller angreifenden Kräfte

Zum Nachweis der Standsicherheit des Wehres (Gleitsicherheit, Sicherheit gegen Auftrieb des Tosbeckens, Einhaltung zulässiger Sohldruckspannungen, bei Felsgestein als Untergrund auch der Kippsicherheit) werden die angreifenden Kräfte ermittelt und in ungünstigen, aber möglichen Kombinationen zusammengestellt. Für verschiedene Lastfälle (z. B. Hochwasserabfluß, Normalstau, Reparaturzustand, Bauzustände) sind die Nachweise zu führen. Hier wird der Lastfall "Normalstau" ausgewählt, wobei der Staustufe nur MNQ = 45 m³/s zufließen sollen. Somit ist der Unterwasserstand h = 0,65 m aus der Abflußkurve bekannt.

Vertikale Kräfte: Für die vertikalen Kräfte in der Abb. 5.6 können ermittelt werden:

Gewicht des Wehrkörpers $G_{We} = 680$ kN/m
Gewicht des Verschlusses $G_V = 27,35$ kN/m

Vertikale Wasserdruckkräfte V_1 bis V_8 :

$V_1 = 10 \cdot 1,5 \cdot 1,1 \cdot 0,5 = 8,25$ kN/m (Der Rücken der Klappe wird angenähert durch eine
                                                                    Gerade ersetzt)
$V_2 = 10 \cdot 1,5 \cdot 0,5 = 7,5$ kN/m
$V_3 = 10 \cdot 0,3 \cdot 0,5 \cdot 0,5 = 0,75$ kN/m
$V_4 = 10 \cdot 1,8 \cdot 0,7 = 12,60$ kN/m
$V_5 = 10 \cdot (6 - 1,8) \cdot 0,7 \cdot 0,5 = 14,70$ kN/m
$V_6 = 10 \cdot 1,6 \cdot 1,15 \cdot 0,5 = 9,20$ kN/m
$V_7 = 10 \cdot 17 \cdot 1,15 = 195,5$ kN/m
$V_8 = 10 \cdot 1 \cdot 0,65 = 6,5$ kN/m

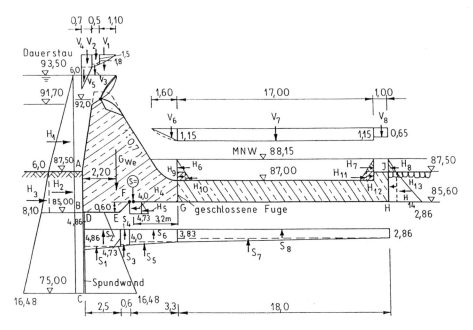

Abb. 5.6: Schnitt durch Wehr und Tosbecken

Der Sohlenwasserdruck wird unter der Annahme bestimmt, daß der Druckabbau entlang des unterirdischen Umrisses vom Punkt A bis zum Punkt I linear abnimmt, was bei homogenem Boden der Fall ist. Um dieses einfache Berechnungsverfahren auch bei natürlichem Untergrund, der in vertikaler Richtung oft eine geringere Durchlässigkeit als in horizontaler hat, anwenden zu können, werden alle vertikalen Längen im entsprechenden Maßstab vergrößert. Für Vorplanungen wird meist $\lambda = 3$ verwendet, d. h., daß die vertikale Sickerweglänge verdreifacht wird. Somit wird

$$L_{Ges} = 3 \cdot L_{V,Ges} + L_{H,Ges} \tag{5.11}$$

Bis zu einem beliebigen Punkt i ist die vom Sickerwasser zurückgelegte Strecke

$$L_i = 3 \cdot L_{V,i} + L_{H,i} \tag{5.12}$$

An diesem beliebigen Punkt i beträgt die Ordinate des Wasserdruckes

$$P_i = h_o + z_{S,i} - \Delta h \cdot \frac{L_i}{L_{Ges}} \tag{5.13}$$

mit h_o ... Höhe des freien Wasserspiegels im Oberwasser,
$z_{S,i}$ ... Tiefe des Punktes i unter der Flußsohle des Oberwassers,
Δh ... Differenz zwischen Oberwasser und Unterwasser.

Für den gewählten Lastfall ist $\Delta h = 93,50 - 88,15 = 5,35$ m. Die Gesamtlänge des unterirdischen Umrisses wird:

$$L_{Ges} = 3\cdot(2,5+10+10+0,6+1,9) + 2,5+0,6+3,2+18 = 99,3 \text{ m}$$

Es ergibt sich für die Punkte B bis I :

B: $L_B = 3\cdot2,5 = 7,5$ m

$$P_B = 6+2,5-5,35\cdot\frac{7,5}{99,3} = 8,10 \text{ m WS}$$

$$H_3 = \frac{1}{2}\cdot10\cdot(8,10-6)\cdot2,5 = 26,22 \text{ kN/m}$$

C: $L_C = 3\cdot12,5 = 37,5$ m

$$P_C = 6+12,5-5,35\cdot\frac{37,5}{99,3} = 16,48 \text{ m WS}$$

D: $L_D = 3\cdot(12,5+10) = 67,5$ m

$$P_D = 6,0+2,5-5,35\cdot\frac{67,5}{99,3} = 4,86 \text{ m WS}$$

E: $L_E = 3\cdot(12,5+10)+2,50 = 70$ m

$$P_E = 6,0+2,5-5,35\cdot\frac{70}{99,3} = 4,73 \text{ m WS}$$

$$S_1 = \frac{1}{2}\cdot10\cdot(4,86-4,73)\cdot2,5 = 1,63 \text{ kN/m}$$

$$S_2 = 10\cdot4,73\cdot2,5 = 118,25 \text{ kN/m}$$

F: $L_F = 3\cdot(12,5+10+0,6)+2,5+0,6 = 72,4$ m

$$P_F = 6,0+1,9-5,35\cdot\frac{72,4}{99,3} = 4,00 \text{ m WS}$$

$$S_3 = H_5 = \frac{1}{2}\cdot10\cdot(4,73-4,00)\cdot0,6 = 2,19 \text{ kN/m}$$

$$S_4 = H_4\ 10\cdot4,00\cdot0,6 = 24,0 \text{ kN/m}$$

G: $L_G = 3\cdot(12,5+10+0,6)+2,5+0,6+3,2 = 75,6$ m

$$P_G = 6,0+1,9-5,35\cdot\frac{75,6}{99,3} = 3,83 \text{ m WS}$$

$$S_5 = \frac{1}{2}\cdot10\cdot(4,00-3,83)\cdot3,2 = 2,72 \text{ kN/m}$$

$$S_6 = 10\cdot3,83\cdot3,2 = 122,56 \text{ kN/m}$$

H: $L_H = 3\cdot(12,5+10+0,6)+2,5+0,6+3,2+18 = 93,6$ m

$$P_H = 6,0+1,9-5,35\cdot\frac{93,6}{99,3} = 2,86 \text{ m WS}$$

$$S_7 = \frac{1}{2}\cdot10\cdot(3,83-2,86)\cdot18 = 87,3 \text{ kN/m}$$

$S_8 = 10 \cdot 2,86 \cdot 18 = 514,8 \text{ kN/m}$

I: $L_I = 3 \cdot (12,5 + 10 + 0,6 + 1,9) + 2,5 + 0,6 + 3,2 + 18 = 99,3 \text{ m}$

$P_I = 6,0 - 5,35 \cdot \dfrac{99,3}{99,3} = 0,65 \text{ m WS}$ (was zu erwarten war)

Tabelle 5.1: Zusammenstellung aller Kräfte

Lastkomponente	Vertikal	Horizontal	Schwerpunkt-abstand e	Moment um Schwerpunkt S
	kN/m	kN/m	m	kNm/m
Wehr G_{We}	680,00	-	1,00	680,000
G_S	27,35	-	-	-
V_1	8,25	-	1,63	- 13,448
V_2	7,50	-	2,25	- 16,875
V_3	0,75	-	2,33	- 1,748
V_4	12,60	-	2,85	- 35,910
V_5	14,70	-	2,97	- 43,659
V_6	9,20	-	2,67	+ 24,564
S_1	- 1,63	-	2,37	+ 3,863
S_2	- 118,25	-	1,95	+ 230,588
S_3	- 2,19	-	0,50	+ 1,095
S_4	- 24,00	-	0,40	+ 9,600
S_5	- 2,72	-	1,00	- 2,720
S_6	- 122,56	-	1,55	- 189,968
H_1	-	180,00	3,90	+ 702,000
H_2	-	150,00	0,65	+ 97,500
H_3	-	26,22	0,23	+ 6,031
H_4	-	- 24,00	0,30	+ 7,200
H_5	-	- 2,19	0,40	+ 0,876
H_6	-	- 2,11	2,12	- 4,473
H_{13}	-	- 12,35	0,95	- 11,733
H_{14}	-	- 21,00	0,63	- 13,230
Gesamt Wehr	**489,00**	**294,57**	-	**+ 69,553**
Tosbecken:				
V_7	195,50	-		
V_8	6,50	-		
S_7	- 87,30	-		
S_8	- 514,80	-		
G_{To}	618,80	-		
Gesamt Tosbecken	**218,70**	-		

$H_{13} = 10 \cdot 0,65 \cdot 1,9 = 12,35 \text{ kN/m}$

$H_{14} = \dfrac{1}{2} \cdot 10 \cdot (2,86 - 0,65) \cdot 1,9 = 21,00 \text{ kN/m}$

Die restlichen <u>horizontalen Wasserdruckkräfte</u> errechnen sich zu

$$H_1 = \frac{1}{2} \cdot 10 \cdot 6 \cdot 6 = 180 \text{ kN/m}$$

$$H_2 = 10 \cdot 6 \cdot 2,5 = 150 \text{ kN/m}$$

$$H_6 = H_7 = H_8 = \frac{1}{2} \cdot 10 \cdot 0,65 \cdot 0,65 = 2,11 \text{ kN/m}$$

$$H_9 = H_{12} = 10 \cdot 0,65 \cdot 0,5 = 3,25 \text{ kN/m}$$

$$H_{10} = H_{11} = \frac{1}{2} \cdot 10 \cdot 0,5 \cdot 0,5 = 1,25 \text{ kN/m}$$

Die Zusammenstellung aller Kräfte erfolgte in der Tabelle 5.1.

d. Auftriebssicherheit des Tosbeckens

Die Auftriebssicherheit des leeren Tosbeckens errechnet sich aus

$$\eta_A = \frac{G}{A} \quad \text{mit } G = \sum (V_i + G) \quad \text{und } A = \sum S_i \tag{5.14}$$

$$G = 24 \cdot (18 \cdot 1,4 + 1,0 \cdot 0,5) = 616,8 \text{ kN/m}$$

$$A = 10 \cdot 2,86 \cdot 18 + \frac{1}{2} \cdot 10 \cdot (3,83 - 2,86) \cdot 18 = 602,1 \text{ kN/m}$$

$$\eta_A = \frac{618,8}{602,1} = 1,02$$

Obwohl das Tosbecken im Reparaturfall nicht aufschwimmen würde, reicht die Auftriebssicherheit nicht aus; gefordert wird $\eta_A = 1,1$ bzw. 1,05 (im Lastfall 3). Die nach Gl. (5.10) ermittelte Tosbeckendicke ist also knapp bemessen, was auf den Faktor m_u zurückzuführen ist (mit $m_u = 1,1$ wird $d_T = 1,53$ m).

e. Gleitsicherheit des Wehres

Der Untergrund soll aus Sand, mitteldicht gelagert, bestehen. Nach [5], S. 11.5 kann für diesen Boden ein Winkel der inneren Reibung von cal $\phi = 32,5°$ angenommen werden. Die Gleitsicherheit nach Gl. (5.3) ergibt sich somit zu (vgl. auch Tab. 5.1):

$$\eta_{Gl} = \frac{(489,0 + 218,7) \cdot \tan 32,5°}{294,57} = 1,53 > 1,50 = \eta_{Gl,erf}$$

Vorausgesetzt, daß die Fuge zwischen Wehrkörper und Tosbecken Druckspannungen überträgt, ist die Gesamtanlage gleitsicher.

f. Spannungen in der Sohlfuge

Die Resultierende durchstößt in der Entfernung e_x vom Mittelpunkt die Sohlfläche

$$e_x = \frac{\sum M_S}{\sum N} \qquad (5.15)$$

Aus der Tabelle 5.1 kann für den Wehrkörper (ohne Tosbecken) übernommen werden: $\sum M_S = 69{,}553$ kNm/m; $\sum N = 489{,}0$ kN/m.

$$e_x = \frac{69{,}553}{489} = 0{,}14 \text{ m} < 1{,}07 \text{ m} = \frac{b_x}{6}$$

Die Resultierende liegt in der Kernfläche.

Pro lfd. Meter Wehrbreite wird der Untergrund durch folgende Spannungen beansprucht:

$$\sigma_{W,L} = \frac{N}{d} \pm \frac{6 \cdot M}{d^2} \qquad (5.16)$$

σ_W ... wasserseitige Sohlenspannung in kN/m²,
σ_L ... luftseitige Sohlenspannung in kN/m² (an der Fuge zum Tosbecken),
d .... Bauteildicke, hier 6,4 m (Sohlenbreite).

Mit den vorliegenden Werten, vgl. auch Tab. 5.1, wird

$$\sigma_L = \frac{489}{6{,}4} + \frac{6 \cdot 69{,}553}{6{,}4^2} = 86{,}6 \text{ kN/m}^2$$

$$\sigma_W = \frac{489}{6{,}4} - \frac{6 \cdot 69{,}553}{6{,}4^2} = 66{,}2 \text{ kN/m}^2$$

Zulässige Spannungen sind dem Baugrundgutachten zu entnehmen. Nach [5], S. 9.11 liegen zulässige Spannungen für den hier angenommenen Sand wesentlich höher.

5.3 Hochwasserentlastungsanlage

Der Hochwasserüberlauf einer Staumauer ist ein fester Überlauf nach Abb. 5.7 (links). Mit einem Überfallbeiwert, z. B. nach [5], S. 13.35 von $\mu = 0{,}73$ und einer Breite von 80 m wurde er einst ausgebildet, weil er ein Hochwasser von maximal $Q = 400$ m³/s abzuführen hatte. Nunmehr soll die Höhe des beherrschbaren Hochwasserschutzraumes durch Aufsetzen von drei Klappen zu je 24 m Breite, getrennt durch zwei je 4 m breite Pfeiler, um 2,00 m vergrößert werden, Abb. 5.7 (rechts). Auch beim Abfluß des Bemessungshochwassers dürfen diese 2 m Stauhöhe nicht überschritten werden, obwohl der Überfallbeiwert durch den Einbau der Klappe auf $\mu = 0,68$ verringert wird.

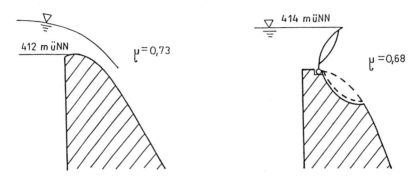

Abb. 5.7: Fester Überlauf und Überlauf mit Klappe

Lösungen

Da die Höhe der Staumauer sehr groß und folglich die Anströmgeschwindigkeit praktisch gleich 0 ist, kann die Überfallformel in vereinfachter Form verwendet werden. Mit den in der Aufgabenstellung genannten Werten kann die Gl. (5.5) nach der Überfallhöhe h wie folgt aufgelöst werden:

$$h = \sqrt[3]{\left(\frac{400 \cdot 3}{2 \cdot 0,73 \cdot 4,43}\right)^2} = 1,75 \text{ m}$$

Da das höchste Stauziel nur gering (0,25 m) beeinflußt wird, sollen Fragen der Standsicherheit der Staumauer hier nicht untersucht werden.

Für die veränderten Verhältnisse ($b = 3 \cdot 24 = 72$ m; $\mu = 0,68$; $h \le 2,00$ m) wird Q ermittelt zu

$$Q = \frac{2}{3} \cdot 0,68 \cdot 4,43 \cdot 72 \cdot 2^{\frac{3}{2}} = 409 \text{ m}^3/\text{s} > 400 \text{ m}^3/\text{s}$$

Durch das Anbringen der Pfeiler (falls diese als Auflager einer Brücke über die Mauer nicht ohnehin schon vorhanden waren) ergibt sich eine seitliche Einschnürung des Überfallstrahles. Diese kann berücksichtigt werden, indem eine Gesamtbreite nach Gl. (5.17) ermittelt wird.

$$b = \frac{Q}{\frac{2}{3} \cdot \mu \cdot \sqrt{2 \cdot g} \cdot h^{\frac{3}{2}}} + \sum b_{Pf} + 2 \cdot n \cdot \xi \cdot h \qquad (5.17)$$

Im Beispiel ist $\sum b_{Pf} = 2 \cdot 4 = 8,0$ m; $n = 3$ (Anzahl der Pfeiler plus zwei seitliche Widerlager). Der ξ-Beiwert kann der Abb. 5.8 entnommen werden.

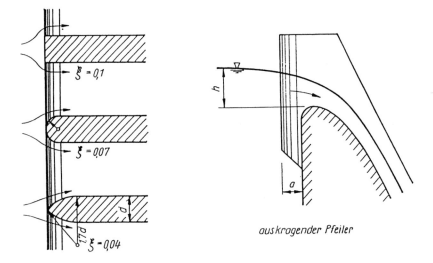

Abb. 5.8: Einschnürungsbeiwerte bei Pfeilern nach [7]

Somit wird b, wenn nicht ausgerundete Pfeiler verwendet werden:

$$b_{erf} = \frac{400}{\frac{2}{3} \cdot 0,68 \cdot 4,43 \cdot 2^{\frac{3}{2}}} + 2 \cdot 4 + 2 \cdot 3 \cdot 0,1 \cdot 2 = 79,62 < 80 \text{ m} = b_{vorh}$$

Unter der Voraussetzung, daß auch aus anderer Sicht (Standsicherheit der Staumauer, Verringerung des Freibordes) keine Einwände kommen, kann der Hochwasserüberlauf umgebaut werden.

5.4 Bemessung eines Revisionsverschlusses

Für den Neubau einer Schleuse, deren lichte Breite 12,50 m beträgt, ist für die Oberwasserseite ein Revisionsverschluß zu entwerfen. Die Wassertiefe über dem Drempel beträgt 4,50 m, durch Windstau und Schwallerscheinungen kann bis 5,00 m Wassertiefe eintreten. Geplant ist, die Einfahrtsöffnung durch Dammbalken abzuschließen, die aus einem tragenden I-Profil bestehen, das durch zwei dichtende Holzbalken ergänzt ist. Die Abb. 5.9 zeigt den Querschnitt eines Dammbalkens (rechts) sowie die Belastung des Revisionsverschlusses (links).

Die Spannweite jedes Dammbalkens beträgt rechnerisch 13,0 m wegen der 0,5 m tiefen seitlichen Nischen. Die einzelnen Dammbalken werden gleich ausgebildet, um Verwechslungen auszuschließen.

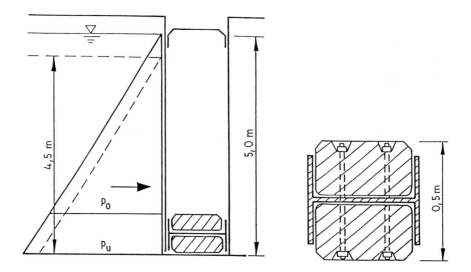

Abb. 5.9: Revisionsverschluß (links), bestehend aus Dammbalken (rechts)

Lösung

Im Lastfall H (Hauptlasten, also ohne Windstau und Schwall) ergibt sich aus dem Belastungsbild: $p_o = 40$ kN/m²; $p_u = 45$ kN/m²

$$F = \frac{p_o + p_u}{2} \cdot h_{Db} = \frac{40 + 45}{2} \cdot 0,5 = 21,25 \text{ kN/m} \tag{5.18}$$

Das maximale Moment wird:

$$M_{max} = \frac{F \cdot l^2}{8} = \frac{21,25 \cdot 13^2}{8} = 448,9 \text{ kNm} \tag{5.19}$$

Aus der zulässigen Spannung bei Biegezug/-druck von $\sigma_{zul} = 16$ kN/cm² für St 37 wird

$$W_{erf} = \frac{44890}{16} = 2806 \text{ cm}^3$$

Im Lastfall HZ (also mit Windstau und Schwallerscheinungen) sind die entsprechenden Werte:

$p_o = 45$ kN/m²; $p_u = 50$ kN/m²; $F = 23,75$ kN/m; $M_{max} = 501,7$ kNm;

$\sigma_{zul} = 18$ kN/cm²; $W_{erf} = 2787$ cm³

Maßgebend ist hier Lastfall H mit W_{erf} = 2806 cm³. Gewählt wird ein Träger der HEA (IPBl)-Reihe nach DIN 1025, Teil 3, mit einer Nennhöhe h von 450 mm mit W_y = 2900 cm³.
Die Masse eines Dammbalkens wird gebildet aus
den Kanthölzern   0,056 t/m und
den Trägern   0,140 t/m
Die Masse eines Dammbalkens beträgt also 13,5·0,196 = 2,65 t.

5.5 Füllung einer Schleusenkammer

Eine Kammerschleuse, 190 m lang, 12,5 m breit, überwindet 8 m Hubhöhe zwischen zwei Kanalhaltungen. Sie wird am Oberhaupt durch kurze Torumläufe, also tiefliegende Verschlüsse, gefüllt. Der Unterwasserstand beträgt 4,00 m über der Sohle. Die Umlaufverschlüsse geben auf jeder Seite ein Rechteckprofil von 2,00 m Breite und 3,00 m Höhe frei. Der μ-Beiwert kann mit μ = 0,65 angenommen werden. In der Schleuse soll das Längsgefälle nicht größer werden als 0,04 %. Im oberen Vorhafen, der B_V = 40 m breit und h_V = 4,00 m tief ist, (Rechteckprofil), soll der Absunk z_{max} = 20 cm nicht überschreiten.

Zu ermitteln sind:

a. Die Füllzeit unter der Bedingung, daß der maximale Zufluß auftritt, wenn die Öffnung der Verschlußorgane beendet ist;

b. die kürzeste Füllzeit unter Ausnutzung der zulässigen Füllwassermenge;

c. der Verlauf der Füllkurve bei Ausnutzung von Q_{max} und Erzielung einer möglichst kurzen Füllzeit.

Lösungen

a. Als Grenzwert für die zulässige Querschnittsfreigabe der Füllverschlüsse ergibt sich nach [36], S. 217:

$$n_{zul} = \frac{I_{W,zul} \cdot B \cdot g \cdot h_u}{\mu \cdot \sqrt{2 \cdot g} \cdot \sqrt{H_{ges}}} \tag{5.20}$$

Mit den in der Aufgabenstellung genannten Werten wird

$$n_{zul} = \frac{0,0004 \cdot 12,5 \cdot 9,81 \cdot 4}{0,65 \cdot \sqrt{2 \cdot 9,81 \cdot 8}} = 0,024 \text{ m}^2/\text{s}$$

Daraus kann die Geschwindigkeit für das Anheben der beiden 2,00 m breiten Füllverschlüsse zu v_V = 6 mm/s ermittelt werden. Die Öffnungszeit des Verschlusses ergibt sich zu t_1 = 500 s bzw. 8 Minuten und 20 Sekunden.

Die maximal zufließende Wassermenge ergibt sich aus Gl. (5.21), die gesamte Füllzeit der Schleuse aus Gl. (5.22).

$$Q_{max} = \mu \cdot a_1 \cdot \sqrt{2 \cdot g \cdot H_{ges}} - \frac{\mu^2 \cdot a_1^2 \cdot 2 \cdot g}{4 \cdot A} \cdot t_1 \qquad (5.21)$$

$$T_{ges} = \frac{2 \cdot A \cdot \sqrt{H_{ges}}}{\mu \cdot \sqrt{2 \cdot g} \cdot a_1} + \frac{t_1}{2} \qquad (5.22)$$

a_1 ... Querschnittsfläche der Füllverschlüsse in m²; $a_1 = 2 \cdot 2 \cdot 3 = 12$ m²
A ... Oberfläche der Schleusenkammer in m²; $A = 12,5 \cdot 190 = 2375$ m²

Somit wird:

$$Q_{max} = 0,65 \cdot 12 \cdot \sqrt{19,62 \cdot 8} - \frac{0,65^2 \cdot 12^2 \cdot 19,62}{4 \cdot 2375} \cdot 500 = 34,9 \text{ m}^3/\text{s}$$

$$T_{ges} = \frac{2 \cdot 2375 \cdot \sqrt{8}}{0,65 \cdot 4,43 \cdot 12} + 250 = 639 \text{ s bzw. } 10,6 \text{ Minuten}$$

b. Mit Füllbeginn entstehen oberhalb der Schleuse ein Absunk z, ein Wasserspiegelgefälle I und eine Wellengeschwindigkeit w, mit der sich dieses Gefälle gegen die Fließrichtung fortbewegt. Der Absunk z, der laut Aufgabenstellung 20 cm nicht überschreiten darf, und die Wellengeschwindigkeit w bestimmen vor allem die Größe der zufließenden Wassermenge. Zum Zeitpunkt des größten Zuflusses Q_{max} zur Schleuse tritt z_{max}, die größte Absenkung auf, Gl. (5.23):

$$z_{max} = \frac{Q_{max}}{w \cdot B_V} \qquad (5.23)$$

Die Wellengeschwindigkeit w kann aus Gl. (5.24) bestimmt werden:

$$w \cong \sqrt{g \cdot \frac{A_V}{B_V}} \qquad (5.24)$$

Mit $B_V = 40$ m (Breite des Vorhafens) und $A_V = 160$ m² (Querschnittsfläche des 4,00 m tiefen Vorhafens) wird

$$w = \sqrt{9,81 \cdot \frac{160}{40}} = 6,26 \text{ m/s}$$

$$Q_{max} = 0,20 \cdot 6,26 \cdot 40 = 50,08 \text{ m}^3/\text{s}$$

Diese Wassermenge kann dem Oberwasser entnommen werden, ohne daß der zulässige Sunkwert überschritten wird. Sie wird nicht erreicht, weil die zulässige Anfangsfüllwassermenge gering ist.

Beachtet man die zulässige Anfangsfüllwassermenge nicht, so würde sich die Querschnitts-freigabe der Füllverschlüsse aus Gl. (5.25) ergeben.

$$Q_{max} = \sqrt{\frac{16}{27}} \cdot \mu \cdot \sqrt{2 \cdot g} \cdot n \cdot A \cdot H_{ges}^{\frac{3}{2}} \tag{5.25}$$

$$n = \frac{50,08^2 \cdot 27}{16 \cdot 0,65 \cdot 4,43 \cdot 2375 \cdot 8^{\frac{3}{2}}} = 0,0273 \text{ m}^2/\text{s}$$

Nach Gl. (5.20) würde sich I_W ergeben zu

$$I_W = \frac{0,0273 \cdot 0,65 \cdot 4,43 \cdot \sqrt{8}}{12,5 \cdot 9,81 \cdot 4} = 0,000453 > 0,04 \% = I_{W,zul}$$

Das kann Trossenkräfte bei den zu schleusenden Schiffen ergeben, die die zulässigen Werte überschreiten.

c. Bei der Lösung a. wurde die Querschnittsfreigabe n konstant gehalten. Die Füllverschlüsse wären also mit $v_V = 6$ mm/s hochzuziehen. Die aus den Bedingungen des oberen Vorhafens zulässige maximale Wasserentnahme wird aber nicht erreicht. Lösung b. setzt das Ausnutzen von $Q_{max} = 50,08$ m³/s voraus. Bei konstantem Wert für n bzw. v_V würde hier aber die zulässige Anfangsfüllwassermenge überschritten. Um beide Forderungen weitestgehend zu berücksichtigen, bleibt nur die Möglichkeit, die Querschnittsfreigabe n bei den Füllverschlüssen zu variieren. Das erfolgt bei der schrittweisen Berechnung der Füllwassermengen und der Wasserspiegel in Tabelle 5.2. Ein neues n in Spalte 2 wurde jeweils mit der Wassertiefe h_S in der Schleuse aus Spalte 9 ermittelt, indem in Gl. (5.20) h_S für h_u eingesetzt wurde. Beim Einsetzen des größtmöglichen n-Wertes ergibt sich ein Überschreiten von Q_{max}, folglich muß die Querschnittsfreigabe auch einmal verlangsamt werden. Auf diese Weise gelingt es auch, einen Zufluß im Bereich von Q_{max} über einen gewissen Zeitraum zu erhalten und somit eine kleine Füllzeit zu erreichen. Sie ergibt sich nach Tabelle 5.2 zu 562 s bzw. 9,37 Minuten, wenn gegen die Restdruckhöhe von 15 cm die Schleusentore geöffnet werden. Die Abb. 5.10 zeigt über die 562 s den Verlauf der Füllwassermenge und den Wasserspiegel in der Schleusenkammer.

Tabelle 5.2: Schrittweise Berechnung des Füllvorganges

1	2	3	4	5	6	7	8	9	10
t	n	a	$\mu \cdot a \cdot \sqrt{2 \cdot g}$	h_m	$Q = \mu \cdot a \cdot \sqrt{2 \cdot g} \cdot \sqrt{h_m}$	$\Delta h = \dfrac{Q \cdot \Delta t}{A}$	$H_{ges} - \Delta h$	h_S	v_V
s	m²/s	m²	m²,⁵/s	m	m³/s	m	m	m	mm/s
0	0,024	0					8,00	4,00	6,00
			0,69	7,99	1,95	0,02			
20		0,48					7,98	4,02	
			2,07	7,96	5,84	0,05			
40		0,96					7,93	4,07	

			3,46	7,89	9,77	0,08			
60		1,44					7,85	4,15	
			4,87	7,79	13,6	0,11			6,25
80	0,025	1,94					7,74	4,26	
			6,31	7,67	17,5	0,15			
100		2,44					7,59	4,41	
			7,75	7,50	21,2	0,18			
120		2,94					7,41	4,59	
			9,26	7,30	25,0	0,21			6,90
140	0,028	3,49					7,20	4,80	
			10,84	7,08	28,8	0,24			
160		4,04					6,96	5,04	
			12,43	6,82	32,5	0,27			
180		4,59					6,69	5,31	
			14,08	6,54	36,0	0,30			
200	0,030	5,19					6,39	5,61	7,50
			15,81	6,23	39,5	0,33			
220		5,79					6,06	5,94	
			17,54	5,88	42,5	0,36			
240		6,39					5,70	6,30	
			19,12	5,51	44,9	0,38			
260	0,025	6,89					5,32	6,68	6,25
			20,56	5,12	46,5	0,39			
280		7,39					4,93	7,07	
			22,00	4,73	47,8	0,40			
300		7,89					4,53	7,47	
			23,44	4,33	48,8	0,41			
320		8,39					4,12	7,88	
			24,88	3,92	49,3	0,41			
340		8,89					3,71	8,29	
			26,32	3,50	49,2	0,41			
360		9,39					3,30	8,70	
			27,90	3,10	49,1	0,41			
380	0,030	9,99					2,89	9,11	7,50
			29,63	2,69	48,6	0,41			
400		10,59					2,48	9,52	
			31,36	2,28	47,4	0,40			
420		11,19					2,08	9,92	
			33,39	1,83	45,2	0,51			
447		12,00					1,57	10,43	
			34,55	1,16	37,2	0,83			
500		12,00					0,74	11,26	X
			34,55	0,49	24,2	0,51			X
550		12,00					0,23	11,77	X
			34,55	0,19	15,1	0,08			X
562		12,00					0,15*	11,85	X

* Bei dieser Restdruckhöhe können die Verschlüsse geschlossen bzw. die Tore geöffnet werden.

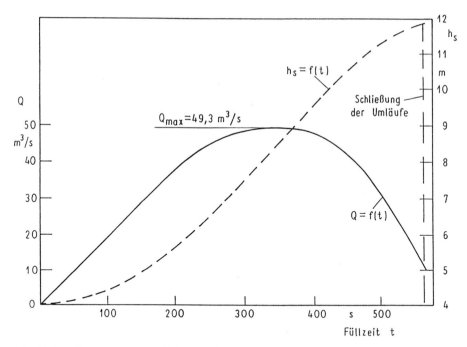

Abb. 5.10: Füllwassermenge und Wasserspiegel in der Schleuse

5.6 Entleerung einer Sparschleuse

Eine Sparschleuse mit 200 m Länge, 12,5 m Breite und 24,0 m Hubhöhe hat drei Sparbecken, deren Oberflächen das 1,25-fache der Kammerfläche betragen.

$$A_S = 200 \cdot 12,5 = 2500 \text{ m}^2; \quad A_B = 1,25 \cdot 2500 = 3125 \text{ m}^2$$

Einen Querschnitt durch die Anlage zeigt die Abb. 5.11.

Gegenwärtig hat die Schleuse Umläufe mit Zuläufen in die Sparbecken und in den unteren Vorhafen, die einen Füllquerschnitt von $a_1 = 16,00$ m² freigeben. Die Öffnungszeiten für die Sparbeckenverschlüsse t_1 und auch die für die Verschlüsse zum Unterwasser t_R betragen jeweils 120 s, die Schließzeiten $t_c = 60$ s. Die Verschlüsse werden erst nach voller Ausspiegelung betätigt. Der μ-Beiwert kann mit $\mu = 0,7$ eingesetzt werden.

Da die beiden Nachbarschleusen kürzere Schleusungszeiten aufweisen, kommt es immer wieder zu Wartezeiten an der zu untersuchenden Schleuse. Um die Entleerungszeit dieser Sparschleuse zu verkürzen, bieten sich grundsätzlich drei Möglichkeiten an:
* Betätigen von Verschlüssen und Untertor gegen eine noch verbleibende Restdruckhöhe von $\Delta h = 20$ cm;
* Verringerung der Öffnungs- und Schließzeit auf je 30 bzw. 15 s;
* Änderungen an den Rahmen und Schütztafeln, so daß $a_1 = 18,00$ m² einheitlich beträgt.

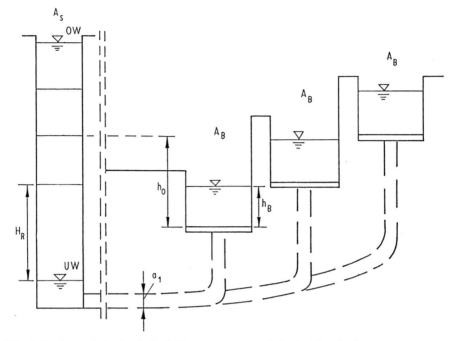

Abb. 5.11: Querschnitt durch die Schleusenkammer und die drei Sparbecken

Es ist zu untersuchen, welche Verkürzung der Entleerungszeit ohne konstruktive Veränderungen möglich ist, und anschließend, welche Entleerungszeiten sich bei Vergrößerung der Umlaufquerschnitte im Bereich der Verschlußorgane ergeben (Die Umläufe selbst sollen bereits mindestens 18 m² Querschnitt haben, und auch die Stichkanäle werden als ausreichend leistungsfähig angenommen.

Lösungen

a. Gegenwärtige Entleerungszeit T_{ges}

Die gesamte Entleerungszeit kann nach Gl. (5.26) bestimmt werden.

$$T_{ges} = m \cdot T_S + T_R \tag{5.26}$$

mit m ... Anzahl der Sparbecken,
T_S ... Zeit in s für die Füllung eines Sparbeckens;
T_R ... Zeit in s für das Entleeren der Restwassermenge in den unteren Vorhafen.

Bei voller Ausspiegelung ist

$$T_S = \frac{A_S \cdot A_B}{(A_S + A_B)} \cdot \frac{2 \cdot \sqrt{h_0}}{\mu \cdot \sqrt{2 \cdot g \cdot a_1}} + \frac{t_1}{2} + t_c \tag{5.27}$$

$$h_0 = \frac{(1+k) \cdot (H - 2 \cdot \Delta h)}{k \cdot (m+1) + 1} + \Delta h \qquad (5.28)$$

$$\text{Mit} \ \ k = \frac{A_B}{A_S} = \frac{3125}{2500} = 1,25 \qquad (5.29)$$

wird bei Ausspiegelung ($\Delta h = 0$)

$$h_0 = \frac{(1+1,25) \cdot 24}{1,25 \cdot 4 + 1} = 9,00 \ \text{m}$$

$$T_S = \frac{2500 \cdot 3125}{(2500 + 3125)} \cdot \frac{2 \cdot \sqrt{9}}{0,7 \cdot \sqrt{19,62} \cdot 16} + \frac{120}{2} + 60 = 288 \ \text{s} \ \ (4,8 \ \text{min})$$

Die Anfangsdruckhöhe für die Restwassermenge, die ins Unterwasser abgegeben wird, beträgt:

$$H_R = \frac{(1+k) \cdot (H - 2 \cdot \Delta h)}{k \cdot (m+1) + 1} + 2 \cdot \Delta h \qquad (5.30)$$

$$H_R = \frac{2,25 \cdot 24}{1,25 \cdot 4 + 1} = 9,00 \ \text{m}$$

Damit kann die Zeit für das Entleeren der Restwassermenge T_R nach Gl. (5.31) bestimmt werden.

$$T_R = \frac{2 \cdot A_S \cdot \sqrt{H_R}}{\mu \cdot a_R \cdot \sqrt{2 \cdot g}} + \frac{t_R}{2} \qquad (5.31)$$

$$T_R = \frac{2 \cdot 2500 \cdot \sqrt{9}}{0,7 \cdot 16 \cdot \sqrt{19,62}} + \frac{120}{2} = 362 \ \text{s} \ \ (6 \ \text{min})$$

Nach Gl. (5.26) wird die gesamte Entleerungszeit

$$T_{ges} = 3 \cdot 288 + 362 = 1226 \ \text{s} \ \ (20,4 \ \text{min})$$

b. Zunächst wird die Entleerungszeit für den Fall bestimmt, daß die Verschlußorgane betätigt werden, wenn noch eine Restdruckhöhe von $\Delta h = 20$ cm vorhanden ist.

Nach Gl. (5.28) wird

$$h_0 = \frac{(1+1,25) \cdot (24 - 2 \cdot 0,2)}{1,25 \cdot (3+1) + 1} + 0,2 = 9,05 \ \text{m}$$

Die Zeit, die für das Entleeren eines Beckens benötigt wird, beträgt

$$T_S = \frac{2 \cdot A_S \cdot A_B}{A_S + A_B} \cdot \frac{\left(\sqrt{h_0} - \sqrt{\Delta h}\right)}{\mu \cdot \sqrt{2 \cdot g} \cdot a_1} + \frac{1}{2} \cdot \left(t_1 + t_c\right) \qquad (5.32)$$

Mit den Werten dieser Aufgabe wird

$$T_S = \frac{2 \cdot 2500 \cdot 3125}{2500 + 3125} \cdot \frac{\sqrt{9,05} - \sqrt{0,2}}{0,7 \cdot \sqrt{19,62} \cdot 16} + \frac{1}{2} \cdot (120 + 60) = 233,4 \text{ s} \quad (3,9 \text{ min})$$

Mit den Gleichungen (5.30) und (5.31) wird

$$H_R = \frac{(1 + 1,25) \cdot (24 - 0,4)}{1,25 \cdot (3 + 1) + 1} + 0,4 = 9,25 \text{ m}$$

$$T_R = \frac{2 \cdot 2500 \cdot \sqrt{9,25}}{0,7 \cdot 16 \cdot \sqrt{19,62}} + 60 = 366,5 \text{ s} \quad (6,1 \text{ min})$$

Somit wird

$$T_{ges} = 3 \cdot 3,9 + 6,1 = 17,8 \text{ min}$$

Das Schließen der Verschlußorgane gegen eine Überdruckhöhe von 0,20 m spart also 2,6 Minuten bei jeder Entleerung der Sparschleuse (natürlich noch einmal 2,6 Minuten bei jedem Füllen der Schleuse).

c. Die Zeit für das Absenken des Wasserspiegels in der Schleuse kann auch durch ein schnelleres Betätigen der Füllverschlüsse (jetzt $t_1 = 30$ s und $t_c = 15$ s) sowie durch Kombinieren beider Möglichkeiten erreicht werden.

Beim Abwarten der Ausspiegelung ($\Delta h = 0$) ergibt sich mit dem schnelleren Betätigen der Verschlußorgane:

$$T_S = \frac{2500 \cdot 3125}{5625} \cdot \frac{2 \cdot \sqrt{9}}{0,7 \cdot \sqrt{19,62} \cdot 16} + 30 + 15 = 213 \text{ s} \quad (3,55 \text{ min})$$

$$T_R = \frac{2 \cdot 2500 \cdot \sqrt{9}}{0,7 \cdot 16 \cdot \sqrt{19,62}} + \frac{30}{2} = 317 \text{ s} \quad (5,29 \text{ min})$$

$$T_{ges} = 3 \cdot 213 + 317 = 956 \text{ s} \quad (15,9 \text{ min})$$

Das schnellere Betätigen der Verschlüsse bringt eine größere Zeiteinsparung, im Beispiel 4,5 Minuten. Mit der Kombination beider Möglichkeiten wird

$$T_S = \frac{2 \cdot 2500 \cdot 3125}{5625} \cdot \frac{\sqrt{9,05} - \sqrt{0,2}}{0,7 \cdot \sqrt{19,62} \cdot 16} + \frac{1}{2} \cdot (30 + 15) = 166 \text{ s} \quad (2,76 \text{ min})$$

$$T_R = \frac{2 \cdot 2500 \cdot \sqrt{9,25}}{0,7 \cdot 16 \cdot \sqrt{19,62}} + \frac{30}{2} = 321,5 \text{ s } (5,36 \text{ min})$$

$$T_{ges} = 3 \cdot 166 + 322 = 820 \text{ s } (13,7 \text{ min})$$

Die erwartungsgemäß größere Einsparung an Entleerungs- (bzw. Füllzeit) ergibt sich zu je 6,7 Minuten, wenn beide Vorschläge verwirklicht werden.

d. Zuletzt soll noch eine Vergrößerung der Füllquerschnitte untersucht werden. Es kann davon ausgegangen werden, daß die vergrößerten Füllquerschnitte auch schneller geöffnet und geschlossen werden können und daß die bereits beschriebenen Verbesserungen auch weiterhin genutzt werden sollen. Folglich wird

$$a_1 = 18 \text{ m}^2; \quad t_1 = 30 \text{ s}; \quad t_c = 15 \text{ s}; \quad \Delta h = 0,20 \text{ m}$$

Mit den Werten $h_0 = 9,05$ m und $H_R = 9,25$ m, die sich durch den Umbau nicht verändern würden, ergibt sich:

$$T_S = \frac{2 \cdot 2500 \cdot 3125}{5625} \cdot \frac{\left(\sqrt{9,05} - \sqrt{0,2}\right)}{0,7 \cdot 18 \cdot \sqrt{19,62}} + \frac{1}{2} \cdot (30 + 15) = 150 \text{ s } (2,5 \text{ min})$$

$$T_R = \frac{2 \cdot 2500 \cdot \sqrt{9,25}}{0,7 \cdot 18 \cdot \sqrt{19,62}} + \frac{30}{2} = 287,5 \text{ s } (4,8 \text{ min})$$

$$T_{ges} = 3 \cdot 2,5 + 4,8 = 12,3 \text{ Minuten}$$

Damit wäre durch diese Maßnahme eine Verkürzung der Entleerungszeit um 8,1 Minuten möglich, was 40 % der unter a. errechneten Entleerungszeit entspricht. Die aufwendigen konstruktiven Änderungen bringen, sofern sie möglich sind, hierbei aber nur den kleineren Anteil.

5.7 Bemessung eines Schleusentores

Moderne Schleusen an Binnenschiffahrtskanälen werden gegenwärtig mit $B_S = 12,5$ m lichter Breite ausgeführt. Im Beispiel soll das Untertor einer Kammerschleuse für 7,0 m Hubhöhe als zweiflügeliges Stemmtor ausgebildet und bemessen werden. Der Unterwasserstand liegt bei 4,00 m über der Sohle, das Oberwasser ohne Schwallerscheinungen und Windstau 7,00 m über dem Unterwasser. Ein Torflügel des Stemmtores ist für den Zustand "geschlossenes Tor" zu bemessen. Es soll ein Tor gewählt werden, dessen Tragsystem aus Haupt- und Querträgern besteht. Die Stauhaut ist kammerseitig angeordnet. Im Grundriß bildet das Tor einen Stemmwinkel von $\alpha = 15°$, Abb. 5.12 zeigt unmaßstäblich die Situation. Zu bemessen sind die Profile für die Hauptträger, die Querträger (Spanten) und die Dicke des Staubleches, wobei ein Stahl mit einer zulässigen Spannung von $\sigma_{zul} = 16$ kN/cm^2 zur Anwendung kommen soll.

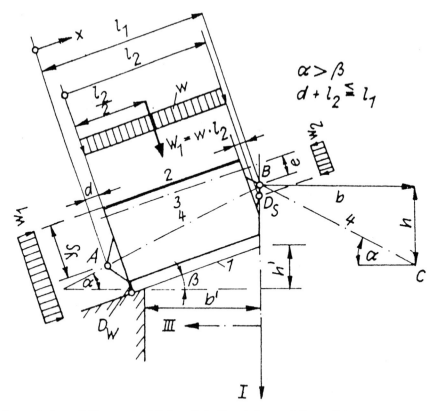

1 Drempelachse, 2 Stauwand, 3 Schwerlinie Hauptträger, 4 Stemmlinie

Abb. 5.12: Torflügel im Grundriß

Lösungen

a. Belastung

Die Abb. 5.13 zeigt die Belastung des Stemmtorflügels aus dem Wasserdruck. Es wird nicht davon ausgegangen, daß die Schleuse bei Reparaturen am Unterhaupt oder Zufrieren der Wasserstraße auf Oberwasser steht.

Da konstruktive Details wie Ausbildung der Schlagsäule (Punkt B) und der Wendesäule (Punkt A) mit Lage der Dichtung (Punkt D_W und D_S) anfangs noch nicht festliegen, werden gewählt bzw. errechnet:

$$d = 0,50 \text{ m}; \quad l_1 - (l_2 + d) = 0,20 \text{ m}; \quad \beta = 15°; \quad l_2 = \frac{b'}{\cos\beta} + 0,25 = 6,72 \text{ m}$$

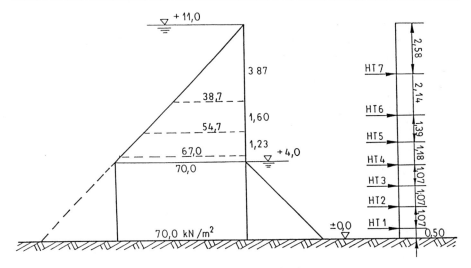

Abb. 5.13: Belastung eines Torflügels aus dem Wasserdruck

Die gesamte Wasserdruckkraft auf den mehr als 11 m hohen und 6,72 m breiten Torflügel beträgt:

$$W = \left(70 \cdot 4 + \frac{1}{2} \cdot 70 \cdot 7\right) \cdot 6,72 = 3528 \text{ kN}$$

Pro lfd. Meter Torflügelbreite beträgt die Belastung w = 525 kN/m. Diese Belastung kann auf z. B. sieben Hauptträger verteilt werden (eine frei wählbare Annahme). Pro Träger ergibt das eine Linienlast von 75 kN/m, vorausgesetzt, die Träger werden in solchen Abständen angeordnet, daß sie gleiche Lasten bekommen. Mit den in Abb. 5.13 dargestellten Abständen der Hauptträger erhält z. B. Hauptträger 6

$$w = \frac{38,7 + 54,7}{2} \cdot 1,60 = 74,72 \approx 75 \text{ kN/m}$$

oder Hauptträger 2

$$w = 70 \cdot 1,07 = 74,9 \approx 75 \text{ kN/m}$$

b. Hauptträger.

Mit dem Größtmoment

$$M_{max} = \frac{75 \cdot 6,72^2}{8} = 423,36 \text{ kNm und } \sigma_{zul} = 16 \text{ kN/cm}^2 \text{ wird}$$

$$W_{erf} = \frac{42336}{16} = 2646 \text{ cm}^3$$

Nach [5], S. 8.85 könnte z. B. ein Träger der Reihe IPBl, hier z. B. der IPBl 450 mit $W_y = 2900$ cm³ und 1,40 kN/m Gewicht gewählt werden. Doch die Stemmkraft N aus dem jeweils anderen Torflügel, die je nach konstruktiver Ausbildung der Wende- bzw. Schlagsäule auch nicht mittig eingetragen wird, verändert die Momente und Spannungen in den Hauptträgern erheblich, vgl. Abb. 5.14.

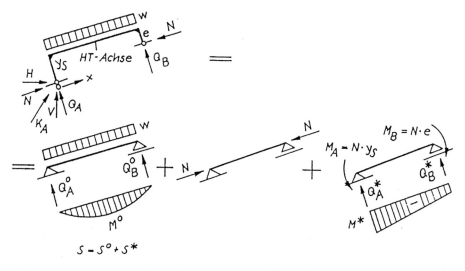

Abb. 5.14: Statische Systeme für die Stemmwirkung bei Wasserlast

Weil das Feldmoment gegenüber einer freien Auflagerung abgemindert wird, wird für die sieben Hauptträger vorerst das Profil IPBI 360 mit $W_y = 1890$ cm³ und einem Gewicht von 1,12 kN/m für die weiteren Untersuchungen verwendet. Mit den Bezeichnungen der Abb. 5.12 und 5.14 ergeben sich für:

$$l_2 = \frac{B_S}{2 \cdot \cos\beta} + d_D ; \quad l_1 = l_2 + d_S + d \tag{5.33}$$

d_D, d_S und d richten sich nach der konstruktiven Ausbildung und Lage der Dichtung an Wende- bzw. Schlagsäule. Mit den getroffenen Annahmen (d = 0,50 m; $d_S = 0,20$ m, $d_D = 0,25$ m) und der in der Praxis berechtigten Vereinfachung $\alpha = \beta$ (abweichend zu Abb. 5.12) werden:

$$Q_B^{\,o} = w \cdot l_2 \cdot \frac{\left(d + \dfrac{l_2}{2}\right)}{l_1} = 75 \cdot 6,72 \cdot \frac{\left(0,5 + \dfrac{6,72}{2}\right)}{7,42} = 262,2 \text{ kN} \tag{5.34}$$

$$Q_A^{\,o} = w \cdot l_2 \cdot \left[1 - \frac{\left(d + \dfrac{l_2}{2}\right)}{l_1}\right] = 75 \cdot 6,72 \cdot \left[1 - \frac{\left(0,5 + \dfrac{6,72}{2}\right)}{7,42}\right] = 241,8 \text{ kN} \tag{5.35}$$

$$N = Q_B^{\,o} \cdot \cot\alpha = 262,2 \cdot 3,732 = 978,5 \text{ kN} \tag{5.36}$$

$$H = \frac{Q_B^o}{\sin\alpha} - w \cdot l_2 \cdot \sin\alpha = \frac{262,2}{0,2588} - 75 \cdot 6,72 \cdot 0,2588 = 882,7 \text{ kN} \qquad (5.37)$$

$$V = w \cdot l_2 \cdot \cos\alpha = 75 \cdot 6,72 \cdot 0,9659 = 486,8 \text{ kN} \qquad (5.38)$$

$$K_A = \frac{w \cdot l_2}{2 \cdot \sin\alpha} = \frac{75 \cdot 6,72}{2 \cdot 0,2588} = 973,7 \text{ kN} \qquad (5.39)$$

$$M_{(x=0)} = -\left|Q_B^o\right| \cdot \cot\alpha \cdot y_S = -262,2 \cdot 3,732 \cdot 0,18 = -176,1 \text{ kNm} \qquad (5.40)$$
($y_S = 0,18$ m beim IPBl 360 und mittiger Anordnung des Drehlagers)

$$M_{(x=d)} = -\left|Q_B^o\right| \cdot \left(y_S \cdot \cot\alpha + d\right) + w \cdot l_2 \cdot d \qquad (5.41)$$

$$M_{(x=l_1)} = -\left|Q_B^o\right| \cdot \cot\alpha \cdot e \qquad (5.42)$$

Eine optimale Größe für e ergibt sich aus Gl. (5.43).

$$e_{opt} \cong \frac{l_1 + d}{8 \cdot \cot\alpha} = \frac{7,42 + 0,5}{8 \cdot 3,732} = 0,265 \text{ m} \qquad (5.43)$$

Dann wird:

$$M_{(x=l_1)} = -\left|262,2\right| \cdot 3,732 \cdot 0,265 = -259,3 \text{ kNm}$$

$$M_{(x=d)} = -\left|262,2\right| \cdot \left(0,18 \cdot 3,732 + 0,5\right) + 75 \cdot 6,72 \cdot 0,5 = -55,2 \text{ kNm}$$

Das maximale Feldmoment tritt an der Stelle $\bar{x}$ auf und beträgt:

$$\bar{x} = \frac{Q_A^o}{w} + d = \frac{241,8}{75} + 0,5 = 3,72 \text{ m} \qquad (5.44)$$

$$M_{(x)} = M_{(x)}^o + M_{(x=0)} \cdot \frac{l_1 - x}{l_1} + M_{(x=l_1)} \cdot \frac{x}{l_1} \qquad (5.45)$$

Mit $x = 3,72$ m wird:

$$M_{(x=3,72)} = 241,8 \cdot 3,72 - 75 \cdot \frac{(3,72 - 0,5)^2}{2} - 176,1 \cdot \frac{7,42 - 3,72}{7,42} - 259,3 \cdot \frac{3,72}{7,42}$$

$$= +292,9 \text{ kNm}$$

Mit dem größten Moment (Absolutwert) von 292,9 kNm wird für den gewählten Träger IPBl 360

$$\sigma = \frac{29290}{1890} = 15,5 \text{ kN/cm}^2 < 16 \text{ kN/cm}^2$$

c. Querträger (Spanten)

Die Querträger werden in Abständen von 1680 mm von den Endquerträgern bzw. auch untereinander vorgesehen, so daß drei Spanten je Torflügel erforderlich werden. Sie werden an den Hauptträgern gelenkig angeschlossen angenommen. Ihre Belastung (rechteckförmig, trapezförmig, dreieckförmig) kann bei großem Abstand der Hauptträger (mehr als 2,5-facher Spantenabstand) vereinfacht rechteckförmig mit dem mittleren Wert für den Wasserdruck angesetzt werden. Ohne diese Vereinfachung bzw. bei geringerem Hauptträgerabstand wird z. B. für die obersten Spanten (mit Dreieckslast)

$$M_{max} = \frac{1}{9 \cdot \sqrt{3}} \cdot 25,8 \cdot 1,68 \cdot 2,58^2 = 18,50 \text{ kNm}$$

und für die zweite Spantengruppe

$$M_{max} = 0,064 \cdot 1,68 \cdot (25,8 + 47,2) \cdot 2,14^2 = 35,95 \text{ kNm}$$

Gewählt wird ein Profil HEB (IPB) 160 mit $W_y = 311$ cm³, so daß $\sigma = 3595 : 311 = 11,56 <$ 16 kN/cm² wird. Sein Gewicht beträgt 0,426 kN/m.

d. Stauhaut

Aus Gl. (5.46) kann die Dicke d der Stauhaut ermittelt werden.

$$\sigma = \frac{k}{100} \cdot \frac{p \cdot a^2}{d^2} \qquad (5.46)$$

p ... Wasserdruck in N/mm² (bezogen auf Plattenmittelpunkt),
a ... kleinere (und b ... größere) Seitenlänge in mm,
k ... Faktor, der nach Abb. 5.15 bestimmt wird und die Einspannverhältnisse berücksichtigt.

Für vier Felder wurden in der Tabelle 5.3 Blechdicken d ermittelt. Eckfelder wurden wie einspannungsfreie Lagerung behandelt. Die k-Werte wurden interpoliert. Gewählt wird eine Stauhautdicke von 18 mm.

Tabelle 5.3: Ermittlung der Dicke des Staubleches

1	2	3	4	5	6	7
Feld	kleine Seite a	große Seite b	b/a	k_{max}	p	d
	mm	mm	-	-	N/mm²	mm
oberes	1680	2580	1,54	49,8	0,0129	10,6
2. von oben	1680	2140	1,27	45,0	0,0365	17,0
3. von oben	1390	1680	1,21	43,4	0,0542	16,9
2. von unten	1070	1680	1,57	47,7	0,0700	15,5

Abb. 5.15: k-Werte für verschiedene Einspannverhältnisse

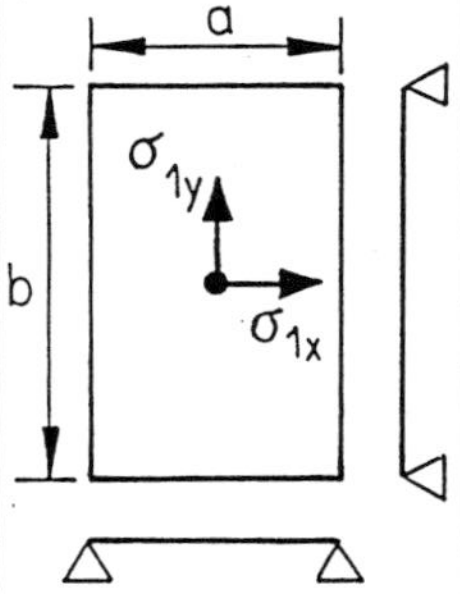

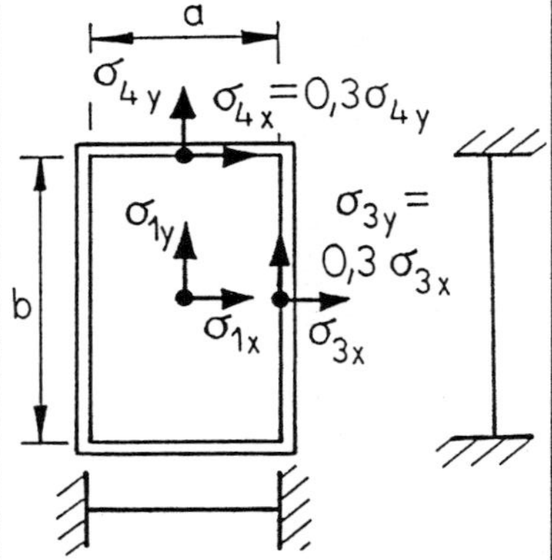

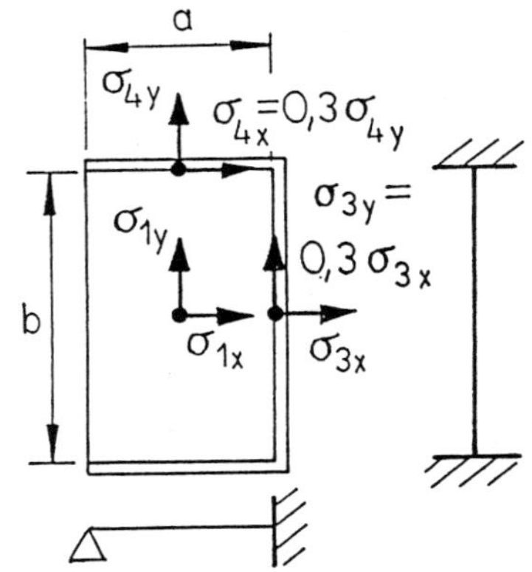

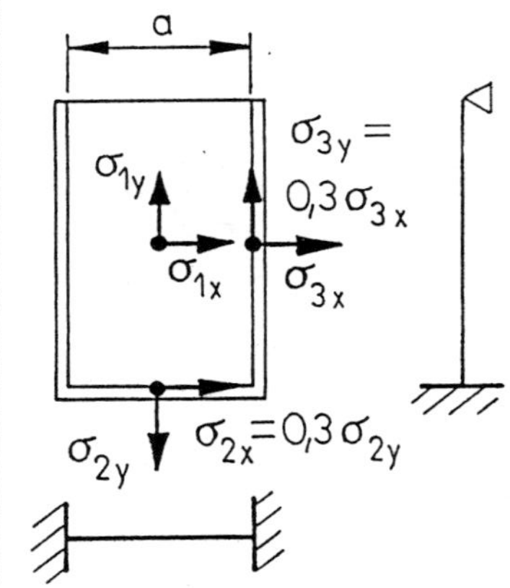

b/a	$+\sigma_{1x}$	$+\sigma_{1y}$	$+\sigma_{1x}$	$+\sigma_{1y}$	$\pm\sigma_{4y}$	$\pm\sigma_{3x}$	$+\sigma_{1x}$	$+\sigma_{1y}$	$\pm\sigma_{4y}$	$\pm\sigma_{3x}$	$+\sigma_{1x}$	$+\sigma_{1y}$	$\pm\sigma_{2y}$	$\pm\sigma_{3x}$
∞	75,0	22,5	25,0	7,5	34,2	50,0	37,5	11,3	47,2	75,0	25,0	7,5	34,2	50,0
3,0	71,3	24,4	25,0	7,5	34,3	50,0	37,4	12,0	47,1	74,0	25,0	7,6	34,2	50,0
2,5	67,7	25,8	25,0	8,0	34,3	50,0	36,6	13,3	47,0	73,2	25,0	8,0	34,2	50,0
2,0	61,0	27,8	24,7	9,5	34,3	49,9	33,8	15,5	47,0	68,3	25,0	9,0	34,2	50,0
1,75	55,8	28,9	23,9	10,8	34,3	48,4	30,8	16,5	46,5	63,2	24,6	10,1	34,1	48,9
1,5	48,7	29,9	22,1	12,2	34,3	45,5	27,1	18,1	45,5	56,5	23,2	11,4	34,1	47,3
1,25	39,6	30,1	18,8	13,5	33,9	40,3	21,4	18,4	42,5	47,2	20,8	12,9	34,1	44,8
1,0	28,7	28,7	13,7	13,7	30,9	30,9	14,2	18,6	36,0	32,8	16,6	14,2	32,8	36,0

5.8 Standsicherheit eines Schleusenhauptes

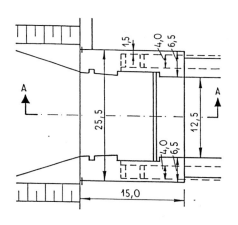

Das Oberhaupt einer Kammerschleuse, ausgerüstet mit Klapptor und dem Anfang von Längsumläufen, soll auf seine Standsicherheit überprüft werden. Es steht auf sandigem Untergrund und hat die in der Abb. 5.16 angegebenen Abmessungen.

Vom Untergrund sind bekannt: Sand mit $\gamma = 21$ kN/m³; $\gamma' = 11$ kN/m³; cal $\phi = 35°$. Der Beton soll mit $\gamma_B = 23$ kN/m³ angenommen werden, da er wenig Bewehrung enthält und stützend (also standsicherheitserhöhend) wirkt. Die Schutzschicht und die Dichtung werden mit $\gamma' = 12$ kN/m³ angesetzt. Der Querschnitt der Umläufe soll rechteckig sein und 8 m² Fläche haben (2 m mal 4 m).

Gesucht sind die Gleitsicherheit des Oberhauptes, wobei stützende Kräfte aus den Kammerwänden nicht angesetzt werden, und die Sohldruckspannungen. Es wird hier nur der Lastfall "Schleuse auf Unterwasser", also ein Normallastfall, untersucht.

Abb. 5.16: Draufsicht auf das Oberhaupt
und Anschlüsse sowie
Schnitt A - A

Lösungen

a. Belastungen

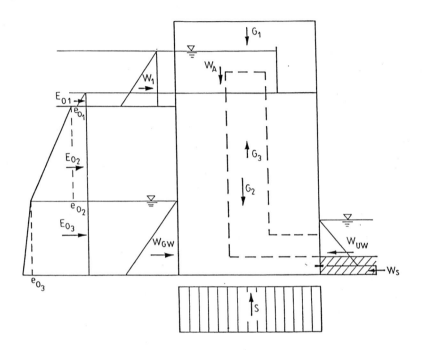

Abb. 5.17: Bezeichnungen und Belastungen des Oberhauptes

Alle Bezeichnungen und Belastungen gehen aus der Abb. 5.17 hervor. Das Gewicht des Tores und der Umlaufverschlüsse sowie aller Aufbauten wird zunächst vernachlässigt, ebenso werden Nischen für Revisionsverschlüsse und das Tor sowie andere Aussparungen nicht abgezogen.

Es ergeben sich folgende Vertikalkräfte:

$$G_1 = 2 \cdot 15 \cdot 6{,}5 \cdot 5 \cdot 23 \qquad\qquad = \ \ 22425 \ \text{kN}$$
$$G_2 = 15 \cdot 16 \cdot 25{,}5 \cdot 23 \qquad\quad = 140760 \ \text{kN}$$
$$G_3 = -2 \cdot 2 \cdot 4 \cdot 22 \cdot 13 \qquad = \ -4576 \ \text{kN}$$
$$W_A = 10 \cdot 4 \cdot 12{,}5 \cdot 10 \qquad\quad = \ \ \underline{\ \ 5000 \ \text{kN}}$$

$$\sum V \ \ \text{(ohne Auftrieb)} \qquad\qquad 163609 \ \text{kN}$$

Horizontalkräfte aus den Wasserdrücken

$$
\begin{aligned}
W_1 &= 25,5 \cdot 0,5 \cdot 5 \cdot 5 \cdot 10 & &= 3188 \ \text{kN} \\
W_{GW} &= 25,5 \cdot 0,5 \cdot 9,5 \cdot 9,5 \cdot 10 & &= 11507 \ \text{kN} \\
W_{UW} &= 12,5 \cdot 0,5 \cdot 6 \cdot 6 \cdot 10 & &= -2250 \ \text{kN} \\
W_S &= 12,5 \cdot 2 \cdot 9,5 \cdot 10 & &= -2375 \ \text{kN} \\
\hline
& & & \ \ 10070 \ \text{kN}
\end{aligned}
$$

Horizontalkräfte aus den Erddrücken

Für den angenommenen Sand und $\alpha = \beta = \delta = 0$ wird

$$K_0 = 1 - \sin \varphi' = 0,426 \tag{5.47}$$

sowie $K_{ah} = 0,27$, was aber wegen der Steifigkeit des Bauwerkes nicht verwendet wird. Angesetzt wird der Erdruhedruck. Für die 0,5 m dicke Tondichtung wird - unabhängig von der konstruktiven Ausbildung des Anschlusses - angenommen, daß die Dichtungswirkung an der Unterseite der Dichtung konzentriert sei. Somit ergeben sich für den Erddruck und die aus ihm resultierenden Kräfte die in der Tabelle 5.4 angegebenen Werte.

Tabelle 5.4: Erddrücke e und Erddruckkräfte E auf das Oberhaupt

e_o	E_o'	E_o
kN/m²	kN/m	kN
$e_{0,0} = 12 \cdot 1 \cdot 0,426 = 5,11$		
	$E_{0,1} = 0,5 \cdot 5,11 = 2,56$	$2,56 \cdot 25,5 = 65$
$e_{0,1} = (50 + 12) \cdot 0,426 = 26,41$		
	$E_{0,2} = \dfrac{26,41 + 75,61}{2} \cdot 5,5$ $= 280,56$	$280,56 \cdot 25,5 = 7154$
$e_{0,2} = 26,41 + 21 \cdot 5,5 \cdot 0,426 = 75,61$		
	$E_{0,3} = \dfrac{75,61 + 120,13}{2} \cdot 9,5$ $= 929,8$	$929,8 \cdot 25,5 = 23710$
$e_{0,3} = 75,61 + 11 \cdot 9,5 \cdot 0,426 = 120,13$		
	$\sum E_0' \ 1212,9$	$\sum E_0 = 30929$

Vertikalkräfte aus dem Sohlwasserdruck

Auf die Sohle wird der volle Sohlwasserdruck angesetzt, weil der Weg bis zum Unterwasser weit ist und zur Schleusenkammer keine Entlastung stattfindet (Anschlußfuge wird gedichtet, vgl. Abb. 5.17).

$$S = 15 \cdot 25,5 \cdot 9,5 \cdot 10 = 36338 \ \text{kN}$$

b. Gleitsicherheit

Die Gleitsicherheit wird nach Gl. (5.3) ermittelt und soll mindestens $\eta_{Gl} = 1,5$ betragen. Seitlich auf das Oberhaupt wirkende Kräfte werden nicht angesetzt. Somit ergibt sich für den kohäsionslosen Untergrund

$$\eta_{Gl} = \frac{(163609 - 36338) \cdot 0,7}{10070 + 30929} = 2,17 > 1,5$$

c. Sohldruckspannungen

Je nach Lage der Resultierenden kann die Sohldruckspannung nach Gl. (5.48) oder Gl. (5.49) bestimmt werden, wobei Gl. (5.48) gilt, wenn die Resultierende nicht in der Kernfläche die Sohlfuge durchstößt.

$$\sigma_{W,L} = \frac{2 \cdot V}{3 \cdot u \cdot B_{OH}} \tag{5.48}$$

$$\sigma_{W,L} = \frac{V}{B_{OH} \cdot B} \cdot \left(1 \pm \frac{6 \cdot e}{B}\right) \tag{5.49}$$

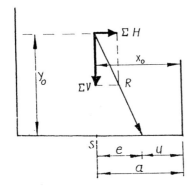

Die Bezeichnungen gehen aus der Abb. 5.18 hervor.

Abb. 5.18: Skizze zur Ermittlung der Lage der Resultierenden

Zunächst sind zu ermitteln

$$x_0 = \frac{(22425 + 140760 - 4576 - 36338) \cdot 7,5 + 5000 \cdot 10}{163609 - 36338} = 7,60 \text{ m}$$

$$y_0 = \frac{3188 \cdot 16,67 + 11507 \cdot 3,17 - 2250 \cdot 4 - 2375 \cdot 1 + 65 \cdot 15,33}{40999} +$$

$$+ \frac{3704 \cdot 12,25 + 3450 \cdot 11,33 + 18319 \cdot 4,75 + 5391 \cdot 3,17}{40999} = 6,53 \text{ m}$$

$$u = \frac{127271 \cdot 7,60 - 40999 \cdot 6,53}{127271} = 5,50 \text{ m}$$

e = 7,50 - 5,50 = 2,00 m

Die Kippsicherheit (hier nicht gefragt, weil Lockergestein als Untergrund vorhanden ist) würde sich ergeben zu

$$\eta_K = \frac{a}{e} = \frac{7,50}{2,00} = 3,75 \tag{5.50}$$

Für die Ermittlung der Sohldruckspannungen ist maßgebend, daß e = 2 m und somit kleiner als B/6 = 2,5 m ist. Die Resultierende liegt also im Kern. Somit ergeben sich die Sohldruckspannungen zu, Gl. (5.49):

$$\sigma_{W,L} = \frac{127271}{25,5 \cdot 15} \cdot \left(1 \pm \frac{6 \cdot 2,00}{15}\right) = 611 \text{ bzw. } 68 \text{ kN/m}^2$$

Zulässige Sohldruckspannungen liegen in diesen Größenordnungen, wenn man die Werte der DIN 1054 für große Fundamentbreiten und große Einbindetiefen verwendet [5], S. 11.9. Da die oben errechnete Spannung aber dort angegebene Höchstwerte erreicht, sollte eine Abmagerung des Oberhauptes - nach den Ergebnissen der Gleitsicherheitsuntersuchung durchaus überlegenswert - nicht vorgenommen werden. Natürlich ist in praktischen Fällen immer das Ergebnis der Baugrunduntersuchung zu verwenden.

5.9 Bemessung eines Dalbens

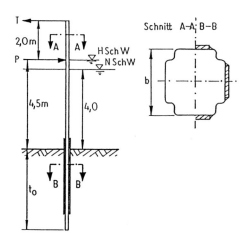

Zu bemessen ist ein Dalben als elastischer, im Boden eingespannter Einpfahldalben im unteren Vorhafen einer Schleuse. Der Dalben wird auf Schiffsstoß und Trossenzug belastet, vgl. Abb. 5.19.

Abb. 5.19: Eingespannter Einpfahldalben,
teils mit Lamellen verstärkt

Gefordert wird vom Dalben ein Arbeitsvermögen von mindestens 70 kNm. Für den größten Trossenzug, der 2,0 m über dem höchsten Schiffahrtswasserstand anzusetzen ist, sehen die Richtlinien 100 kN vor. Der Boden soll homogen sein, aus Sand mit cal $\gamma' = 12$ kN/m³ und cal $\phi' = 30°$ bestehen.

Gesucht sind:
a. Dalbenprofil und Rammtiefe für das geforderte Arbeitsvermögen bei Schiffsstoß,
b. Nachweis des gewählten Dalbens auf Trossenzug,
c. Ermittlung einer zulässigen Anfahrgeschwindigkeit für ein 1350-t-Schiff.

Lösungen

a. Bemessung auf Schiffsstoß

Der Dalben wird als elastisch eingespannter Kragträger bemessen. Die Übertragung der Kräfte erfolgt über den Erdwiderstand in den Untergrund. Im Bereich der größeren Momente wird der Dalben meist verstärkt. Beim Konstruieren eines Dalbens ist fast immer der Schiffsstoß die maßgebende Belastung, dieser Nachweis erfolgt deshalb zuerst.

Das Arbeitsvermögen, im Beispiel mit 70 kNm vorgegeben, ist die Anforderung der Schiffahrt an den Konstrukteur des Dalbens. Es stellt den Grenzfall einer elastischen Beanspruchung dar, beim Überschreiten des vorhandenen Arbeitsvermögens wird der Dalben verformt.

Der Angriffspunkt der Belastung aus der Schiffahrt liegt allg. 0,50 m über dem NSchW, hier also 4,50 m über der Sohle.

Mit dem Beiwert für den Erdwiderstand

$$f_W = \gamma' \cdot \tan^2\left(45 + \frac{\phi}{2}\right) = 12 \cdot \tan^2(45 + 15) = 36 \ \text{kN/m}^3 \tag{5.51}$$

wird der resultierende Erddruck

$$E_p = f_W \cdot \frac{b \cdot t_0^2}{2} + f_W \cdot \frac{t_0^3}{6} \tag{5.52}$$

Für b ist die jeweils vorhandene Breite des Dalbens senkrecht zur Wirkung der Kräfte bzw. des Erdwiderstandes einzusetzen. Für den Dalben als Kragträger mit elastischer Einspannung kann $\sum M = 0$ um den Fußpunkt gebildet werden, daraus ist die Rammtiefe t_0 zu ermitteln.

$$P \cdot (h + t_0) - f_W \cdot \left(\frac{b \cdot t_0^2}{2} \cdot \frac{t_0}{3} + \frac{t_0^3}{6} \cdot \frac{t_0}{4}\right) = 0 \tag{5.53}$$

$$\frac{24 \cdot P}{f_W} = t_0^3 \cdot \frac{4 \cdot b + t_0}{h + t_0} \tag{5.53 a}$$

An beliebiger Stelle zwischen Sohle und Fußpunkt kann das Moment nach Gl. (5.54) ermittelt werden.

$$M_x = P \cdot (h + x) - f_W \cdot \left(\frac{b \cdot x^3}{6} + \frac{x^4}{24} \right) \tag{5.54}$$

Das Maximalmoment folgt aus $\dfrac{dM}{dx} = 0$ mit

$$P = f_W \cdot \left(\frac{b}{2} \cdot x_m^2 + \frac{1}{6} \cdot x_m^3 \right) = \frac{f_W}{6} \cdot x_m^2 \cdot (x_m + 3 \cdot b) \tag{5.55}$$

$$M_{max} = \frac{f_W}{24} \cdot x_m^2 \cdot \left[3 \cdot x_m^2 + x_m \cdot (4 \cdot h + 8 \cdot b) + 12 \cdot b \cdot h \right] \tag{5.56}$$

Die Durchbiegung d für Dalben mit einheitlichem Querschnitt kann mit Gl. (5.57) ermittelt werden.

$$d = \frac{P}{3 \cdot E \cdot I} \cdot (h + 0,78 \cdot t_0)^3 \tag{5.57}$$

Mit n = Anzahl der verstärkten Querschnitte wird für n = 1

$$d = \frac{P}{3 \cdot E \cdot I_1} \cdot \left[(h + 0,78 \cdot t_0)^3 + \left(\frac{I_1}{I_0} - 1 \right) \cdot h_0^3 \right] \tag{5.57 a}$$

und für n = 2

$$d = \frac{P}{3 \cdot E \cdot I_2} \cdot \left\{ (h + 0,78 \cdot t_0)^3 + \left(\frac{I_2}{I_1} - 1 \right) \cdot \left[(h_0 + h_1)^3 - h_0^3 \right] + \left(\frac{I_2}{I_0} - 1 \right) \cdot h_0^3 \right\} \tag{5.57 b}$$

Die Rammtiefe t kann gleich t_0 gesetzt werden, wenn ohne Wandreibung gerechnet wird (früher $t = 1,2 \cdot t_0$).

Die Bemessung eines Dalbens für den Schiffsstoß ist der Nachweis, daß für ein gewähltes Profil zulässige Grenzwerte eingehalten werden. Die zulässigen Grenzwerte sind materialbedingt oder durch den Betrieb vorgegeben. Beim Schiffsstoß darf der Stahl bis zur Streckgrenze belastet werden. Der Boden wird mit γ' (unter Auftrieb) berücksichtigt, Gl. (5.51). Ein betriebsbedingter Grenzwert für die Durchbiegung soll hier nicht festgelegt werden.

Ein erster Vorschlag soll ein Dalben sein, der aus vier LV-23-*Larssen*-Pfählen besteht und der folgende Grundwerte aufweist, wenn die Anordnung nach Abb. 5.19 (rechts, Schnitt A) gewählt wird: b = 99 cm; I_0 = 396500 cm⁴; W_0 = 8010 cm³. Verwendet wird Spundwand-

Sonderstahl St Sp S mit der Streckgrenze $\sigma_{Streck} = 35,5$ kN/cm². Für einen solchen Dalben gilt: $M_{max} = 35,5 \cdot 8010 = 2843,6$ kNm.

Somit kann nach Gl. (5.56) bestimmt werden:

$$2843,6 = \frac{36}{24} \cdot x_m^2 \cdot \left[3 \cdot x_m^2 + x_m \cdot (4 \cdot 4,5 + 8 \cdot 0,99) + 12 \cdot 0,99 \cdot 4,5 \right]$$

$$x_m = 3,32 \text{ m}$$

Aus der Gl. (5.55) kann P, die zulässige Stoßkraft, ermittelt werden.

$$P = \frac{36}{6} \cdot 3,32^2 \cdot (3,32 + 3 \cdot 0,99) = 416 \text{ kN}$$

Für t_0, die rechnerische Rammtiefe, ergibt sich aus Gl. (5.53 a)

$$\frac{24 \cdot 416}{36} = t_0^3 \cdot \frac{4 \cdot 0,99 + t_0}{4,5 + t_0} \quad \rightarrow \quad t_0 = 6,62 \text{ m}$$

Für diesen Dalben würde sich die Durchbiegung nach Gl. (5.57) ergeben zu:

$$d = \frac{416}{3 \cdot 210 \cdot 3,965 \cdot 10^3} \cdot (4,5 + 0,78 \cdot 6,62)^3 = 0,15 \text{ m}$$

Das Arbeitsvermögen kann nach Gl. (5.58) berechnet werden.

$$A = \frac{1}{2} \cdot P \cdot d = \frac{1}{2} \cdot 416 \cdot 0,15 = 31,3 \text{ kNm} < 70 \text{ kNm} = A_{erf} \tag{5.58}$$

Es erreicht noch nicht den geforderten Wert.

Ein zweiter Vorschlag, den Dalben nach Abb. 5.19, Schnitt B, mit vier Lamellen von je 2 mal 24 cm² zu verstärken, reicht ebenfalls noch nicht aus. Das Arbeitsvermögen ergibt sich für diesen Dalben zu 54,1 kNm. Aus diesem Grunde wird der Dalben weiter verstärkt, vgl. Abb. 5.20.

Mit

$$I_0 = 396500 \text{ cm}^4$$

$$2 \cdot 2 \cdot 24 \cdot 50,5^2 = 244824 \quad "$$

$$2 \cdot 2 \cdot \frac{24^3}{12} = \underline{\quad 4608 \quad} "$$

wird $\quad I_1 = 645932 \text{ cm}^4 \quad$ und

$$4 \cdot 24 \cdot \frac{2^3}{12} = 64 \quad "$$

$$4 \cdot 24 \cdot 2 \cdot 26,6^2 = \underline{135852 \quad} "$$

wird $\quad I_2 = 781848 \text{ cm}^4$

Somit wird $W_2 = \dfrac{781848}{51,5} = 15182 \text{ cm}^3$

$$\max M = 15182 \cdot 35,5 = 5389 \text{ kNm}$$

Aus Gl. (5.56) wird $x_m = 4,10$ m.

Die Gleichung (5.55) ergibt $P = 725,2$ kN und t_0 wird nach Gl. (5.53 a) $t_0 = 7,92$ m.

Die Grenzen für die Verstärkungsbereiche ergeben sich zu:

$$h_0 = \frac{35,5 \cdot 8010}{725,2} = 3,92 \text{ m} \qquad\qquad h_1' = \frac{35,5 \cdot 12542}{725,5} = 6,14 \text{ m}$$

$$h_1 = 6,14 - 3,92 = 2,22 \text{ m}$$

Aus den zulässigen Momenten ergeben sich die Werte für x_0 und x_1 zu:

$$M_{zul} = 35,5 \cdot 12542 = 4452,4 \text{ kNm}$$

$$4452,4 = 725,2 \cdot \left(4,5 + x_0\right) - 36 \cdot \left(\frac{1,03 \cdot x_0^3}{6} + \frac{x_0^4}{24}\right) \quad \rightarrow \quad x_0 = 5,90 \text{ m}$$

$$M_{zul} = 35,5 \cdot 8010 = 2843,6 \text{ kNm}$$

$$2843,6 = 725,2 \cdot \left(4,5 + x_1\right) - 36 \cdot \left(\frac{1,03 \cdot x_1^3}{6} + \frac{x_1^4}{24}\right) \quad \rightarrow \quad x_1 = 6,90 \text{ m}$$

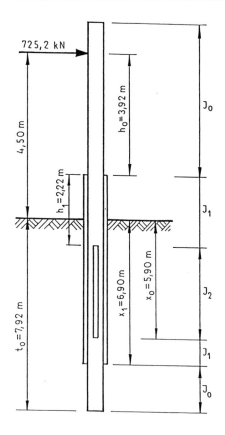

Abb. 5.20: Dalben mit Verstärkungen

Das Ergebnis ist in der Abb. 5.20 zusammengefaßt. Die Durchbiegung für diesen Dalben errechnet sich nach Gl. (5.57 b) zu

$$d = \frac{725,2}{3 \cdot 210 \cdot 7,82 \cdot 10^3} \left\{ (0,45 + 0,78 \cdot 7,92)^3 + \left(\frac{7,82}{6,46} - 1 \right) \cdot \left[(3,92 + 2,22)^3 - 3,92^3 \right] + \left(\frac{7,82}{3,97} - 1 \right) \cdot 3,92^3 \right\}$$

$d = 0,193$ m

Das Arbeitsvermögen wird

$$A = \frac{1}{2} \cdot 725,2 \cdot 0,193 = 70,02 \approx 70 \ \text{kNm}$$

b. Trossenzug

Mit P = 100 kN für den Trossenzug kann gleich in Gl. (5.55) gegangen werden, um x_m zu ermitteln.

$$100 = \frac{36}{6} \cdot x_m^2 \cdot (x_m + 3 \cdot 1,03) \quad \rightarrow \quad x_m = 1,84 \ \text{m}$$

Gleichung (5.56) liefert:

$$M_{max} = \frac{36}{24} \cdot 1,84^2 \cdot \left[3 \cdot 1,84^2 + 1,84 \cdot (4 \cdot 6,5 + 8 \cdot 1,03) + 12 \cdot 1,03 \cdot 6,5\right] = 779,5 \text{ kNm}$$

Bei der Berechnung auf Trossenzug darf die Streckgrenze nicht ausgenutzt werden, die Sicherheit beträgt 1,5.

$$\sigma_{vorh} = \frac{77950}{15182} = 5,15 < \frac{\sigma_{Streck}}{1,5} = 24 \text{ kN/cm}^2$$

$$\frac{24 \cdot 100}{36} = t_0^3 \cdot \frac{4 \cdot 1,03 + t_0}{6,5 + t_0} \quad \rightarrow \quad t_0 = 4,40 \text{ m}$$

Alle Werte sind bedeutend kleiner als beim Schiffsstoß, so daß der Dalben auch den Trossenzug aufnehmen kann.

c. Anfahrgeschwindigkeit

Die höchstmögliche Anfahrgeschwindigkeit gegen den Dalben kann nach Gl. (5.59) ermittelt werden.

$$A = \frac{1}{2} \cdot m \cdot v^2 \tag{5.59}$$

$$v = \sqrt{\frac{2 \cdot 70,02}{1350}} = 0,32 \text{ m/s}$$

5.10 Pfahlrostberechnung

In einem Seehafen mit nur geringen Wasserstandsunterschieden soll eine neue Kaianlage für den Stückgutumschlag errichtet werden. Einen Vorschlag für die Querschnittsausbildung zeigt die Abb. 5.21, auf der auch die anstehenden Bodenarten zu sehen sind.

Aus allen äußeren Belastungen   (Eigenlast, Verkehrslasten, Kranlasten, Erddruck - über die Spundwand in die Rostplatte übertragen - Pollerzug u.a.) konnten für den hier zu untersuchenden Lastfall die resultierenden Kräfte V = 686,2 kN/m (Angriffspunkt bei x_V = 4,56 m) und H = 200,5 kN/m (Angriffspunkt bei y_H = 0,32 m) ermittelt werden. Diese werden über die vorn liegende Spundwand und die fünf Pfahlreihen in den Untergrund abgetragen. Zu ermitteln sind die Kräfte in der Spundwand und in den Pfählen für den Querschnitt nach Abb. 5.21.

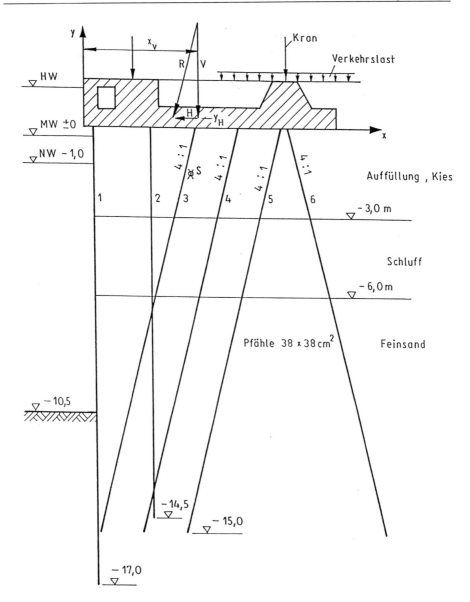

Abb. 5.21: Kaimauerquerschnitt, Untergrund und Belastungen

Lösungen

Für statisch bestimmte Systeme können die Pfahlkräfte nach dem *Culmann*-Verfahren (Zerlegung einer Resultierenden in drei Richtungen) ermittelt werden. Zu einer überschlägigen Vorbemessung - z. B. um die Pfähle nach Größe und Anzahl sinnvoll auszuwählen - kann das *Culmann*-Verfahren auch dann angewendet werden, wenn die drei Pfahlrichtungen mehr als einfach besetzt sind wie auf Abb. 5.21. Eine solche Vorbemessung soll hier die An-zahl, Anordnung und Abmessungen der Pfähle und Spundwand ergeben haben. Genauere Berechnungsverfahren berücksichtigen z. B. unterschiedliches Materialverhalten (Stahl, Stahlbeton), unterschiedliche Pfahlabmessungen und -abstände. Sie gehen davon aus, daß die Platte starr ist und die Pfähle elastisch sind. Mit Gl. (5.60) kann das überprüft werden.

$$m = \frac{l_n \cdot E_{Pl} \cdot I_{Pl}}{A_n \cdot E_n \cdot z^3} \tag{5.60}$$

Ist $m \geq 0,375$, dann kann der Block als starr gegenüber den Pfählen angesehen werden.

l_n ... rechnerische Pfahllänge, Summe aus der Pfahllänge durch nichttragfähige Schichten und zwei Dritteln der Einbindetiefe in die tragfähige Schicht,
E_{Pl} ...Elastizitätsmodul der Platte, hier $15 \cdot 10^6$ kN/cm²,
I_{Pl} ...Trägheitsmoment der Platte, z. B. der 0,8 m dicken Platte 0,0427 m⁴ pro lfd. m,
A_n ... Querschnittsfläche der Pfähle pro lfd. m,
E_n ... Elastizitätsmodul der Pfähle, hier $30 \cdot 10^6$ kN/m²,
z ... Abstände zwischen den Pfahlreihen bzw. Pfählen.

Für die beiden Richtungen ergibt sich z. B. für die "mitwirkende Plattenbreite" von 1,5 m in x-Richtung bzw. 1,7 m senkrecht dazu:

$$m = \frac{12,73 \cdot 15 \cdot 10^6 \cdot 0,0427 \cdot 1,5}{0,085 \cdot 30 \cdot 10^6 \cdot 1,7^3} = 0,976 > 0,375$$

$$m = \frac{12,73 \cdot 15 \cdot 10^6 \cdot 0,0427 \cdot 1,7}{0,096 \cdot 30 \cdot 10^6 \cdot 1,5^3} = 1,426 > 0,375,$$

also eine ausreichende Steifigkeit der Platte gegenüber den Pfählen. Eines der Elastizitäts-verfahren zur Bestimmung der Pfahlkräfte kann angewendet werden. Da in [29] ausführlich auf das Berechnungsverfahren von *Schiel* eingegangen wird, soll hier nach *Nökkentved* gerechnet werden. Grundgedanken des Verfahrens sind:

– Infolge der äußeren Belastung entstehen in den Pfählen Längenänderungen, aus deren Größe auf die Pfahlkräfte geschlossen werden kann.
– Aus den Längenänderungen der Pfähle ergibt sich eine Verschiebung der Rostplatte, die sich aufteilen läßt in eine
– lotrechte Verschiebung,
– waagerechte Verschiebung,
– Drehung um den elastischen Schwerpunkt, den Systemnullpunkt.

Der Systemnullpunkt ist der Punkt, durch den alle Kräfte gehen, die das Pfahlsystem ver-schieben, aber nicht verdrehen. Seine Lage ist nur von der Geometrie und den elastischen Verhältnissen des Pfahlsystems, nicht von der äußeren Belastung abhängig.

Die Berechnung erfolgt in den Schritten.
– Ermittlung der Koordinaten ξ und η für den Systemnullpunkt,
– Ermittlung der Einflußzahlen C_V, C_H und C_M, die die Vertikalkomponenten in einer Pfahlreihe aus der virtuellen Belastung $V = 1$, $H = 1$ und $M = 1$ ergeben.

- Ermittlung der Vertikalkomponenten der Pfähle 1 bis n für den Lastfall, der hier vorliegt (in der Praxis natürlich mehrere Lastfälle) nach Gl. (5.61)

$$S_n \cdot \cos\alpha_n = V \cdot C_V + H \cdot C_H + M \cdot C_M \qquad (5.61)$$

Die Berechnung des Beispiels erfolgt in Tabellenform, zunächst wird in der Tabelle 5.5 und in den Gleichungen (5.62) bis (5,67) der Systemnullpunkt ermittelt.

Tabelle 5.5: Ermittlung des Systemnullpunktes für den Pfahlrost nach Abb. 5.21

Zeile	Bezeichnung, Berechnung						
1	n (Pfahl-Nr.)	1	2	3	4	5	6
2	rechn. Pfahllänge l_n in m	15,18	12,02	12,73	12,73	12,73	12,73
3	Pfahlanzahl a pro m	1	0,5	0,67	0,67	0,67	0,67
4	Profil, Querschnitt	LV 5	38/38	38/38	38/38	38/38	38/38
5	$a \cdot A$ in m^2	0,030	0,072	0,097	0,097	0,097	0,097
6	E in MN/m^2	$2,1 \cdot 10^5$	$3 \cdot 10^4$	$3 \cdot 10^4$	$3 \cdot 10^4$	$3 \cdot 10^4$	$3 \cdot 10^4$
7	$\tan\alpha_n$	0	0	0,25	0,25	0,25	- 0,25
8	$\cos\alpha_n$	1	1	0,97	0,97	0,97	0,97
9	$a \cdot v_n = a \cdot \dfrac{E \cdot A}{l_n} \cdot \cos^2\alpha_n$	413,6	180,2	215,1	215,1	215,1	215,1
10	x_n in m	0,4	2,7	4,4	6,1	7,8	8,1
11	$a \cdot v_n \cdot \tan\alpha_n$ in MN/m	0	0	53,8.	53,8	53,8	- 53,8
12	$a \cdot v_n \cdot x_n$ in MN	165,4	486,5	946,4	1312,1	1677,8	1742,3
13	$a \cdot v_n \cdot x_n \tan\alpha_n$ in MN	0	0	236,6	328,0	419,5	- 435,6
14	$a \cdot v_n \cdot \tan^2\alpha_n$ in MN/m	0	0	13,44	13,44	13,44	13,44

Mit den Ausgangswerten aus dem ersten Teil der Tabelle 5.5 können folgende Zwischengrößen ermittelt werden, über deren Bedeutung und Definition in der Fachliteratur nachgelesen werden kann.

$$x' = \frac{\sum v_n \cdot x_n}{\sum v_n} = \frac{\text{Zeile 12}}{\text{Zeile 9}} = \frac{6330,5}{1454,2} = 4,35 \text{ m} \qquad (5.62)$$

$$x'' = \frac{\sum v_n \cdot \tan\alpha_n \cdot x_n}{\sum v_n \cdot \tan\alpha_n} = \frac{\text{Zeile 13}}{\text{Zeile 11}} = \frac{548,5}{107,6} = 5,10 \text{ m} \qquad (5.63)$$

$$\tan\alpha' = \frac{\sum v_n \cdot \tan\alpha_n}{\sum v_n} = \frac{\text{Zeile 11}}{\text{Zeile 9}} = \frac{107,6}{1454,2} = 0,074 \qquad (5.64)$$

$$\tan\alpha'' = \frac{\sum v_n \cdot \tan^2\alpha_n}{\sum v_n \cdot \tan\alpha_n} = \frac{\text{Zeile 14}}{\text{Zeile 11}} = \frac{53,76}{107,6} = 0,5 \qquad (5.65)$$

$$\eta = \frac{x'-x''}{\tan\alpha''-\tan\alpha'} = \frac{4,35-5,10}{0,5-0,074} = -1,76 \text{ m} \tag{5.66}$$

$$\xi = x'+\eta\cdot\tan\alpha' = 4,35-1,76\cdot0,074 = 4,22 \text{ m} \tag{5.67}$$

Der Systemnullpunkt S ist in der Abb. 5.21 bereits eingetragen. Somit kann die Tabelle 5.5 fortgesetzt werden. Aus Platzgründen wird hier die Ermittlung von C_V, C_H und C_M aus der Tabelle herausgezogen, Gl. (5.68) bis (5.70).

$$C_V = \frac{a\cdot v_n}{\sum a\cdot v_n}\cdot\frac{\tan\alpha''-\tan\alpha_n}{\tan\alpha''-\tan\alpha'} \tag{5.68}$$

$$C_H = \frac{a\cdot v_n}{\sum a\cdot v_n\cdot\tan\alpha_n}\cdot\frac{\tan\alpha_n-\tan\alpha'}{\tan\alpha''-\tan\alpha'} \tag{5.69}$$

$$C_M = \frac{a\cdot v_n\cdot z_n}{\sum a\cdot v_n\cdot z_n^2} \tag{5.70}$$

Tabelle 5.5 (Fortsetzung)

Zeile	Bezeichnung, Berechnung	1	2	3	4	5	6
15	$z_n = x_n - \xi + \eta\cdot\tan\alpha_n$ in m	- 3,82	- 1,52	- 0,26	1,44	3,14	4,32
16	$a\cdot v_n\cdot z_n^2$ in MNm	6035,4	416,3	14,5	446,0	2120,8	4014,3
17	$\tan\alpha''-\tan\alpha_n$	0,5	0,5	0,25	0,25	0,25	0,75
18	$\tan\alpha_n-\tan\alpha'$	- 0,074	- 0,074	0,176	0,176	0,176	- 0,324
19	C_V, Gl. (5.68)	0,3338	0,1454	0,0868	0,0868	0,0868	0,2604
20	C_H, Gl. (5.69)	- 0,6677	- 0,2909	0,8259	0,8259	0,8259	- 1,5204
21	C_M in m^{-1}, Gl. (5.70)	- 0,1211	- 0,0210	- 0,0043	0,0237	0,0518	0,0712
22	$C_V' = \dfrac{c_V}{a\cdot\cos\alpha_n}$	0,3338	0,2908	0,1336	0,1336	0,1336	0,4007
23	$C_H' = \dfrac{C_H}{a\cdot\cos\alpha_n}$	- 0,6677	- 0,5818	1,2708	1,2708	1,2708	- 2,3394
24	$C_M' = \dfrac{C_M}{a\cdot\cos\alpha_n}$	- 0,1211	- 0,042	- 0,0066	0,0365	0,0797	0,1096
25	$C_V'\cdot\sum V$ in kN	229,5	199,55	91,68	91,68	91,68	275,0
26	$C_H'\cdot\sum H$ in kN	- 133,87	- 116,65	254,8	254,8	254,8	- 469,05
27	$C_M'\cdot\sum M$ in kN	22,25	7,72	1,21	- 6,71	- 14,64	- 20,14
28	Pfahlkraft in kN	117,9	90,6	347,7	339,8	331,8	- 214,2

Das Moment um den Systemnullpunkt S (Zeile 27) ergibt sich zu

$$M = 686,2\cdot(4,56-4,22)-200,5\cdot(1,16+0,32) = -183,732 \text{ kNm}$$

Kontrollmöglichkeiten sind in der Tabelle gegeben, daß $\sum C_V \cong 1$ sein soll (Zeile 19) und in den Zeilen 20 und 21 die Zeilensumme möglichst nahe bei 0 liegen soll.

Für andere Lastfälle sind ab Zeile 25 andere Pfahlkräfte zu ermitteln. Für die jeweils maximalen bzw. minimalen Pfahlkräfte ist die Sicherheit gegenüber einer Grenzbelastung nachzuweisen. Erweist sich ein Pfahl oder eine Gruppe von Pfählen als nicht ausreichend tragfähig, muß der Pfahlrost insgesamt verändert werden. Das bedeutet eine neue Berechnung des Systemnullpunktes, der Einflußwerte, also der gesamten Tabelle 5.5.

5.11 Belastung der Sohle vor einer Kaimauer

An einer Umschlagstelle für Container in einem Seehafen, an der auch Containerschiffe der vierten Generation festmachen, wurden unmittelbar vor der Kaimauer an einigen Stellen metertiefe Kolke festgestellt und verfüllt. Als Abdeckschicht verwendete man eine Kupferschlacke (Stoffwichte γ_S = 36 kN/m³) mit einer durchschnittlichen Korngröße d_m = 0,30 m. Die Ursachen der Kolke sind die Querstrahlruder, insbesondere Bugstrahlruder, die beim An- und Ablegemanöver zum Beschleunigen des Vorgangs eingesetzt werden. Öfters laufen diesen Hafen Containerschiffe an, deren Bugstrahlruder einen Durchmesser von D_B = 3,0 m haben und die mit n $\leq$ 2,5 U/s arbeiten. Die Achse der Bugstrahler liegt 4,5 m über dem Schiffsboden. Von welcher Wassertiefe an ist diesen Schiffen das Einsetzen der Bugstrahler zu verbieten, wenn die Sohlsicherung nicht zerstört werden soll ?

Eines Tages gelingt es den Hafenbehörden, einen Ablegevorgang auf Video festzuhalten. Es wurde - mit gewisser Mittelwertbildung - festgestellt, daß der Bugstrahler über zwei Minuten eine Schwallwelle mit einer Höhe von a = 0,55 m erzeugt hat, die dann geringer wurde, weil sich das Schiff von der Kaimauer entfernte. Der Durchmesser dieses Bugstrahlruders beträgt D_B = 3,0 m. Die Wassertiefe betrug an diesem Tag im Hafen h = 16,0 m, wovon 2,5 m Flottwasser unter dem beladenen Schiff waren; die Achse des Bugstrahlers liegt 4,5 m über dem Schiffsboden.

Unmittelbar nach diesem Vorgang wird eine Kolkmessung vorgenommen. Ein bis zu 2,5 m tiefer Kolk ist das Ergebnis. Zu klären ist, ob und zu welchen Anteilen das zuletzt abgefahrene Containerschiff diesen Kolk verursacht hat.

Lösungen

a. Die Querstrahler erzeugen einen Strahl nach Abb. 5.22, der direkt auf die Kaimauer trifft. An der Mauer wird der Strahl in alle Richtungen abgelenkt, der nach unten gerichtete Teil wird an der Sohle erneut umgelenkt und schießt dann - sehr aggressiv einen Kolk verursachend - unter dem Schiffsboden entlang.

Mit größer werdendem Abstand h_p treten Abminderungen der Strahlgeschwindigkeiten auf. Aus der Öffnung, in der der Querstrahler arbeitet, tritt der Strahl mit einer Geschwindigkeit nach Gl. (5.71) aus.

$$v_{0,B} = 0,95 \cdot n \cdot D_B \tag{5.71}$$

$$v_{0,B} = 0,95 \cdot 2,5 \cdot 3 = 7,13 \text{ m/s}$$

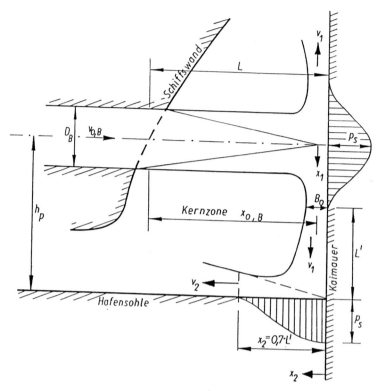

Abb. 5.22: Strahl eines Bugstrahlruders

Nach *Kraatz* [38] kann die Geschwindigkeit v_1 aus Gl. (5.72) ermittelt werden:

$$\frac{v_1}{v_{0,B}} \cdot \left(\frac{L}{D_B} \right)^{1,15} = \frac{1,5}{\left(\dfrac{x_1}{L} \right)^{1,15}} \tag{5.72}$$

bzw. $$v_1 = 1,5 \cdot \left(\frac{D_B}{x_1} \right)^{1,15} \cdot v_{0,B} \tag{5.72 a}$$

Der Gültigkeitsbereich der Gl. (5.72), $x_1 > 0,3 \cdot L$, ist allgemein bei am Kai liegenden Containerschiffen gegeben. Für die größte Sohlengeschwindigkeit v_2 entwickelte *Kraatz*

[38], S. 278 die hier etwas umgeformte Gl. (5.73) für die Strahlausbildung an einer festen Sohle, vgl. auch [37].

$$\max v_2 = \frac{1,37 \cdot D_B}{h_p - D_B} \cdot v_{0,B} \qquad (5.73)$$

Eine Sohlsicherung aus Steinen oder Schlacke bewegt sich erfahrungsgemäß nicht, solange die Geschwindigkeit an der Sohle

$$v_2 \leq B \cdot \sqrt{d \cdot g \cdot \frac{\gamma_s - \gamma_w}{\gamma_w}} \qquad (5.74)$$

ist. B ist hierin ein Stabilitätsbeiwert, der mit 0,9 bis 1,25 (im Beispiel wird B = 1,25 gewählt) angesetzt werden kann. Es ergibt sich

$$v_2 = 1,25 \cdot \sqrt{0,3 \cdot 9,81 \cdot \frac{36-10}{10}} = 3,46 \text{ m/s}.$$

Aus der Gleichung (5.73) kann h_p ermittelt werden:

$$3,46 = \frac{1,37 \cdot 3}{h_p - 3} \cdot 7,13 \rightarrow h_p = 11,5 \text{ m}$$

Folglich müßte bei allen Flottwassertiefen, die kleiner als 7,0 m sind, der Einsatz der Querstrahlruder bei diesem Schiffstyp unterbleiben - trotz der aufwendigen und stabilen Sohlenbefestigung.

b. Beim beschriebenen Ablegemanöver hat das Bugstrahlruder zwei Minuten so nahe an der Kaimauer gelegen, daß der Strahl innerhalb der Kernfläche die Wand traf. Der nach oben abgelenkte Teil des Strahles wurde in Form einer Schwallwelle sichtbar. Eine Möglichkeit, aus der Schwallhöhe a die vom Querstrahler erzeugte Geschwindigkeit zu berechnen, gibt Gl. (5.75) an, die in der Abb. 5.23 ausgewertet wurde.

$$\frac{a}{\frac{v_{0,B}^2}{2 \cdot g}} = \frac{2,74}{\left(\frac{z}{D_B}\right)^{2,3}} \qquad (5.75)$$

mit z ... Abstand zwischen der Achse des Querstrahlers und der Wasseroberfläche in m.

Mit den gegebenen Werten wird

$$\frac{0,55}{\frac{v_{0,B}^2}{19,62}} = \frac{2,74}{\left(\frac{9}{3}\right)^{2,3}} \rightarrow v_{0,B} = 7,02 \text{ m/s}$$

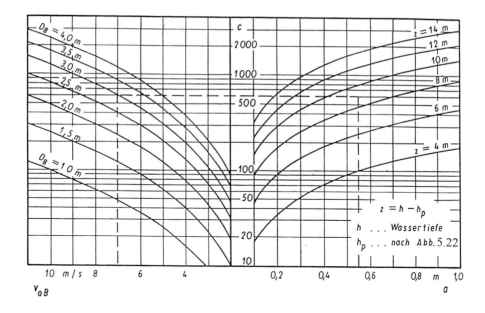

Abb. 5.23: Diagramm zur Bestimmung der induzierten Strahlgeschwindigkeit eines Querstrahlers aus der Schwallhöhe nach [37]

An der Sohle entstand unter diesen Bedingungen eine maximale Geschwindigkeit von

$$v_{2,max} = \frac{1,37 \cdot 3}{7-3} \cdot 7,02 = 7,21 \text{ m/s}$$

Am Ende des Kolkvorganges (oder wenn der Kolk in voller Größe schon vorher da war) würde sich ergeben

$$v_{2,max} = \frac{1,37 \cdot 3}{9,5-3} \cdot 7,02 = 4,44 \text{ m/s}$$

Für die Sohlbefestigung aus Kupferschlacke ergibt sich bei dieser Belastung der Stabilitätswert zu

$$B = \frac{7,21}{\sqrt{0,3 \cdot 9,81 \cdot 2,6}} = 2,61 \quad \text{bzw.} \quad B = \frac{4,44}{2,77} = 1,61$$

Die Endkolktiefe $T_{K,E}$ ist eine gedachte Kolktiefe nach einer unendlich langen Belastung unter den jeweiligen Bedingungen. Es genügt allerdings, die endliche Zeit von etwa 10 Stunden anzusetzen, da in entsprechenden Versuchen danach die Kolke sich praktisch nicht mehr verändert haben. Die Endkolktiefe aus der Belastung durch den Bugstrahler kann berechnet werden zu

$$T_{K,E} = 0,025 \cdot d \cdot B^{11} \tag{5.76}$$

für B ≤ 1,8 und zu

$$T_{K,E} = 2,0 \cdot d \cdot B^{2,8}$$ (5.77)

für B > 1,8.

Für die o. g. Werte wird

$$T_{K,E} = 0,025 \cdot 0,3 \cdot 1,61^{11} = 1,41 \text{ m bzw.}$$

$$T_{K,E} = 2,0 \cdot 0,3 \cdot 2,61^{2,8} = 8,80 \text{ m.}$$

Bei sehr langer Einwirkzeit und unter der Voraussetzung, daß die Kupfererzschlacke immer "oben" bleibt (als Schutzschicht) würden sich diese Endkolktiefen ergeben bzw. ein Wert dazwischen.

Der beobachtete Bugstrahler wirkte aber nur zwei Minuten. Mit der Kolk-Zeit-Beziehung nach *Führer/Knebel* [39]

$$\frac{T_K}{T_{K,E}} = \left(\frac{t_E}{t_{E,max}}\right)^{0,44}$$ (5.78)

kann die Kolktiefe T_K für eine bestimmte Einwirkungszeit t_E, hier also 2 Minuten, bestimmt werden, wenn $t_{E,max}$ die Zeit bis zum Erreichen der Endkolktiefe ist, hier 10 Stunden. Es ergibt sich:

$$\frac{T_K}{T_{K,E}} = \left(\frac{2}{600}\right)^{0,44} \rightarrow T_K = 0,11...0,72 \text{ m.}$$

Eine Kolkzunahme in dieser Größenordnung muß dem beobachteten Schiff also angelastet werden. Es war folglich schon ein etwa 2 m tiefer Kolk vorhanden, was natürlich auch die Wirksamkeit der Kupfererzschlacke abgemindert hat. Das beobachtete Schiff, das nach den Ergebnissen unter a. den Bugstrahler nicht hätte einsetzen dürfen, trug zur weiteren Vergrößerung eines vorhandenen Kolkes bei.

5.12 Flußkraftwerk

Für einen größeren Fluß ist der Bau einer Staustufe vorgesehen. An der künftigen Sperrstelle wurden für eine Jahresreihe die Wasserstandsdauerlinie und die Wassermengendauerlinie ermittelt und in Abb. 5.24 dargestellt. Aus zahlreichen Gründen muß das Stauziel auf die Höhe 108,1 m über NN festgelegt werden.

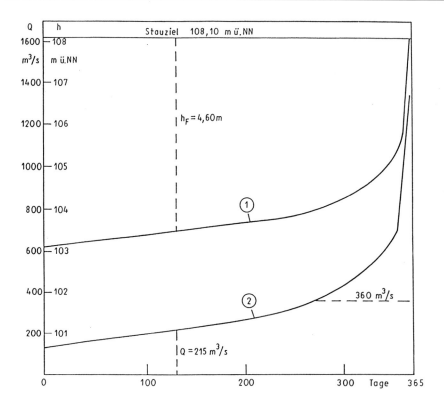

Abb. 5.24: Wasserstandsdauerlinie (1) und Abflußdauerlinie (2) für die künftige Sperrstelle

Für erste Nutzen/Kosten-Analysen ist zu ermitteln, welches Jahresarbeitsvermögen vorhanden ist, wenn vier Kaplanturbinen mit je 90 m³/s Schluckfähigkeit eingebaut werden. Sinkt die Fallhöhe zwischen Oberwasser und Unterwasser unter 2,0 m (z. B. bei Hochwasser), dann stellen die Turbinen die Stromerzeugung ein, das Wasser fließt dann nur noch über das Wehr ab.

Lösungen

Die Leistung P kann aus dem Wasserstrom Q in m³/s, der Nettofallhöhe $h_{F,n}$ in m und dem Wirkungsgrad η der Wasserkraftanlage bestimmt werden, Gl. (5.79).

$$P = Q \cdot h_{F,n} \cdot \eta \cdot \rho_W \cdot g \qquad \text{in kW} \tag{5.79}$$

Das Jahresarbeitsvermögen wird nach Gl. (5.80) ermittelt.

$$W = \int_0^{8760} P \cdot dt_T \qquad \text{in kWh} \tag{5.80}$$

Tabelle 5.6: Bestimmung der Leistung und des Jahresarbeitsvermögens

Tage	Q	h_F	T_1	P_{T1}	T_2	P_{T2}	T_3	P_{T3}	T_4	P_{T4}	P_{ges}	A
-	m³/s	m	m³/s	kW	m³/s	kW	m³/s	kW	m³/s	kW	kW	kWh
20	130	4,95	65	2468	65	2468	-	-	-	-	4936	2369280
40	145	4,90	80	3007	65	2443	-	-	-	-	5450	2616000
60	160	4,85	90	3348	70	2604	-	-	-	-	5952	2856960
80	175	4,79	90	3307	40	1470	45	1653	-	-	6430	3086400
100	190	4,72	90	3258	55	1991	45	1629	-	-	6878	3301440
120	200	4,67	90	3224	65	2328	45	1612	-	-	7164	3438720
140	215	4,60	90	3175	80	2823	45	1588	-	-	7586	3641280
160	235	4,54	90	3134	90	3134	55	1915	-	-	8183	3927840
180	245	4,48	90	3093	90	3093	65	2234	-	-	8420	4041600
200	260	4,42	90	3051	90	3051	80	2712	-	-	8814	4230720
220	275	4,35	90	3003	90	3003	50	1668	45	1501	9175	4404000
240	295	4,30	90	2968	90	2968	70	2309	45	1484	9729	4669920
260	325	4,24	90	2927	90	2927	90	2927	55	1789	10570	5073600
280	360	4,12	90	2844	90	2844	90	2844	90	2844	11376	5460480
300	360	3,95	90	2727	90	2727	90	2727	90	2727	10908	5235840
320	360	3,72	90	2568	90	2568	90	2568	90	2568	10272	4930560
340	360	3,35	90	2313	90	2313	90	2313	90	2313	9252	4440960
358	360	2,65	90	1829	90	1829	90	1829	90	1829	7317	3160944
365	-	< 2,00	-	-	-	-	-	-	-	-	-	Σ 70866544

Für die hier durchzuführenden Voruntersuchungen wird Gl. (5.80) in eine Summengleichung umgewandelt. Die Größe der gewählten Zeitabschnitte, die die Genauigkeit der Ergebnisse beeinflußt, wird für die folgenden Berechnungen mit 20 Tagen festgelegt.

Sowohl eine Fischaufstiegsanlage (vgl. Aufgabe 1.11) als auch eine Schleuse (vgl. Aufgabe 5.5) können die Abflußmengen durch das Krafthaus beeinflussen, was hier aber nicht angesetzt werden soll. Wie die Abflußdauerlinie zeigt, gibt es keine Abflüsse, die kleiner als 90 m³/s sind, so daß mindestens immer eine Turbine in Betrieb ist. Für die hochwasserbedingten Stillstandszeiten der Turbinen können aus Abb. 5.24 sieben Tage abgelesen werden.

Die Nettofallhöhe $h_{F,n}$ setzt sich aus der Bruttofallhöhe und den Verlusten zusammen. Da noch keine konstruktiven Einzelheiten (Rohrdurchmesser und -länge, Rechenausbildung usw.) vorliegen, wird damit gerechnet, daß 85 % der Bruttofallhöhe h_F zur Verfügung stehen. Der Wert für $\eta = 0,85$ soll auch Verluste mit erfassen, die am Generator auftreten.

Kaplanturbinen haben die Eigenschaft, daß sie bei Beaufschlagung von weniger als etwa 50 % einen starken Abfall des Wirkungsgrades aufweisen. Ist die Beaufschlagung größer (im Beispiel also größer als 45 m³/s), liegt der Wirkungsgrad der Turbinen bei 90 bis 95 %, hier wird $\eta_T = 0,92$ gewählt. Somit wird aus Gl. (5.79)

$$P = Q \cdot h_F \cdot 0,85 \cdot 0,92 \cdot 1 \cdot 9,81 = 7,67 \cdot Q \cdot h_F \ ,$$

solange keine Turbine mit weniger als 45 m³/s arbeitet. Die Werte für h_F werden durch Abzug der Wasserstandshöhe im Unterwasser vom Stauziel gewonnen, Kurve (3). In der Tabelle 5.6 werden sowohl die Leistung P (Spalte 12) als auch das Jahresarbeitsvermögen (Spalte 13) bestimmt.

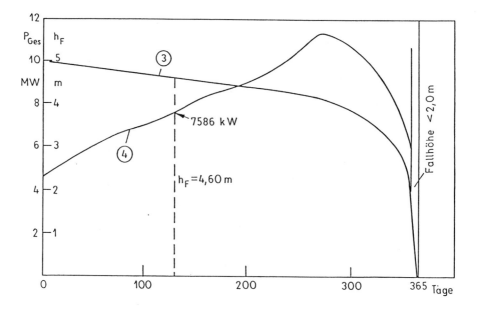

Abb. 5.25: Fallhöhendauerlinie und Leistungslinie

Die gestrichelt eingezeichnete Linie dient der Erläuterung für die Zeile "140 Tage". Auf der Leistungslinie (Abb. 5.25) ergibt sich ein Wert von 7586 kW für den gewählten Zeitraum. Die Leistungslinie (4) zeigt die erreichbare Leistung an. Das Arbeitsvermögen von insgesamt fast 71 Millionen kWh ergibt sich durch sinngemäße Anwendung der Gl. (5.80), also die o. g. Einteilung in Abschnitte zu 20 Tagen bzw. 480 Stunden.

5.13 Thermischer Eisdruck in einem Becken

In einem 50 m langen und 25 m breiten Becken, das durch vertikale Seitenwände begrenzt ist, hat sich auf der Wasseroberfläche eine $h_E = 0,40$ m dicke Eisschicht gebildet. Die durchschnittliche Eistemperatur beträgt $t_E = -4$ °C. Der Wetterbericht sagt Frostmilderung und Tauwetter voraus, man rechnet mit einem Anstieg der Lufttemperatur von $v = 1,5$ °C/h. Zu ermitteln ist der thermische Eisdruck auf die Seitenwände des Beckens.

Lösung

Der thermische Eisdruck bzw. die aus ihm resultierende Linienlast kann mit der Gl. (5.81) bestimmt werden.

$$F_H = \left(50 + 11 \cdot 10^{-4} \cdot v \cdot \mu \cdot \phi\right) \cdot h_E \cdot k_L \qquad (5.81)$$

Außer den o. g. Bezeichnungen bedeuten in dieser Gleichung::

μ, ein Beiwert, der die Zähigkeit des Eises widerspiegelt, zu ermitteln nach Gl. (2.43).

ϕ, ein Beiwert, der nach Abb. 5.26 bestimmt werden kann

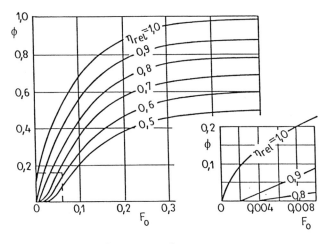

Abb. 5.26: Grafik zur Bestimmung von ϕ

Zur Ablesung des Wertes ϕ werden η_{rel} und F_0 gebraucht.

$$\eta_{rel} = \frac{h_E}{h_{Gr}} \qquad\qquad (5.82)$$

mit h_{Gr}, der Grenzdicke der Eisschicht nach Gl. (5.83)

$$h_{Gr} = h_E + 1,43 \cdot h_S + \frac{2}{\alpha_W} \qquad\qquad (5.83)$$

Hierin sind h_S die kleinste Dicke einer Schneeschicht auf der Eisfläche; im Beispiel soll $h_S = 0$ sein, α_W ein Beiwert für die Wärmeabgabe aus Luft und Schneeoberfläche, gleich $20 \cdot \sqrt{v_W + 0,3}$, wenn Schnee vorhanden ist und $5 \cdot \sqrt{v_W + 0,3}$, wenn kein Schnee vorhanden ist.

Im Beispiel soll die Frostmilderung mit einer Windgeschwindigkeit von $v_W = 2,4$ m/s einhergehen, so daß $\alpha_W = 8,2$ wird. Daraus werden $h_{Gr} = 0,64$ m und $\eta_{rel} = 0,63$.

$$F_0 = \frac{4 \cdot 10^{-3} \cdot \tau}{h_{Gr}{}^2} \qquad\qquad (5.84)$$

τ ist die Zeit, in der der Temperaturanstieg beobachtet bzw. vorausgesagt wird, meist mit sechs Stunden anzunehmen (8 Uhr bis 14 Uhr). Somit wird

$$F_0 = \frac{4 \cdot 10^{-3} \cdot 6}{0,64^2} = 5,86 \cdot 10^{-2} \cong 0,06$$

Mit den Werten für η_{rel} und F_0 kann aus Abb. 5.26 ein ϕ von 0,16 abgelesen werden.

k_L ist ein Beiwert, der aus der Tabelle 5.7 übernommen werden kann, hier wird $k_L = 1$.

Tabelle 5.7: Beiwert k_L

Länge des Eisfeldes in m	k_L
50	1,0
70	0,9
90	0,8
120	0,7
≥ 150	0,6

Mit $\mu = (3,3 + 0,28 \cdot 4 + 0,083 \cdot 16) \cdot 10^4 = 5,75 \cdot 10^4$ nach Gl. (2.43) wird nach Gl. (5.81)

$$F_H = \left(50 + 11 \cdot 10^{-4} \cdot 1,5 \cdot 5,75 \cdot 10^4 \cdot 0,16\right) \cdot 0,4 \cdot 1,0 = 26 \text{ kN/m}$$

5.14 Leistung eines Laderaumsaugbaggers (Hopperbaggers)

Eine Seehafenzufahrt ist von 15,0 m auf 17,0 m Tiefe auszubaggern. Insgesamt werden etwa 1,2 Millionen m³ zu lösen und abzutransportieren sein. Die Bodenart ist Fein- bis Mittelsand mit einem mittleren Korndurchmesser von $d_{50} = 0,2$ mm, einer Wichte von $\gamma = 13,5$ kN/m³ und einer mittleren Lagerungsdichte von $n_{30} = 15$. Das Baggergut kann in einer Entfernung von 10,0 km verklappt werden. Wegen einer in der Nähe befindlichen Vogelschutzinsel haben die Behörden festgelegt, daß erst ab Juni, täglich nur 12 Stunden und sonntags nicht gearbeitet werden darf. Der Auftraggeber fordert, daß zum Winterbeginn die Arbeiten abgeschlossen sind.

Ein kleines Unternehmen hat einen Hopperbagger mit folgenden Abmessungen und Leistungen: Laderauminhalt 5000 m³ bzw. 6800 t; Laderaumfläche 45 mal 15 m; zwei Saugrohre mit je 800 mm Durchmesser; zwei Unterwasserpumpen mit je 80 kPa Förderhöhe bzw. 2 mal 1030 kW; Antrieb des Baggers 6600 kW; Geschwindigkeiten des Hopperbaggers: v_{leer} = 27 km/h; $v_{beladen}$ = 19 km/h. Kann der Unternehmer ein Angebot abgeben?

Lösungen

Vorbemerkung: Dieses Beispiel wurde mit Hilfe einer ausführlichen Arbeit von *Bobzin* [40] und eng angelehnt an die dort befindliche Aufgabe zusammengestellt. In dieser Arbeit wird hervorgehoben, daß Berechnungen zur Leistung von Naßbaggern nur recht überschläglich erfolgen können, da Einflüsse schlecht vorherzusagender Ereignisse nur zum Teil berücksichtigt werden können, z. B.
* Erfahrung der Gerätebesatzung,
* Wind, Wetter, Wellengang im Seegebiet,
* genaue Zusammensetzung des Bodens.

Die hier angegebene Lösung hat deshalb den Charakter einer Überschlagsrechnung.

Die Abb. 5.27 zeigt Kurven für Grobsand (1), Mittelsand (2) und Feinsand (3), die durch Versuche des Forschungs- und Entwicklungslabors MTI der Werft IHC in Holland gewonnen wurden, vgl. [40]. Die Kurve (4) soll den Fein- bis Mittelsand der Aufgabenstellung darstellen.

Für die Bodenarten (1) bis (3) ermittelte die IHC-Werft eine Abhängigkeit der relativen Überlaufverluste vom relativen Füllungsgrad, Abb. 5.28.

Der relative Überlaufverlust ist das Verhältnis aus der sekundlich über den Überlauf wegfließenden Bodenmenge zu der in der gleichen Zeit gebaggerten Bodenmenge. Er kann 100 % erreichen, wenn der Laderaum z. B. erst zu 80 % gefüllt ist, d. h. ein restloses Füllen des Laderaumes war bei dieser Bodenart (Feinsand) nicht möglich. Die Korngröße bestimmt also ebenfalls den Füllungsgrad des Laderaumes. Wie die relativen Überlaufverluste von der Korngröße abhängen, zeigt Abb. 5.29 nach Auswertungen von *Bobzin* [40]. Indirekt geben auch die Abb. 5.27 und 5.28 einen solchen (aber nicht identischen) Zusammenhang wieder.

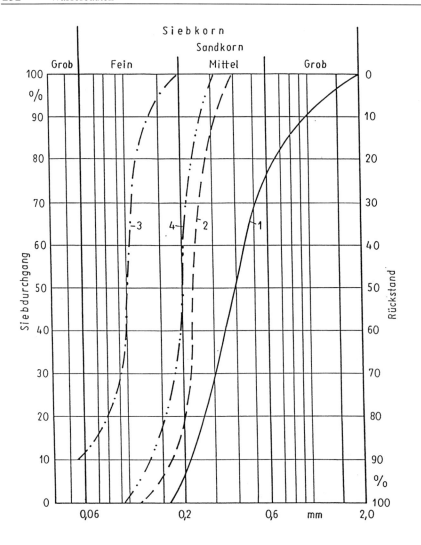

Abb. 5.27: Kornverteilungslinien

Eine weitere Größe, die auf Beladezeit, Überlaufverluste und Füllungsgrad des Hoppersaug-baggers Einfluß hat, ist die Laderaumbelastung H, zu bestimmen nach Gl. (5.86)

$$H = \frac{Q}{B \cdot L} \qquad \text{in m/s} \qquad\qquad (5.86)$$

Sie berücksichtigt, wie schnell der Laderaum der Breite B und der Länge L durch die Füll-menge Q gefüllt wird. Ein vorsichtiges Füllen läßt mehr Baggergut absetzen, dauert aber auch länger. Auf der Abb. 5.30 ist der Zusammenhang, gewonnen in der IHC - Werft in Holland, dargestellt. Die auf der Ordinate genannten mittleren relativen Überlaufverluste stellen hier das Verhältnis dar aus der Gesamtmenge an Boden, die übergelaufen ist, zur Gesamtmenge an Boden, die dem Laderaum zugeführt wurde, in der Zeit, die erforderlich war, um einen relativen Füllungsgrad von 80 % zu erreichen.

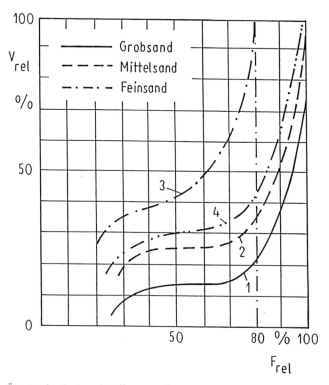

Abb. 5.28: Überlaufverlust und Füllungsgrad

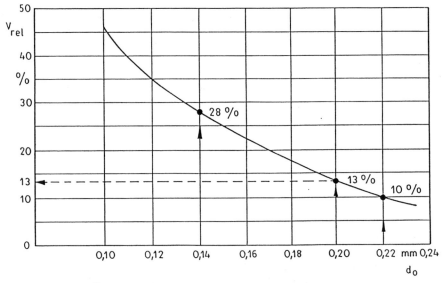

Abb. 5.29: Relative Überlaufverluste abhängig von der Korngröße nach [40]

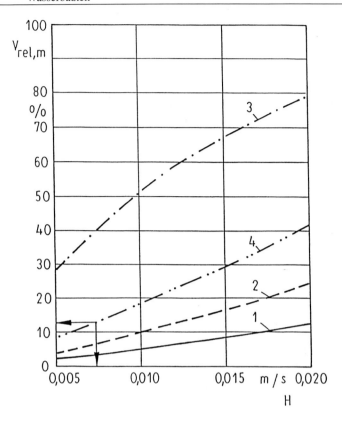

Abb. 5.30: Überlaufverluste abhängig von der Belastung H nach Gl. (5.86)

Einen etwas anderen Zusammenhang zwischen Füllungsgrad und Überlaufverlust gibt die Abb. 5.31 wieder, in die auch die Bodenart 4 (d_{50} = 0,2 mm) eingefügt wurde. Offensichtlich wurde beim Gewinnen dieser Fraktionen langsamer gefüllt oder der Laderaum war größer als in Holland.

Mit der Gleichung (5.87) kann zunächst die Lösemenge an Feststoff des Schleppkopfes festgestellt werden.

$$L_s = \frac{A \cdot 0,011 \cdot v_m \cdot \eta \cdot 60}{R \cdot n_{30}} \qquad (5.87)$$

Darin sind

A ... Antriebskraft am Propeller in kW
0,011 ... ein Umrechnungsfaktor für den Propellerschub in kN/kW
v_m ... mittlere Geschwindigkeit des Baggers in m/s
η ... Wirkungsgrad der Gesamtanlage
n_{30} ... die Eindringtiefe nach 30 Schlägen beim Standard-Penetration-Test in cm
R ... ein Faktor für die Bodenart, zu entnehmen aus Tabelle 5.8

Tabelle 5.8: R - Beiwert nach [40]

Bodenart	R
Klei, Schlick	6 bis 10
Feinsand	5 bis 6
Mittelsand	4 bis 5
Grobsand, Kies	2 bis 4

Mit den Werten der Aufgabenstellung (A = 6600 kW; n_{30} = 15) und weiteren Angaben für Gerät und Bodenart (v_m = 1,5 m/s; η = 0,7; R = 5) wird

$$L_s = \frac{6600 \cdot 0,011 \cdot 1,5 \cdot 0,7 \cdot 60}{5 \cdot 15} = 61 \text{ m}^3/\text{min}$$

Geprüft werden muß nun, ob und unter welchen Bedingungen die beiden Unterwasserpumpen die mögliche Feststoffmenge dem Laderaum auch zuführen können. Mit der Gleichung (5.88) kann links die Transportkonzentration C festgestellt werden; rechts ergeben sich die Bedingungen, unter denen das Feststoff-Wasser-Gemisch durch die beiden Rohre gesaugt bzw. gepumpt wird.

$$C = \frac{\gamma_m - \gamma_w}{\gamma_m} \cdot 100 = \frac{\dfrac{X}{\gamma_w} + z - \dfrac{u}{2 \cdot g} \cdot v_z^2}{Z - z + \dfrac{u}{2 \cdot g} v_z^2} \cdot 100 \qquad (5.88)$$

Außer den bekannten Zeichen bedeuten in dieser Gleichung

γ_m ... Wichte des Gemisches in kN/m³
X ... Förderhöhe der Baggerpumpe in kPa
z ... Abstand der Pumpenachse von der Wasserlinie in m
Z ... Baggertiefe in m
v_z ... mittlere Geschwindigkeit des Gemisches im Rohr in m/s
u ... Faktor für den Druckverlust im Schleppkopf und in der Saugrohrleitung.

Im linken Teil ergibt sich

$$C = \frac{13,5 - 10}{13,5} \cdot 100 = 26 \%$$

Mit den bereits gegebenen Werten (X = 80 kPa; g = 9,81 m/s²; Z = 16 m im Mittel) und Werten für u = 5 (liegt allgemein zwischen 3 und 6) und z = 3 m ergibt sich v_z aus

$$26 = \frac{\dfrac{80}{10} + 3 - \dfrac{5}{19,62} \cdot v_z^2}{16 - 3 + \dfrac{5}{19,62} \cdot v_z^2} \cdot 100 \qquad \text{zu } v_z = 4,85 \text{ m/s}$$

Mit dieser Fließgeschwindigkeit des Gemisches können durch die beiden 800er Saugrohre 4,9 m³/s Gemisch bzw.

$$Q_f = 4,9 \cdot 0,26 \cdot 60 = 76,5 \ m^3/min$$

Feststoff gefördert werden. Das wäre mehr als die Schleppköpfe lösen, also sind Rohre und Pumpen nicht der Engpaß. Mit

$$H = \frac{4,9}{45 \cdot 15} = 0,0073 \ m/s$$

nach Gl. (5.86) kann aus der Abb. 5.30 ein mittlerer relativer Überlaufverlust von 13 % abgelesen werden. Auch aus Abb. 5.29 kann ein Wert von 13 % ermittelt werden, was zufällig ist, da ja beide Ordinaten nicht das Gleiche ausdrücken. Mit dem Wert aus Abb. 5.29 für die Überlaufverluste kann aus Abb. 5.31 für die vorliegende Bodenart (d_{50} = 0,2 mm) ein relativer Füllungsgrad von 50 % abgelesen werden.

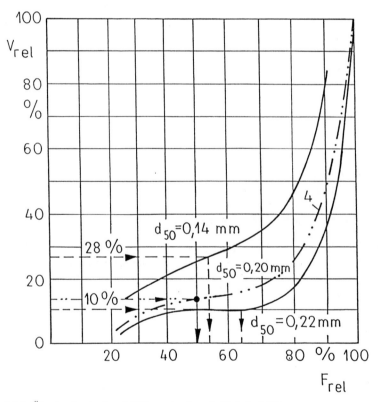

Abb. 5.31: Überlaufverlust und Füllungsgrad nach *Bobzin* [40]

Eine optimale Laderaumfüllung liegt also bei 2500 m³ Feststoff im Hopperbagger. (Anmerkung: Ergibt sich bei einem grobkörnigen Material ein bedeutend größerer Wert für die optimale Laderaumfüllung, dann kann die Tragfähigkeit des Baggers ausschlaggebend für den Füllungsgrad werden.).

Mit den Teilzeiten für

Beladung $\quad t_B \ = \ \dfrac{2500}{61 \cdot (1 - 0,13)}$ $\qquad\qquad$ 47 min

Ansteuerung $\qquad\qquad$ 10 min

Entladung durch Verklappung (allgemein 5 min bei rolligem grobkörnigem
Boden bis 14 min bei feinkörnigem bindigem Boden) $\qquad\qquad$ 8 min

Fahren $\quad \dfrac{10,0}{27} + \dfrac{10,0}{19}$ $\qquad\qquad$ 54 min

wird die Gesamtzeit für einen Umlauf $\qquad\qquad$ 119 min

bzw. zwei Stunden. Pro Tag sind das 6 Umläufe bzw. 15 000 m³ Feststoff, pro Woche also maximal 90 000 m³. Insgesamt benötigt dieser Bagger 13,3 Wochen bei den angegebenen Bedingungen.

Literaturverzeichnis

[1] *Schröder, W.; Euler, G.; Schneider, F.-K.; Knauf, D.* Grundlagen des Wasserbaus (Hydrologie, Hydraulik, Wasserrecht) 3. Auflage, Werner-Verlag, Düsseldorf, 1994

[2] *Petschallies, G.* Entwerfen und Berechnen in Wasserbau und Wasserwirtschaft. Bauverlag GmbH, Wiesbaden und Berlin, 1989

[3] *Knauf, D.* Die Berechnung des Abflusses aus einer Schneedecke. Schriftenreihe des DVWK, Heft 46, S. 95 - 135. Verlag Paul Parey, Hamburg und Berlin, 1980

[4] *Schröder,R.* Hydraulische Methoden zur Erfassung von Rauheiten. DVWK-Schriften 92. Verlag Paul Parey, Hamburg und Berlin, 1990

[5] *Schneider, K.-J.* Bautabellen für Ingenieure, 11. Auflage, Werner-Verlag, Düsseldorf, 1994

[6] Feststofftransport in Fließgewässern, Berechnungsverfahren für die Ingenieurpraxis. DVWK-Schriften, Heft 87, Verlag Paul Parey, Hamburg und Berlin, 1988

[7] *Bollrich, G.; Preißler, G.* Technische Hydromechanik, Band 1, 3. Auflage. Verlag für Bauwesen GmbH, Berlin, München, 1992

[8] *Drewes, U.; Mertens, W,; Römisch, K.* Schiffahrtsbeeinflussung durch Querströmungen infolge von Wassereinleitungen an Binnenwasserstraßen. Jahrbuch der Hafenbautechnischen Gesellschaft, 49. Band, S. 75 - 79. Schiffahrtsverlag HANSA, Hamburg, 1994

[9] *Krüger, F.* Fischaufstiegsanlagen. Umdruck U 1/1993. Institut für Wasserbau und THM der TU Dresden (unveröffentlicht)

[10] Hydraulische Berechnung von Fließgewässern. DVWK-Merkblatt 220, Verlag Paul Parey, Hamburg und Berlin, 1991

[11] Die Küste. Archiv für Forschung und Technik an der Nord- und Ostsee, Heft 36, Empfehlung E, Verlagsanstalt Boyens + Co., Heide in Holstein

[12] DIN 1054 Baugrund; Zulässige Belastung des Baugrundes (11.76)

[13] *Lattermann, E.; Alexy, M.* Wasserspiegelsenkung bei dichten Deckwerken. Wasserwirtschaft - Wassertechnik, 33. Jhg. (1983), H. 6, S. 209 - 211

[14] *Lattermann, E.* Dichtungen und Deckwerke aus Zementbeton - Bemessungsgrundlagen. Dissertation B (Habilitation), Technische Universität Dresden, Fakultät für Bau-, Wasser- und Forstwesen, Dresden, 1986

[15] *Scholz, H.* Windwellen auf Stauseen von Talspeichern. Wiss. Zeitschrift der TU Dresden, 37 (1988), H. 4, S. 275 -279

[16] *Krylov, Ju. M.* Vetrovye volny i ich vozdejstvie na sooruzenija. Gidrometeoizdat Leningrad, 1976

[17] Die Küste, Heft 55. Westholsteinische Verlagsanstalt Boyens u Co, Heide in Holstein, 1993

[18] Empfehlungen des Arbeitsausschusses Ufereinfassungen (EAU) der Hafenbautechnischen Gesellschaft, 8. Auflage, Verlag Ernst und Sohn, Berlin, 1990

[19] *Oumeraci, H.* Belastung von Betonplattendeckwerken durch Windwellen und ihre Berücksichtigung bei der Bemessung. Dissertation, TU Dresden, Fak. für Bau- Wasser- und Forstwesen, 1981

[20] *Schäle, E.; Kuhn, R.; Schröder, H. Th.; Hofmann, W.* Kanal- und Schiffahrtsversuche Bamberg 1967. Sonderdruck, Verlag C. D. C. Heydorns Buchdruckerei Uetersen

[21] Richtlinien für Regelquerschnitte von Schiffahrtskanälen, Ausgabe 1994. Herausgeber: Bundesminister für Verkehr

[22] *Knieß, H.-G.* Kriterien und Ansätze für die technische und wirtschaftliche Bemessung von Auskleidungen in Binnenschiffahrtskanälen. Mitteilungsblatt der BAW, Nr. 53, Karlsruhe, 1983

[23] *Römisch, K.* Propellerstrahlinduzierte Erosionserscheinungen in Häfen. Jahrbuch der Hafenbautechnischen Gesellschaft, 48. Band, S. 196 - 201. Schiffahrtsverlag HANSA, Hamburg, 1993

[24] *Söhngen, B.; Zöllner, J.* Schiffahrtsversuche auf dem Dortmund-Ems-Kanal. Jahrbuch der Hafenbautechnischen Gesellschaft, 47. Band, S. 71 - 79. Schiffahrtsverlag HANSA, Hamburg, 1992

[25] *Knieß, H.-G.* Bemessung von Schüttstein-Deckwerken im Verkehrswasserbau, Teil 1: Lose Steinschüttungen. Mitteilungsblatt der BAW Nr. 42, S. 39 - 70, Karlsruhe, 1977

[26] *Lattermann, E.* Wasserüberdruck und Standsicherheit bei Wabenplatten. Wasserwirtschaft - Wassertechnik 1989, Heft 2, S. 37 - 38. VEB Verlag für Bauwesen, Berlin

[27] *Martin, H.* Plötzlich veränderliche instationäre Strömungen in offenen Gerinnen. Buchbeitrag in *Bollrich u. a.* Technische Hydromechanik 2. VEB Verlag für Bauwesen, Berlin, 1989

[28] *Römisch, K.* Empfehlungen zur Bemessung von Hafeneinfahrten. Wasserbauliche Mitteilungen der TU Dresden, Heft 1, S. 2 - 84; Dresden, 1989

[29] *Smoltczyk, U.* (Herausgeber und Schriftleiter) Grundbau-Taschenbuch, 3. Auflage, Teil 2. Verlag von W. Ernst u. Sohn, Berlin, 1982

[30] *Ziems, J.* Suffosion nichtbindiger Erdstoffe. Umdruck I/13 (Talsperren) der TU Dresden, Fak. Bauingenieurwesen, 1968

[31] *Ziems, J.* Beitrag zur Kontakterosion nichtbindiger Erdstoffe. Dissertation, TU Dresden, Fak. Bauingenieurwesen, 1968

[32] Krupp Hoesch Stahl. Spundwand-Handbuch, Berechnung

[33] *Uhlig, D.* Der Lastfall der Stauspiegelsenkung bei Staudämmen. Umdruck I/5 (Talsperren) des Instituts für Fluß- und Seebau der TU Dresden, 1962

[34] DVWK-Merkblatt 216: Betrachtungen zur (n - 1)-Bedingung an Wehren. Verlag Paul Parey, Hamburg und Berlin 1990

[35] *Häusler, E.* Wehre. Kap. 3 in *Blind* "Wasserbauten aus Beton". Verlag W. Ernst und Sohn, Berlin, 1987

[36] *Partenscky, H.- W.* Binnenverkehrswasserbau, Schleusenanlagen. Springerverlag Berlin, Heidelberg, New York, Tokio, 1986

[37] *Lattermann, E.* Bugstrahlsteueranlagen. Jahrbuch der Hafenbautechnischen Gesellschaft, 49. Band, S. 125 - 130. Schiffahrtsverlag HANSA, Hamburg, 1994

[38] *Kraatz, W.* Flüssigkeitsstrahlen. Kap. 5 in <u>Bollrich, G. u. a.</u> Technische Hydromechanik, Band 2, S. 237 - 327, Verlag für Bauwesen, Berlin, 1989

[39] *Führer, M.; Knebel, J.* Hydraulische Probleme der Gestaltung eines Standprobenplatzes zur Erprobung der Hauptantriebsanlagen auf Fischereischiffen (Teil 2). Seewirtschaft 20, Heft 7, Berlin, 1988

[40] *Bobzin, H.* Praktische Naßbaggerei. Mitteilungen des Franzius-Instituts für Wasserbau und Küsteningenieurwesen der Universität Hannover, H. 69, S. 1 - 158, Eigenverlag des Franzius-Instituts, Hannover, 1989

Sachwortverzeichnis

Geotechnik/Wasser/Verkehr